Materialbewertung und das Material-Ledger in SAP S/4HANA®

Tom King

Willkommen bei Espresso Tutorials!

Unser Ziel ist es, SAP-Wissen wie einen Espresso zu servieren: Auf das Wesentliche verdichtete Informationen anstelle langatmiger Kompendien – für ein effektives Lernen an konkreten Fallbeispielen. Viele unserer Bücher enthalten zusätzlich Videos, mit denen Sie Schritt für Schritt die vermittelten Inhalte nachvollziehen können. Besuchen Sie unseren YouTube-Kanal mit einer umfangreichen Auswahl frei zugänglicher Videos: *https://www.youtube.com/user/EspressoTutorials*.

Kennen Sie schon unser Forum? Hier erhalten Sie stets aktuelle Informationen zu Entwicklungen der SAP-Software, Hilfe zu Ihren Fragen und die Gelegenheit, mit anderen Anwendern zu diskutieren:

http://www.fico-forum.de.

Eine Auswahl weiterer Bücher von Espresso Tutorials:

- Andreas Jansen:
  Schnelleinstieg in das SAP®-Produktkostencontrolling (CO-PC)
  http://5099.espresso-tutorials.de
- Martin Munzel, Renata Munzel:
  Projektcontrolling mit SAP® PS
  http://5156.espresso-tutorials.de
- Sebastian Brunner, Philipp Reichardt, Martin Munzel:
  Schnelleinstieg in SAP S/4HANA®
  http://5341.espresso-tutorials.de
- Nora Vogt: **Praxishandbuch SAP S/4HANA® Controlling**
  http://5365.espresso-tutorials.de
- Christoph Theis, Stefan Eifler:
  Werteflüsse in die SAP®-Ergebnisrechnung (CO-PA) unter S/4HANA
  http://5394.espresso-tutorials.de
- Michael Kroschwitz:
  Embedded Analytics in SAP S/4HANA®
  http://5458.espresso-tutorials.de

Bibliografische Information der Deutschen Nationalbibliothek
Die Deutsche Nationalbibliothek verzeichnet diese Publikation in der Deutschen Nationalbibliografie; detaillierte bibliografische Daten sind im Internet über https://portal.dnb.de abrufbar.

Tom King
Materialbewertung und das Material-Ledger in SAP S/4HANA®

übersetzt aus dem Englischen, Originaltitel »Material Valuation and the Material Ledger in SAP S/4HANA®«

ISBN: 978-3-94517-084-7

Lektorat: Karen Schoch (Originalausgabe)

Übersetzung: Petra Schweizer

Korrektorat: Marina Pittsik (dt. Ausgabe)

Coverdesign: Philip Esch

Coverfoto: istockphoto.com | unpict #928024892

Satz & Layout: Johann-Christian Hanke

1. Auflage 2021

URL: *www.espresso-tutorials.de*

Feedback:
Wir freuen uns über Fragen und Anmerkungen jeglicher Art. Bitte senden Sie diese an: *info@espresso-tutorials.com*.

Inhaltsverzeichnis

Vorwort

Während das Material-Ledger in früheren Versionen der SAP-ERP-Software als optionale Funktion für die Bestandsbewertung angeboten wurde, die auf Wunsch aktiviert werden konnte, muss es in der neuesten Version, bekannt als S/4HANA, zwingend verwendet werden. Eine wichtige Funktion des Material-Ledgers ist die *Istkalkulation*, bei der die Beschaffungsabweichungen in jeder Geschäftsperiode in die Materialbewertung eingehen. In bestimmten Ländern unterstützt dies die Erfüllung gesetzlicher Auflagen, indem der Bestandswert mit den tatsächlichen Kosten für die Materialbeschaffung berechnet wird. Im Laufe der Jahre wurden die Begriffe »Istkalkulation« und »Material-Ledger« als synonym wahrgenommen, und viele Unternehmen, die keine Istkalkulation benötigen, haben das Material-Ledger nie aktiviert. Damit wurden unter anderem zeitaufwändige Istkalkulationsläufe im Rahmen des Periodenabschlusses vermieden. Die Istkalkulation ist jedoch nur eine der Funktionen des Material-Ledgers. Eine weitere grundlegende Funktion ist die Möglichkeit, Bestände in bis zu drei verschiedenen Währungen zu bewerten, sodass multinationale Unternehmen einen unmittelbaren Überblick über die Bestände sowohl in der Konzernwährung als auch in der Landeswährung erhalten können. Der Bestandswert kann auch in Konzernbewertungssichten dargestellt werden, in denen Zwischengewinne eliminiert werden. Diese Funktionen waren ausschlaggebend dafür, dass das Material-Ledger ein integraler Bestandteil von Finance in S/4HANA wurde.

Leider sorgt der Ruf der Istkostenrechnung bei Unternehmen, die auf S/4HANA umsteigen, für Unruhe. Diese Betrachtungsweise zum Material-Ledger kann sich auch auf das Denken neuer SAP-Kunden auswirken. Ich hoffe, dass dieses Buch dazu beiträgt, bestehende Befürchtungen zu zerstreuen, indem es die Istkalkulation nur als eine zusätzliche Funktion des Material-Ledger behandelt und nicht als integralen Bestandteil seiner Implementierung. Die Wahl von S/4HANA als System der Zukunft sollte dann im Wesentlichen auf der grundlegenden Material-Ledger-Funktionalität beruhen. Die HANA-Datenbank ist außerdem viel schneller, und dank der vereinfachten und umstrukturierten Daten wird die Funktion der Istkalkulation attraktiver; auch dies sollte neue und bestehende Kunden dazu veranlassen, deren Einsatz in Betracht zu ziehen.

Ich möchte mich bei meiner Lektorin, Karen Schoch, bedanken, die dafür gesorgt hat, dass der Inhalt des Buches sowohl konsistent als auch lesbar bleibt. Mein Dank gilt auch John Pringle von Illumiti für die technische Überprüfung des Manuskripts. Beide haben mir dabei geholfen, Ihnen, dem Leser, ein erstklassiges Buch zu liefern. Die beispielhaften Screenshots in diesem Buch wurden mit der Version 1909 von S/4HANA erstellt.

In den Text sind Kästen eingefügt, um wichtige Informationen besonders hervorzuheben. Jeder Kasten ist zusätzlich mit einem Piktogramm versehen, das diesen genauer klassifiziert:

Hinweis

Hinweise bieten praktische Tipps zum Umgang mit dem jeweiligen Thema.

Beispiel

Beispiele dienen dazu, ein Thema besser zu illustrieren.

! Achtung

Warnungen weisen auf mögliche Fehlerquellen oder Stolpersteine im Zusammenhang mit einem Thema hin.

Die Form der Anrede

Um den Lesefluss nicht zu beeinträchtigen, verwenden wir im vorliegenden Buch bei personenbezogenen Substantiven und Pronomen zwar nur die gewohnte männliche Sprachform, meinen aber gleichermaßen Personen weiblichen und diversen Geschlechts.

Hinweis zum Urheberrecht

Sämtliche in diesem Buch abgedruckten Screenshots unterliegen dem Copyright der SAP SE. Alle Rechte an den Screenshots hält die SAP SE. Der Einfachheit halber haben wir im Rest des Buches darauf verzichtet, dies unter jedem Screenshot gesondert auszuweisen.

1 Einführung in die Bestandsbewertung

Das Material-Ledger wurde in frühen Versionen der SAP-Software Enterprise Resource Planning (ERP) entwickelt, um ein spezielles Nebenbuch für die Analyse von Bestandswerten bereitzustellen. Die Bewertung konnte in bis zu drei Währungen angezeigt werden, je nach Unternehmensanforderungen. Des Weiteren bestand die Möglichkeit, tatsächliche Bestandspreise zu berechnen und zu pflegen, einschließlich aller Preisabweichungen, die im Beschaffungsprozess auftraten. Das Materialbuch unterstützte zudem spezielle Bilanzbewertungsverfahren, die das Inventar aus der Perspektive verschiedener gesetzlicher und unternehmerischer Anforderungen betrachteten. Die Funktionalität des Material-Ledgers wurde als Zusatzfunktion konzipiert und war im früheren ERP-System nicht erforderlich. Mit der innovativen HANA-Datenbank wurde eine neue Version von SAP ERP eingeführt: S/4HANA. Die neue Datenbank ermöglichte eine radikale Umgestaltung der Software, indem sie sowohl deren Geschwindigkeit erhöhte als auch ihre Funktionen erweiterte. Diese Umgestaltung betraf auch das Material-Ledger, welches nun ein integraler Bestandteil der aktuellen, auf dem neuen Universal Journal basierenden Finanzsoftware wurde.

1.1 Das Material-Ledger und S/4HANA

Das Material-Ledger ist ein spezielles Nebenbuch, mit dem sowohl der Wert von Lagerbeständen als auch der Wert von Warenbewegungen verwaltet wird. In früheren Implementierungen der SAP-ERP-Software, einschließlich R/3 und ECC (Enterprise Central Component), galt dies als ein Zusatzmodul mit der Möglichkeit, Materialbewegungen und Bestandswerte in bis zu drei verschiedenen Währungstypen gleichzeitig zu verfolgen. Darüber hinaus war das Modul in der Lage, Istpreise für Lagerbestände und Umsatzkosten (englisch: Cost of Goods Sold oder COGS) zu berechnen, in denen auch Abweichungen berücksichtigt wurden, die während der verschiedenen Beschaffungsprozesse entlang der Lieferkette auftraten.

Die Einführung der HANA-Datenbank im Jahr 2011 ermöglichte es der SAP, den Zugriff auf die Daten zu beschleunigen und die Datenstrukturen selbst zu überarbeiten, um die Vorteile der neuen Architektur auszunutzen. Die HANA-Datenbank ist nicht zeilen- sondern spaltenorientiert und befindet sich konzeptionell im Speicher anstatt auf der Festplatte. Dies erhöht die Geschwindigkeit des Datenzugriffs und ermöglicht die Entwicklung fortschrittlicher Analysewerkzeuge, die direkt in die Rohdaten in den Tabellen eingreifen, anstatt sich wie in traditionelleren Datenbankenstrukturen zunächst auf die Auswahl und dann die Verdichtung von Daten zu verlassen. Sobald diese Technologie vorhanden war, konnte SAP an der Neugestaltung der internen Strukturen ihres ERP-Systems arbeiten. Das Ergebnis dieser Arbeit ist das S/4HANA-System.

Im Zuge der Weiterentwicklung des SAP-ERP-Systems wurden einige Transaktionen und Prozesse überarbeitet, um eine einheitliche und optimierte Funktionalität und Benutzerfreundlichkeit zu bieten. Aufgrund der Beschaffenheit der Software und des Kundenstamms blieben jedoch die älteren Transaktionen und Prozesse bestehen. Ein Ziel bei der Implementierung des S/4HANA-Systems war es, diese älteren Funktionen wirklich obsolet zu machen und so das Funktionsangebot zu vereinfachen. Ein weiteres, wichtigeres Ziel war es, neue Standardfunktionen umzusetzen, um den Kunden einen höheren Nutzen zu bieten. Ein Bereich, den das neue S/4HANA fokussierte, war eine bessere Anzeige von Bestandspreisen und -werten. Da die im Material-Ledger vorhandene Funktionalität bereits die meisten der neuen Anforderungen erfüllte, war eine Neuimplementierung unnötig. Anstatt das Material-Ledger neu zu gestalten, entschied die SAP, es zu aktualisieren und zu rationalisieren, um es zu einem integralen Standard-Bestandteil der Finanz- und Materialwirtschaftspakete für das neue System zu machen.

»Das Material-Ledger ist in S/4 HANA obligatorisch.« Diese Worte haben bei vielen Unternehmen, die sich in einem Upgrade auf S/4HANA befinden, Bestürzung ausgelöst. In der Vergangenheit wurde das Material-Ledger verunglimpft, da manch einer die Aktivitäten zum Periodenende, die für die Istkalkulation erforderlich sind, als lästig empfand. Die Istkalkulation wurde vor allem für den Einsatz in Ländern entwickelt, in denen die Bestandsbewertung aufgrund gesetzlicher Vorschriften zu Istkosten und nicht zu Standardkosten ausgewiesen werden muss. Im Laufe der Zeit hat sich im Volksmund der Begriff »Material-Ledger« als Synonym für »Istkalkulation« eingebürgert. Der Großteil der verfügbaren Dokumentation befasst sich mit der Istkalkulation, und die SAP, die für Menüpunkte und Konfigurationsaufgaben den Begriff »Material-Ledger / Istkalkulation« verwendet, hat die Sache nicht gerade erleichtert. Die Istkalkulation ist jedoch nur eine der Funktionen des Material-Ledgers und ihre Verwendung ist nicht zwingend erforderlich. Eine der wichtigsten Funktionen des Material-Ledgers ist die Möglichkeit, Bestandswerte und -bewegungen in bis zu drei verschiedenen Währungstypen gleichzeitig anzuzeigen. Diese können verschiedene vom Unternehmen verwendete Währungen widerspiegeln, z. B. Buchungskreiswährung (Hauswährung) und Konzernwährung. Für die Anzeige der Bestandsbewertung können auch diverse Bewertungssichten ausgewählt werden, die sich mit internen Transferpreiszuschlägen befassen. Finanzbuchungen für Bestandsbewegungen werden in Echtzeit für jeden konfigurierten Währungstyp verarbeitet. Da diese Funktion bereits im Material-Ledger enthalten war, entschied die SAP, das Material-Ledger zu einem obligatorischen Bestandteil von S/4HANA zu machen. Darüber hinaus haben die Neugestaltung der zugrunde liegenden Material-Ledger-Tabellen und die Verwendung der viel schnelleren HANA-Datenbank dazu geführt, dass das, was einst als Hindernis galt, schließlich zu einer gewünschten Funktion im System wurde.

1.1.1 Grundlegende Konfiguration

Die Konfigurationsaufgaben des Material-Ledgers sind als Teil des Moduls Produktkosten-Controlling (CO-PC) unter dem Modul Controlling (CO) zusammengefasst. Dies ist in S/4HANA weiterhin der Fall, auch wenn es jetzt ein grundlegender Teil des Systems ist.

Wie bei anderen Modulen im System werden die Daten für das Material-Ledger auf der Grundlage der Erstellung von Belegen gesammelt, die durch bestimmte Geschäftsvorfälle erzeugt werden. Die Material-Ledger-Belege enthalten die Informationen, die zur Durchführung der Berechnungen für die Bewertung erforderlich sind. Jedem Beleg wird eine Nummer zugewiesen, und das Nummerierungsschema wird als Teil der Nummernkreise gepflegt, die verschiedenen Belegtypen zugewiesen werden. Sechs verschiedenen Material-Ledger-Bewegungsarten sind eigene Nummernkreise zugeordnet:

- Material-Ledger-Fortschreibung (Gruppe 01)
- Material-Ledger-Abschluss (Gruppe 02)
- Material-Ledger-Preisänderung (Gruppe 03)
- einstufige Material-Ledger-Abrechnung (Gruppe 04)
- mehrstufige Material-Ledger-Abrechnung (Gruppe 05) und
- Material-Ledger-Reparatur (Gruppe 06)

Die Pflege dieser Nummernkreise finden Sie über den Menüpfad CONTROLLING • PRODUKTKOSTEN-CONTROLLING • ISTKALKULATION/MATERIAL-LEDGER • NUMMERNKREISE FÜR MATERIAL-LEDGER-BELEGE PFLEGEN. Mit der Transaktion *OMX4* können Sie auch direkt auf die Belegnummernkreise zugreifen. Das Ausgangsfenster ist in Abbildung 1.1 dargestellt. Änderungen an den Nummern und Nummernkreisen sollten nur bei Bedarf vorgenommen werden.

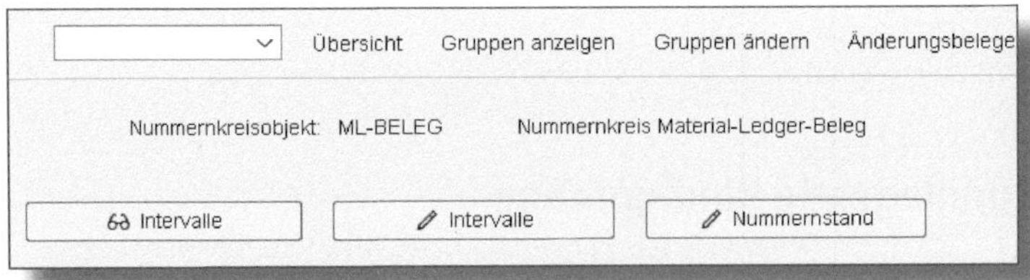

Abbildung 1.1: Konfiguration des Belegnummernkreises

1.1.2 Konfiguration des Bewertungskreises

Die Materialkonfiguration steht größtenteils mit dem Bewertungskreis in Zusammenhang. Der *Bewertungskreis* bezieht sich auf die Entität, für die das Inventar bewertet wird. Es gibt zwei mögliche Bewertungsebenen: Werk oder Buchungskreis. Dies wird bei der Erstinstallation des Systems eingestellt und kann danach nicht mehr geändert werden. Die Einstellung wird über den Menüpfad UNTERNEHMENSSTRUKTUR • DEFINITION • LOGISTIK ALLGEMEIN • BEWERTUNGSEBENE FESTLEGEN oder über die Transaktion *OX14* zugewiesen.

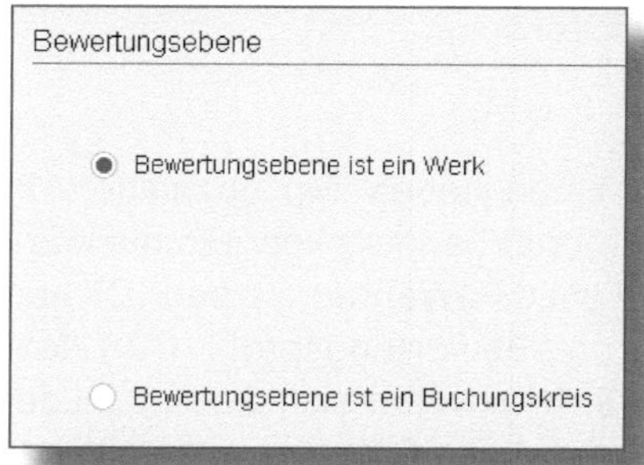

Abbildung 1.2: Definition der Bewertungsebene

Eine typische Belegung ist in Abbildung 1.2 dargestellt. Das Optionsfeld BEWERTUNGSEBENE IST EIN WERK ist ausgewählt und zeigt an, dass die Materialbewertung auf Werksebene erfolgen soll. Aus diesem Grund werden die Begriffe »Bewertungskreis« und »Werk« in diesem Buch synonym verwendet.

Die Aktivierung des Material-Ledgers für einen Bewertungskreis oder ein Werk erfolgt in drei Schritten. Zunächst muss ein Material-Ledger-Typ angelegt werden. Damit wird ein Satz von Währungstypen festgelegt, der für die Bestandsbewertung verwendet werden kann. Währungstypen werden im Abschnitt 1.3 ausführlich erklärt. Dem Bewertungskreis werden dann Material-Ledger-Typen zugeordnet, die festlegen, welche Währungstypen für die Bestandsbewertung verwendet werden. Die Konfiguration neuer Material-Ledger-Typen erfolgt über den Menüpfad CONTROLLING • PRODUKTKOSTEN-CONTROLLING • ISTKALKULATION/MATERIAL-LEDGER • MATERIAL-LEDGER-TYPEN DEFINIE-

REN UND WÄHRUNGSTYPEN ZUORDNEN oder über die Transaktion *OMX2*. Abbildung 1.3 zeigt das Ausgangsfenster, in dem die aktuell definierten Material-Ledger-Typen angezeigt werden.

Neue Einträge Löschen Änderung widerrufen Alle markieren Block markieren Alle entmarkieren Mehr

Dialogstruktur
Material-Ledger-Typ definieren
individuelle Ausprägung defini

ML-Typ	WT aus FI	WT aus CO	Manuell	Bezeichnung
0001			✓	Währungstyp/Bewert. 10 30
9000			✓	Crcy type/val. 10
9300			✓	Crcy type/val. 10 30
M001			✓	Beispiel ML
S001			✓	SPEED
UWU1			✓	Univ Writing Utens Legal

Abbildung 1.3: Material-Ledger-Typen

Klicken Sie auf NEUE EINTRÄGE, um einen neuen Typ anzulegen. In bisherigen Implementierungen des Material-Ledgers konnten die Währungstypen automatisch aus den drei BSEG-FI-Währungstypen (CT AUS FI) oder aus CO über das Währungs- und Bewertungsprofil (CO CRCY-TYPE) übernommen werden. In FI mit S/4HANA hat sich die Anzahl der Währungen jedoch auf zehn erhöht, und diese Optionen sind obsolet geworden und können nicht mehr ausgewählt werden. Für jeden Material-Ledger-Typ ist das Kontrollkästchen in der Spalte MANUELL automatisch aktiviert (durch ein Häkchen gekennzeichnet). Änderungen in diesen Feldern sind nicht zugelassen. Da MANUELL immer ausgewählt ist, werden die Material-Ledger-Währungstypen unabhängig von den FI- und CO-Währungseinstellungen gewählt. Wählen Sie den Ordner INDIVIDUELLE AUSPRÄGUNG DEFINIEREN, um bis zu drei Währungstypen zuzuordnen (siehe Abbildung 1.4).

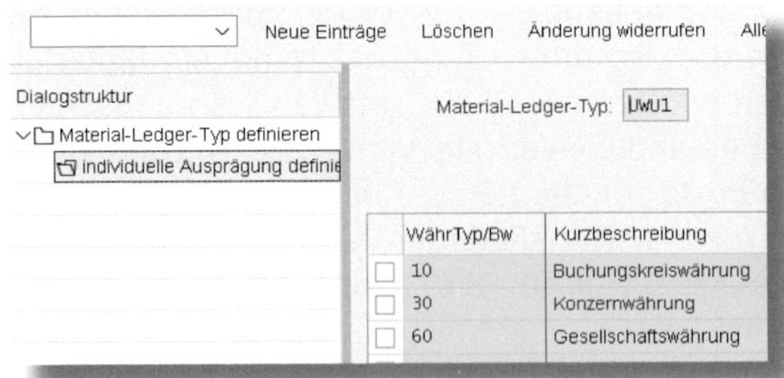

Abbildung 1.4: Zuordnung von Währungstyp zu Material-Ledger-Typ

Nur bestimmte Währungstypen können mit dem Material-Ledger verwendet werden:

- 10 – BUCHUNGSKREISWÄHRUNG (automatisch ausgewählt)
- 11 – BUCHUNGSKREISWÄHRUNG, KONZERNBEWERTUNG
- 12 – BUCHUNGSKREISWÄHRUNG, PROFITCENTER-BEWERTUNG
- 20 – KOSTENRECHNUNGSKREISWÄHRUNG
- 30 – KONZERNWÄHRUNG
- 31 – KONZERNWÄHRUNG, KONZERNBEWERTUNG
- 32 – KONZERNWÄHRUNG, PROFITCENTER-BEWERTUNG
- 40 – HARTWÄHRUNG
- 50 – INDEXWÄHRUNG
- 60 – GESELLSCHAFTSWÄHRUNG

In Abschnitt 1.3.3 finden Sie eine vollständige Erklärung dieser Währungstypen und den Ursprung der für jeden Typ verwendeten Währung. Der Währungstyp 10 wird automatisch als erste Währung ausgewählt und stellt die Haus- oder Buchungskreiswährung für den Bewertungskreis dar. Dem Material-Ledger-Typ können bis zu zwei zusätzliche Währungstypen zugeordnet werden. Der gewählte Währungstyp muss im Zuge seiner Konfiguration für den führenden Ledger dem Buchungskreis zugeordnet werden. Siehe Abschnitt 1.3.6 für weitere Details.

! Material-Ledger-Typ 0000

Die Verwendung von Material-Ledger-Typ 0000 ist nicht mehr erlaubt. Dies war der Standard-Material-Ledger-Typ, den die SAP vor dem Release von S/4HANA mit ihren Systemen auslieferte.

Der Material-Ledger-Typ ist einem Bewertungskreis zugeordnet, um die dort verwendeten Währungen zu identifizieren. Das muss vor der Aktivierung des Material-Ledgers für diesen Bewertungskreis über den Menüpfad CONTROLLING • PRODUKTKOSTEN-CONTROLLING • ISTKALKULATION/MATERIAL-LEDGER • MATERIAL-LEDGER-ARTEN DEM BEWERTUNGS-

KREIS ZUORDNEN (oder die Transaktion *OMX3*) erfolgen. Abbildung 1.5 zeigt den Zuweisungsbildschirm.

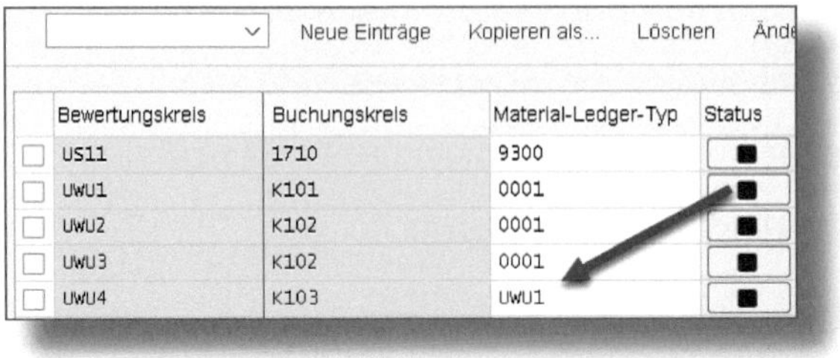

Bewertungskreis	Buchungskreis	Material-Ledger-Typ	Status
US11	1710	9300	■
UWU1	K101	0001	■
UWU2	K102	0001	■
UWU3	K102	0001	■
UWU4	K103	UWU1	■

Abbildung 1.5: Zuordnung von Material-Ledger-Typ zu Bewertungskreis

Die mit dem Material-Ledger-Typ verbundenen Währungstypen sind dann dem Bewertungskreis zugeordnet und werden bei der Bestandsbewertung verwendet.

Nachdem der Material-Ledger-Typ zugeordnet wurde, kann das Material-Ledger für den Bewertungskreis aktiviert werden. Folgen Sie dem Menüpfad CONTROLLING • PRODUKTKOSTEN-CONTROLLING • ISTKALKULATION/MATERIAL-LEDGER • MATERIAL-LEDGER FÜR BEWERTUNGSKREISE AKTIVIEREN, oder verwenden Sie die Transaktion *OMX1*.

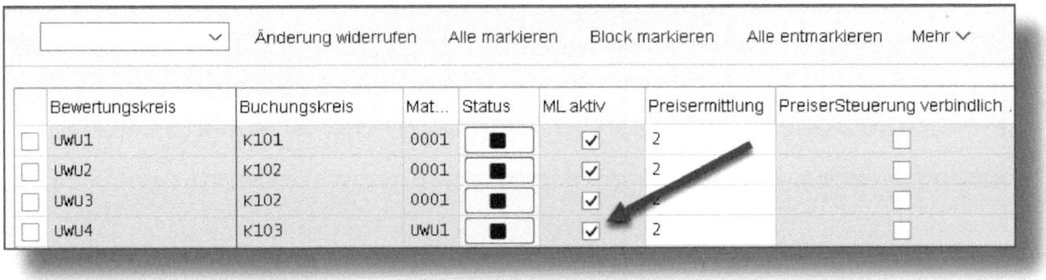

Bewertungskreis	Buchungskreis	Mat...	Status	ML aktiv	Preisermittlung	PreiserSteuerung verbindlich
UWU1	K101	0001	■	☑	2	☐
UWU2	K102	0001	■	☑	2	☐
UWU3	K102	0001	■	☑	2	☐
UWU4	K103	UWU1	■	☑	2	☐

Abbildung 1.6: Aktivierung des Material-Ledgers für einen Bewertungskreis

Abbildung 1.6 zeigt die ausgewählten Kontrollkästchen von ML AKTIV an (siehe Pfeil). Das aktiviert das Material-Ledger für jeden Bewertungskreis. Einmal ausgewählt und gespeichert, kann dies in normalen Produktivsystemen nicht zurückgesetzt werden. Es gibt spezielle Verfahren zum Zurücksetzen dieses Wertes in Testsystemen, das sollte aber niemals in einem produktiven System erfolgen. Die Spalte PREISERMITTLUNG definiert die Standardpreisermittlung in der Registerkarte

BUCHHALTUNG 1 und wird verwendet, wenn ein Material für dieses Werk angelegt wird. Es sind zwei Werte erlaubt:

- 2 ist vorgangsbezogen. Dies wird für jedes Material eingestellt, das nicht in die Istkalkulationsläufe einbezogen werden soll.
- 3 ist ein-/mehrstufig. Materialien mit dieser Einstellung werden in Istkalkulationsläufen berücksichtigt (siehe Kapitel 4).

Die letzte Einstellung für einen Bewertungsbereich ist PREISERSTEUERUNG VERBINDLICH. Wenn dieses Kontrollkästchen aktiviert ist, kann die Standardpreisermittlung beim Anlegen eines neuen Materials nicht geändert werden.

1.1.3 Den Bewertungskreis produktiv setzen

Nachdem der Bewertungskreis konfiguriert ist, muss er initialisiert und produktiv gesetzt werden. Dies geschieht durch Ausführen der App »Produktivstart Material-Ledger« (oder die Transaktion *CKMSTART*). Geben Sie ein, welche(s) Werk(e) produktiv gesetzt werden sollen. Der Abschnitt PARAMETER in Abbildung 1.7 wird nur verwendet, wenn bereits vorhandene Daten konvertiert werden.

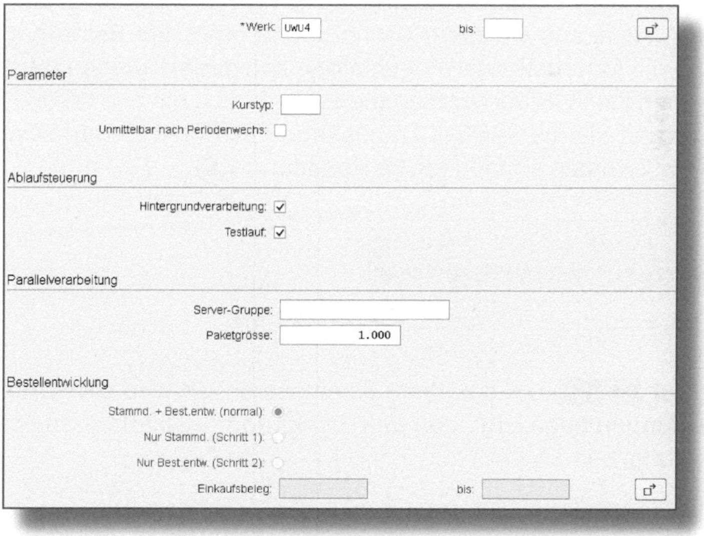

Abbildung 1.7: Den Bewertungskreis produktiv setzen

Mit dem KURSTYP wird festgelegt, wie Bestellungen, Standardpreise und Bestandswerte von der Hauswährung in die anderen Material-Ledger-Währungen umgerechnet werden. Es kann ein bestimmter Wechselkurs ausgewählt werden. Falls nichts eingetragen wird, wird der für die spezifischen Währungskategorien definierte Standard-Kurstyp verwendet. Da diese Transaktion jedoch normalerweise ausgeführt wird, bevor ein Werk einen Bezug zu Bestellungen oder Materialien hat, kann das Feld leer bleiben.

Der Abschnitt ABLAUFSTEUERUNG bestimmt, wie die Transaktion ausgeführt wird. Wenn das Kontrollkästchen HINTERGRUNDVERARBEITUNG aktiviert ist, wird die Transaktion als Hintergrundjob ausgeführt. Dies ist vorteilhaft, wenn ein bestehendes Werk auf das Material-Ledger umgestellt wird. Die Option TESTLAUF bewirkt, dass die Transaktion ausgeführt wird, ohne dass Informationen aktualisiert werden, und dient dazu, zu prüfen, ob die erforderliche Werkkonfiguration umgesetzt wurde. Der Abschnitt PARALLELVERARBEITUNG wird nur bei Werksumwandlungen benötigt, um die Bearbeitungszeit für die Umwandlungen zu beschleunigen. Auch diese Transaktion wird in der Regel ausgeführt, wenn keine historischen Daten vorhanden sind. In der Regel besteht also keine Notwendigkeit, sie zu verwenden. Der Abschnitt BESTELLENTWICKLUNG ist deaktiviert; er ist nur wichtig, wenn Daten für ein Werk konvertiert werden, das nicht bereits für das Material-Ledger aktiviert war. Wenn, aus welchem Grund auch immer, die Bestellentwicklung und die Materialbewertungshistorie konvertiert werden müssen, dann geben Sie *POH* bei der Eingabeaufforderung ein und drücken Sie [Enter], wenn Sie die SAPGUI-Transaktion ausführen, damit diese Felder geändert werden können (siehe Abbildung 1.8).

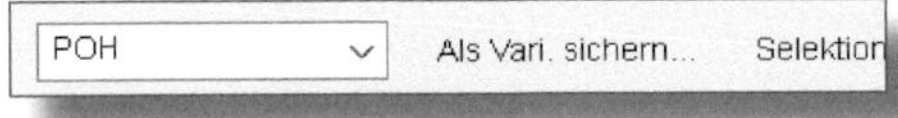

Abbildung 1.8: Eingabeaufforderung für CKMSTART

Klicken Sie auf [Ausführen], um das Werk zu aktivieren. Es wird ein Protokoll mit Meldungen angezeigt, das den Erfolg oder Misserfolg angibt (siehe Abbildung 1.9).

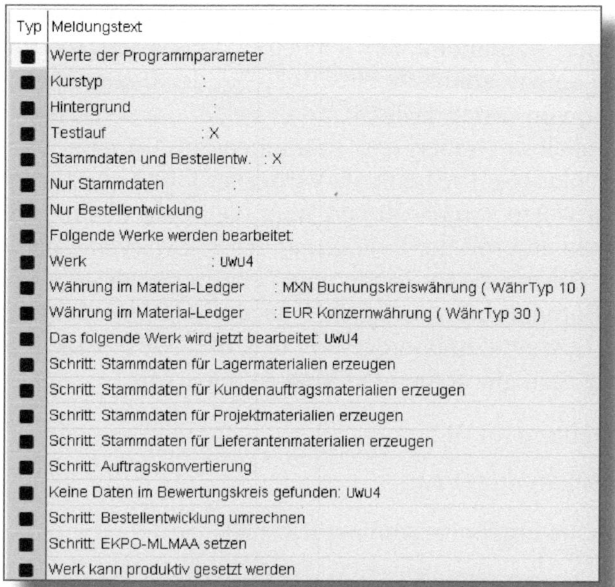

Typ	Meldungstext
■	Werte der Programmparameter
■	Kurstyp :
■	Hintergrund :
■	Testlauf : X
■	Stammdaten und Bestellentw. : X
■	Nur Stammdaten :
■	Nur Bestellentwicklung :
■	Folgende Werke werden bearbeitet:
■	Werk : UWU4
■	Währung im Material-Ledger : MXN Buchungskreiswährung (WährTyp 10)
■	Währung im Material-Ledger : EUR Konzernwährung (WährTyp 30)
■	Das folgende Werk wird jetzt bearbeitet: UWU4
■	Schritt: Stammdaten für Lagermaterialien erzeugen
■	Schritt: Stammdaten für Kundenauftragsmaterialien erzeugen
■	Schritt: Stammdaten für Projektmaterialien erzeugen
■	Schritt: Stammdaten für Lieferantenmaterialien erzeugen
■	Schritt: Auftragskonvertierung
■	Keine Daten im Bewertungskreis gefunden: UWU4
■	Schritt: Bestellentwicklung umrechnen
■	Schritt: EKPO-MLMAA setzen
■	Werk kann produktiv gesetzt werden

Abbildung 1.9: Meldungen zur Aktivierung des Bewertungskreises

Sobald das Material-Ledger aktiviert ist, zeigt die Materialstamm-Registerkarte BUCHHALTUNG 1 Unterregister für die aktuelle und vorherige Periode sowie die Endperiode des letzten Jahres. Außerdem gibt es Registerkarten, die die bisherigen, aktuellen und zukünftigen Kalkulationslaufkosten anzeigen. Standardmäßig ist die Preisermittlung für alle Materialien, die bereits vor der Aktivierung vorhanden waren, auf 2 (vorgangsbezogen) eingestellt.

1.2 Das Universal Journal

Der Begriff *Universal Journal* bezieht sich auf die »Single Source of Truth« der Buchhaltung. In der Vergangenheit pflegten verschiedene SAP-Module ihre eigenen Finanzvorgangsdaten. Das bemerkenswerteste Beispiel dafür war die Trennung des Hauptbuchs von den Daten des Gemeinkostencontrollings im Modul CO. Diese Trennung war anfänglich durch unterschiedliche Rechnungslegungsphilosophien und Berichtsanforderungen begründet. Ein schneller Datenabruf für Berichte und Analysen spielte ebenfalls eine Rolle bei der Designstrategie. Die Abstimmung von Daten zwischen den beiden verschiedenen Modulen wurde zu einer wichtigen und zeitraubenden Aufgabe während des Finanzabschlusses. Prozessuale Verbesserungen wurden im Laufe der Zeit schrittweise vorgenommen, aber die beste Lösung für dieses Problem wurde erst mit der Einführung der innovativen HANA-Datenbank möglich. Die mit dieser Technologie enorm gesteigerte Geschwindigkeit des Datenabrufs ermöglichte es der SAP, die Struktur der finanzbasierten Systeme zu überdenken. In S/4HANA werden Abstimmungsprobleme dank der folgenden Module minimiert:

- Hauptbuchhaltung (FI-GL)
- Anlagenbuchhaltung (FI-AA)
- buchhalterische Ergebnisrechnung (CO-PA)
- Gemeinkostencontrolling (CO-OM)
- Material-Ledger (CO-PC-ACT)

Alle diese Module verwenden das Universal Journal als Aufbewahrungsort für die tatsächlichen Finanzbuchungen.

! CO-PA in S/4HANA

Die SAP verwendet zwei verschiedene Ansätze für die Profitabilitätsanalyse. Das buchhalterische CO-PA setzt Finanzkonten ein, um ergebnisbezogene Daten zu Analysezwecken anzusammeln. Das kalkulatorische CO-PA wiederum verwendet spezielle Wertefelder, um spezifische Ergebnisdaten aufzunehmen. Hierzu wird ein spezieller Satz von benutzerdefinierten Tabellen benötigt, die als Teil des Konfigurationsprozesses erstellt werden. Das kalkulatorische CO-PA kann das Universal Journal nicht verwenden, da die Tabellen für das Speichern der Wertefelder benötigt werden. Das buchhalterische CO-PA wurde in S/4HANA verbessert und ist nun in der Lage, die meisten Funktionen abzubilden, die früher nur im kalkulatorischen CO-PA verfügbar waren. Beide Versionen sind in

S/4HANA weiterhin verfügbar, jedoch sind bei der Verwendung des kalkulatorischen CO-PA noch immer Abstimmungsprozesse notwendig. Ab Release 1909 wird das buchhalterische CO-PA als Margenanalyse bezeichnet.

Die Buchungen des Universal Journals werden in der Tabelle ACDOCA gespeichert. Da für alle Buchungen nur diese einzige Tabelle verwendet wird, entfällt der Datenabgleich in den verschiedenen Modulen. Die zu jedem der Module gehörenden Kennzahlen werden mit der Buchung gespeichert. Dazu gehören Rentabilitäts- und, sofern zutreffend, Kostenträgermerkmale sowie Bestandsdaten. Die Abstimmung von Controlling-Buchungen war in der Vergangenheit problematisch, weil diese Buchungen Kostenarten statt Konten verwendeten. Kostenarten stimmten nicht immer mit Sachkonten überein, insbesondere bei der Verrechnung von Kosten von einem Kostenträger auf einen anderen. Die Buchungen wurden in separaten Controlling-Tabellen gepflegt, was eine Abstimmung erforderlich machte. Mit S/4HANA werden alle Kostenarten als Konten behandelt und im Universal Journal gebucht.

Die Verwendung einer einzigen Tabelle für das Universal Journal ermöglicht eine vereinfachte Berichterstattung. In der Vergangenheit hatte jedes Modul seinen eigenen Satz von Berichten und seine eigenen Mittel zur Analyse der Daten. Obwohl diese Berichte in S/4HANA weiterhin existieren, kann ein einziger Bericht, wie z. B. die Summen- und Saldenliste, verwendet werden, um die Daten für alle Module anzuzeigen. Die Auswertung kann mit den verschiedenen, für jedes Modul geeigneten Kennzahlen erfolgen.

1.3 Währungstypen

1.3.1 Mehrere Währungen für Buchungen und Bewertung

Ein Attribut des Universal Journals ist die Anzahl der Währungen, die in einer Finanztransaktion verarbeitet werden können. Die Zuordnung der Währungen nach Ledger und Buchungskreis erfolgt über die Transaktion *FINSC_LEDGER*. Ab S/4HANA Release 1610 können einer Buchungskreis/Ledger-Kombination zehn Währungen zugeordnet werden. Die ersten beiden Währungen sind die Hauswährung und die Konzernwährung, die auf der Grundlage von Buchungskreis- bzw. Kostenrechnungskreiszuordnungen definiert werden. Es können bis zu acht weitere »frei definierte« Währungen zugewiesen werden. Zusätzlich zu diesen zehn Währungen führt das Universal Journal Beträge in drei weiteren Währungen: der Transaktionswährung, der Saldentransaktionswährung und der Objektwährung.

Diese dreizehn möglichen Beträge können anhand der Feldnamen in der `ACDOCA`-Tabelle wie folgt identifiziert werden:

- `WSL` – Betrag in Transaktionswährung. Dies ist die ursprüngliche Währung der Transaktion, die zum Zeitpunkt der Finanzbuchung festgelegt wird. Sie trägt nicht zum Kontostand bei, da verschiedene Währungen in verschiedenen Transaktionen verwendet werden können.
- `TSL` – Betrag in Saldentransaktionswährung. Die hier verwendete Währung hängt von der Einstellung SALDEN NUR IN HAUSWÄHRUNG für das Konto ab (siehe Abbildung 1.10). Wenn das Kontrollkästchen aktiviert ist, wird der Betrag in die Kontowährung umgerechnet, die in diesem Fall EUR (Euro) ist. Wenn sie nicht ausgewählt ist, wird der Betrag in der Transaktionswährung ausgewiesen.

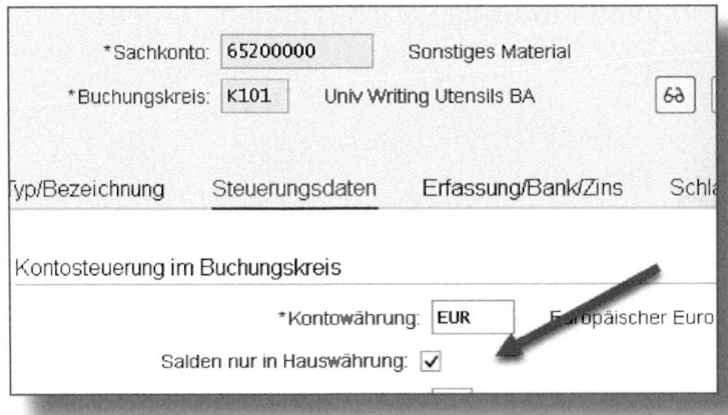

Abbildung 1.10: Kontoeinstellungen für Salden in Hauswährung

- HSL – Betrag in Buchungskreiswährung. Dies ist die Währung, die dem Buchungskreis im Zuge der Definition zugewiesen wird.
- KSL – Betrag in Konzernwährung. Dies ist die für den Kostenrechnungskreis definierte Währung. Wenn der Buchungskreis dem Kostenrechnungskreis zugeordnet ist, wird die Kostenrechnungskreiswährung als Konzernwährung verwendet.
- OSL – Betrag in frei definierter Währung 1. Dieser wird aus dem in *FINSC_LEDGER* zugeordneten Währungstyp abgeleitet.
- VSL – Betrag in frei definierter Währung 2. Dieser wird aus dem in *FINSC_LEDGER* zugeordneten Währungstyp abgeleitet.
- BSL – Betrag in frei definierter Währung 3. Dieser wird aus dem in *FINSC_LEDGER* zugeordneten Währungstyp abgeleitet.
- CSL – Betrag in frei definierter Währung 4. Dieser wird aus dem in *FINSC_LEDGER* zugeordneten Währungstyp abgeleitet.
- DSL – Betrag in frei definierter Währung 5. Dieser wird aus dem in *FINSC_LEDGER* zugeordneten Währungstyp abgeleitet.
- ESL – Betrag in frei definierter Währung 6. Dieser wird aus dem in *FINSC_LEDGER* zugeordneten Währungstyp abgeleitet.
- FSL – Betrag in frei definierter Währung 7. Dieser wird aus dem in *FINSC_LEDGER* zugeordneten Währungstyp abgeleitet.
- GSL – Betrag in frei definierter Währung 8. Dieser wird aus dem in *FINSC_LEDGER* zugeordneten Währungstyp abgeleitet.
- CO_OSL – Betrag in Objektwährung des CO. Dies ist nur möglich, wenn es sich wirklich um die Objektwährung (Währungstyp 70) handelt.

Währungstypen

Währungen sind im Universal Journal nicht direkt definiert. Stattdessen wird jedes verwendete Betragsfeld einem *Währungstyp* zugewiesen. Der Währungstyp ist ein zweistelliges Feld, das die Quelle der spezifischen Währung identifiziert. Der Währungstyp 10 bezieht sich z. B. auf die Buchungskreiswährung, die in der Definition des

Buchungskreises zu finden ist. Jeder Buchungskreis hat seine eigene, separate Währung, die für den Betrag verwendet wird, der in dem diesem Währungstyp zugeordneten Feld gespeichert ist. Eine genauere Erklärung finden Sie in den Abschnitten 1.3.3 und 1.3.4.

Es gibt vier Währungen, die in allen Ledger-Definitionen zwingend verwendet werden müssen: die Transaktionswährung (WSL), die Saldentransaktionswährung (TSL), die Haus- oder Buchungskreiswährung (HSL) und die Konzernwährung (KSL). Alle anderen Zuordnungen hängen von spezifischen Anforderungen für die Verfolgung von Finanzbuchungen in alternativen Währungen ab.

Sobald ein Buchungskreis aktiv ist, können einer Buchungskreis/Ledger-Kombination keine weiteren Währungen zugeordnet werden, ohne ein spezielles Umstellungsprojekt anzulegen. Dadurch wird sichergestellt, dass vorhandene Daten und Obligos ordnungsgemäß aktualisiert werden, um die neuen Währungsdefinitionen zu berücksichtigen. Weitere Informationen finden Sie in SAP-Hinweis 2344012[1].

Bestimmte Funktionen im Finanzwesen und Controlling können nur eine Teilmenge der im Universal Journal erlaubten Währungen verwenden. In älteren Versionen des SAP-ERP-Systems wurden nur drei definierbare Währungen für die Finanzbuchhaltung verwendet. Die gleichen Währungen werden in der Anlagenbuchhaltung und bei der Umgruppierung von Forderungen und Verbindlichkeiten verwendet. Abbildung 1.11 zeigt die Einstellungen für die Buchungskreiswährung in der Transaktion *FINSC_LEDGER* (IMG-Menüpfad FINANZWESEN • GRUNDEINSTELLUNGEN FINANZWESEN • BÜCHER • LEDGER • EINSTELLUNGEN FÜR LEDGER UND WÄHRUNGSTYPEN DEFINIEREN). Im Bild zeigt Bereich ❶, wo die zehn definierbaren Währungen konfiguriert sind. Dies sind die Hauswährung (Buchungskreiswährung), die Konzernwährung (Kostenrechnungskreiswährung) und die acht zuvor beschriebenen frei definierten Währungen. Die Zuordnung von Währungen erfolgt über den Währungstyp, und dieser definiert das Objekt, in dem die eigentli-

[1] SAP-Hinweis 2344012: »Währungen im Universal Journal«

che Währung gespeichert ist. In Abschnitt 1.3.3 und 1.3.4 werden die Währungstypen näher erläutert.

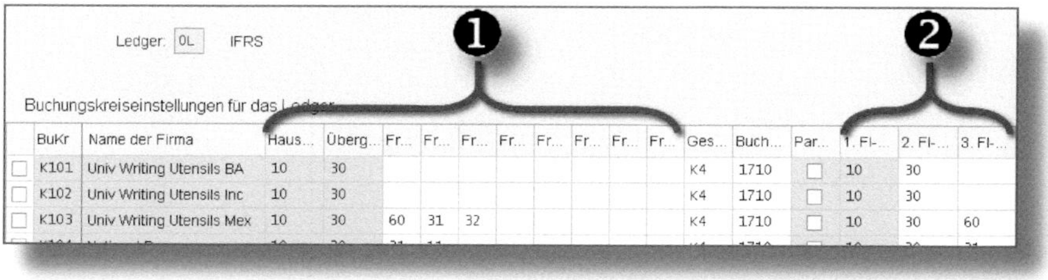

Ledger: 0L IFRS

❶ ❷

Buchungskreiseinstellungen für das Ledger

	BuKr	Name der Firma	Haus...	Überg...	Fr...	Fr...	Fr...	Fr...	Fr...	Fr...	Fr...	Fr...	Ges...	Buch...	Par...	1. FI-...	2. FI-...	3. FI-...
☐	K101	Univ Writing Utensils BA	10	30									K4	1710	☐	10	30	
☐	K102	Univ Writing Utensils Inc	10	30									K4	1710	☐	10	30	
☐	K103	Univ Writing Utensils Mex	10	30	60	31	32						K4	1710	☐	10	30	60

Abbildung 1.11: Währungszuordnungen FINSC_LEDGER

Bereich ❷ zeigt die Teilmenge der Universal-Journal-Währungen, die für Anlagevermögen und Umgruppierung verwendet werden können. Diese sind auch als BSEG-Währungen bekannt. Tabelle BSEG speichert die Buchhaltungsbelegpositionen. Bestimmte Module benötigen noch Zugriff auf die Werte in der BSEG-Tabelle. In der Vergangenheit umfassten diese drei Felder die Hauswährung 1, die Hauswährung 2 und die Hauswährung 3 in Finanzbelegen. Die erste FI-Währung (Spalte 1. FI-...) kann nicht geändert werden und wird mit der für den Buchungskreis definierten Währung vorbelegt. Die beiden anderen Währungen (Spalte 2. FI-... und 3. FI-...) können frei unter den anderen im Bereich ❶ definierten Währungen (der Gesellschaftswährung [Kostenrechnungskreiswährung] und einer der acht frei definierten Währungen) ausgewählt werden. Es gibt jedoch eine Einschränkung: Die im Bereich ❷ definierten Währungen müssen von SAP ausgelieferte und nicht benutzerdefinierte Währungstypen sein.

Auch im Modul CO ist die Anzahl der Währungen begrenzt. Obwohl viele CO-Buchungen alle verfügbaren Währungen verwenden können, sind Abrechnungs- und Umbuchungstransaktionen auf nur zwei beschränkt, nämlich die Buchungskreiswährung (Hauswährung) und Kostenrechnungskreiswährung (Konzernwährung).

Das Material-Ledger ist ein weiteres Modul, das die Anzahl der Währungen begrenzt. Im Material-Ledger können maximal drei Währungen für die Materialbewertung verwendet werden. Diese Währungen werden einem Material-Ledger-Typ (siehe Abbildung 1.12) zugeordnet, der wiederum einem Bewertungskreis oder Werk zugewiesen ist.

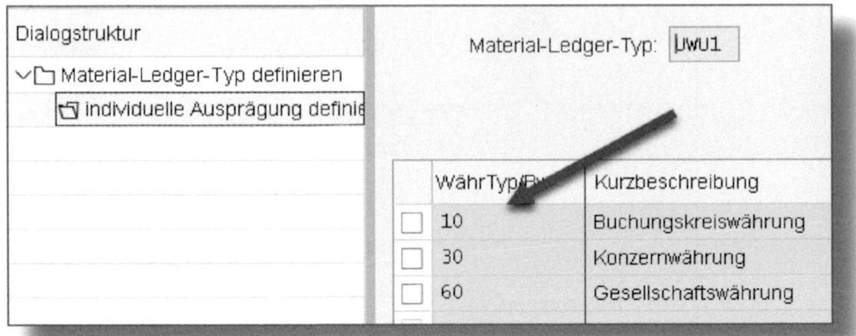

Abbildung 1.12: Währungszuordnung Material-Ledger-Typ

Die Konfiguration des Material-Ledger-Typs erfolgt über die Transaktion *OMX2* oder über den IMG-Menüpfad Controlling • Produktkosten-Controlling • Istkalkulation/Material-Ledger • Material-Ledger-Typen definieren und Währungstypen zuordnen. Für das Material-Ledger können nur bestimmte, von SAP definierte Währungstypen verwendet werden; diese sind:

- 10 – Buchungskreiswährung
- 11 – Buchungskreiswährung, Konzernbewertung
- 12 – Buchungskreiswährung, Profitcenter-Bewertung
- 20 – Kostenrechnungskreiswährung
- 30 – Konzernwährung
- 31 – Konzernwährung, Konzernbewertung
- 32 – Konzernwährung, Profitcenter-Bewertung
- 40 – Hartwährung
- 50 – Indexwährung
- 60 – Gesellschaftswährung

! Ändern von Material-Ledger-Währungen

Ab Release 1909 können Währungen, sobald das Material-Ledger produktiv gesetzt worden ist, nicht mehr geändert werden, auch nicht mit einem System-Landscape-Optimization-(SLO)-Projekt mit der SAP. Diese Funktion ist für eine zukünftige Version vorgesehen, aber noch nicht konkret eingeplant.

1.3.2 Bewertungssichten

Konzerne, die aus mehreren unabhängigen Gesellschaften bestehen, müssen Warenbewegungen zwischen diesen Gesellschaften ähnlich wie einen Verkauf an externe Kunden behandeln. Es wird ein Transferpreis vergeben, der den Verkaufspreis darstellt, und die empfangende Gesellschaft bewertet das Material rechtlich gesehen zu diesem Preis. Die Gesellschaft, die das Material erhält, verkauft dieses Material dann an einen externen Kunden, in der Regel zu einem höheren Preis. Der Gewinn, der der verkaufenden Gesellschaft aus diesem Verkauf zugewiesen wurde, stellt nicht den wahren Gewinn des Konzerns dar. Idealerweise muss der Zwischengewinn des Verkaufs von Gesellschaft A an Gesellschaft B zum Verkaufsgewinn addiert werden, um den wahren Gewinn zu sehen. Um diesen »wahren« Gewinn zu verstehen, muss nachträglich Arbeit in die Berechnung des Gesamtwerts für den Konzern gesteckt werden.

Viele Konzerne haben zudem Geschäftsbereiche, die als Profitcenter in SAP abgebildet werden. Jede Gesellschaft im Konzern kann aus mehreren Profitcentern bestehen, und jedes dieser Profitcenter kann auch firmenübergreifend sein. Materialien können außerdem zwischen Profitcentern innerhalb derselben Gesellschaft transferiert werden. Rechtlich gesehen ändert sich der Wert des übertragenen Materials innerhalb des Unternehmens nicht, was verhindert, dass die unabhängigen Geschäftseinheiten einen Gewinn aus dem unternehmensinternen Verkauf erzielen. Dies verzerrt die Rentabilität für die Geschäftseinheit, da nur Gewinne aus externen Verkäufen einbezogen werden.

Um diese Probleme zu umgehen, hat die SAP das Konzept der *Bewertungssicht* eingeführt. Eine Bewertungssicht stellt die Kosten für Bestände und Warenbewegungen auf der Grundlage der unterschiedlichen Anforderungen an den Umgang mit Transferpreisen dar. Es werden drei verschiedene Sichten für die Bestandsbewertung unterstützt:

0 – Legale Bewertung

Die legale Bewertung stellt den Betrag dar, der für die staatliche Berichterstattung verwendet wird. Bei buchungskreisübergreifenden Verrechnungen ist dies der Verkaufspreis zwischen Gesellschaften. Dies beinhaltet in der Regel einen Transferpreiszuschlag, um den Gewinn darzustellen, der der verkaufenden Gesellschaft zugewiesen wird. Aus rechtlicher Sicht sollten Übertragungen innerhalb einer Gesellschaft keinen Transferpreis beinhalten. Daher wird bei gesellschaftsinternen Verkäufen zwischen Profitcentern für diese Bewertungssicht kein Transferpreiszuschlag berücksichtigt. Die legale Bewertung ist der allgemein anerkannte Standardwert für Materialien.

1 – Konzernbewertung

In der Konzernsicht wird der durch den Transferpreis bestimmte Zwischengewinn eliminiert. Ohne Transferpreis entspricht der Wert des Materials bei der empfangenden Gesellschaft dem Wert bei der Versandgesellschaft. In diesem Fall ist jede festgestellte Differenz auf die Berücksichtigung der Versandkosten zwischen den Werken zurückzuführen. Die Konzernbewertung schließt den Transferpreiszuschlag zwischen den Buchungskreisen aus. Der Zuschlag wird in der Kalkulation einem bestimmten Kostenelement zugeordnet, das dann für die Konzernbewertung ignoriert wird. Diese Sicht ermöglicht es Ihnen, den wahren Unternehmensgewinn aus jedem Verkauf zu sehen, indem Transferpreiszuschläge eliminiert werden.

2 – Profitcenter-Bewertung

Die Profitcenter-Bewertung definiert den Verkaufspreis für Materialien, die von einem Profitcenter zu einem anderen verschoben werden.

Dazu gehören eventuell zugelassene Transferpreise zwischen Profitcentern, unabhängig vom Buchungskreis. Rechtlich gesehen darf bei der Übertragung von Waren innerhalb desselben Buchungskreises kein Zuschlag erhoben werden. Um jedoch die Rentabilität einer Geschäftseinheit im Verhältnis zu anderen Geschäftseinheiten besser zu verstehen, sollte ein Inter-Profitcenter-Verkaufspreis definiert werden. In diesem Fall wird der mit dem Profitcenter-Transferpreis verbundene Zuschlagswert zu den Standardkosten addiert. Die Umsatzleistung nach Profitcenter kann genau erfasst werden, einschließlich aller konzerninternen und -externen Umsätze.

Diese Bewertungssichten können mit bestimmten Währungstypen verknüpft werden. Die Kombination aus Währungstyp und Bewertungssicht wird als *Wertansatz* bezeichnet. Bei den von SAP ausgelieferten Währungstypen bezieht sich die zweite Ziffer auf die Bewertungssicht. Währungstyp 30 steht für die Konzernwährung in der legalen Sicht, 31 für die Konzernwährung in der Konzernsicht und 32 für die Konzernwährung in der Profitcenter-Sicht. Es können bis zu drei verschiedene Wertansätze gleichzeitig verwendet werden, um Bestände über das Material-Ledger zu bewerten.

Zusätzliche Bewertungssichten

Weitere Bewertungssichten sind möglich, je nachdem welche Business Functions aktiviert sind. Zum Beispiel ermöglicht die Business Function FIN_CO_COGM (Parallele Herstellkosten [HK]) die Verwendung zusätzlicher Bewertungssichten zur Bewertung von Materialien nach unterschiedlichen Rechnungslegungsvorschriften.

1.3.3 Standard-Währungstypen

Der Währungstyp beschreibt den internen Zweck einer bestimmten Währungseinstellung. Von der SAP ausgelieferte Währungstypen werden mit einer zweistelligen Kennung definiert. Die erste Ziffer gibt an, woher die Währung abgeleitet wird. Die Währung, die für den Währungstyp 10 verwendet wird, ist z. B. in der Buchungskreiskonfiguration festgelegt. Wenn also in einer Finanzbuchung der Währungstyp 10 verwendet wird, holt sich das System die verwendete spezifische Währung aus der Buchungskreisdefinition. Die Währung wird immer gemäß den jeweiligen Stammdateneinstellungen für das dem Währungstyp zugeordnete Objekt ermittelt.

»Währung« vs. »Währungstyp«

Der Begriff *Währung* bezieht sich auf die Währungseinheit eines Landes, wie z. B. USD (US-Dollar) oder EUR (Euro). Der Begriff *Währungstyp* definiert die Quellstammdaten, in denen die Währungsdefinition zu finden ist.

Die zweite Ziffer definiert die Bewertungssicht, die mit der ausgewählten Währung verwendet wird. Bewertungssichten werden in Abschnitt 1.3.2 behandelt. Das Zeichen 0 steht für die legale Bewertung, 1 für die Konzernbewertung und 2 für die Profitcenter-Bewertung. Die Pflege des Währungstyps erfolgt über die Transaktion *FINSC_LEDGER* bzw. den IMG-Menüpfad FINANZWESEN • GRUNDEINSTELLUNGEN FINANZWESEN • BÜCHER • LEDGER • EINSTELLUNGEN FÜR LEDGER UND WÄHRUNGSTYPEN DEFINIEREN.

Dialogstruktur
- Währungstypen
- Globale Währun
- Währungsumrec
- Ledger
  - Buchungskrei
    - Rechnungs

Währungstypen ❶ ❷ ❸ ❹

Wä...	Beschreibung	Kurzbeschr...	Bewertungssicht	Un...	Leg...	EinstellDefEbene
00	Belegwährung	Belegwähr.	0 Legale Bewertung			1 Global
10	Buchungskreiswährung	BukrsWähr.	0 Legale Bewertung			1 Global
11	Buchungskreiswährung, Konzernb...	Bukrs,Konz	1 Konzernbewertung		10	1 Global
12	Buchungskreiswährung, Profitcent...	Bukrs, PC	2 Profitcenter-Be...		10	1 Global
20	Kostenrechnungskreiswährung	KWähr	0 Legale Bewertung			1 Global
30	Konzernwährung	KonzWährng	0 Legale Bewertung			Buchungskreisa...
31	Konzernwährung, Konzernbewertu...	Konz, Konz	1 Konzernbewertung		30	Buchungskreisa...
32	Konzernwährung, Profitcenter-Bew...	Konz., PC	2 Profitcenter-Be...		30	Buchungskreisa...
40	Hartwährung	Hartwähr.	0 Legale Bewertung			1 Global

Abbildung 1.13: Definition des Währungstyps in FINSC_LEDGER

Abbildung 1.13 zeigt das Fenster zur Definition des Währungstyps. Nach Auswahl des Ordners WÄHRUNGSTYPEN wird die Liste der Währungstypen angezeigt. Bereich ❶ enthält den WÄHRUNGSTYP, die BESCHREIBUNG und die KURZBESCHREIBUNG. Bereich ❷ zeigt die ausgewählte BEWERTUNGSSICHT für den Währungstyp. Wählen Sie eine der drei Optionen aus. Wenn als Bewertungssicht nicht die LEGALE BEWERTUNG gewählt wurde, muss ein Währungstyp für die legale Bewertungssicht zugeordnet werden. Dieser wird in Bereich ❸ angezeigt. Der Währungstyp für die legale Sicht kann nur von einer Konzernsichtwährung und einer Profitcenter-Sichtwährung referenziert werden. Bereich ❹ bestimmt die Ebene, für die die Einstellungen der Währungsumrechnung gelten. Dabei gibt es zwei Optionen: GLOBAL und BUCHUNGSKREISABHÄNGIG. Die Auswahl von GLOBAL bedeutet, dass die Umrechnungseinstellungen für diesen Währungstyp für alle Buchungskreise gleich sind. Die Auswahl BUCHUNGSKREISABHÄNGIG bedeutet, dass die Umrechnungen für jeden Buchungskreis eingestellt werden müssen und je nach gewähltem Buchungskreis unterschiedlich sein können. Diese Einstellungen werden in Abschnitt 1.3.5 näher erläutert.

Für bestimmte Währungstypen, die von SAP ausgeliefert werden, kann die Definition nicht geändert werden; dazu gehören:

- 00 (Belegwährung)
- 10 (Buchungskreiswährung)
- 20 (Kostenrechnungskreiswährung)
- 70 (Objektwährung)

Bei den übrigen vordefinierten Währungstypen kann nur die Einstellungsebene für die Währungsumrechnung (EINSTELLDEFEBENE) geändert werden.

Die folgenden Währungstypen sind ab S/4HANA Release 1909 vordefiniert:

00 – Belegwährung

Die Belegwährung ist die Währung, die einer Transaktion beim Buchen eines Finanzbelegs zugewiesen wird. Abbildung 1.14 zeigt ein Beispiel für einen Finanzbeleg, der den Wareneingang eines von einer mexikanischen Firma in USD gekauften Materials darstellt. Bereich ❶ zeigt die Belegwährung USD. Die Spalten BETRAG HW und HWÄHR im Bereich ❷ zeigen die Buchungen in der Buchungskreiswährung MXN (mexikanische Pesos).

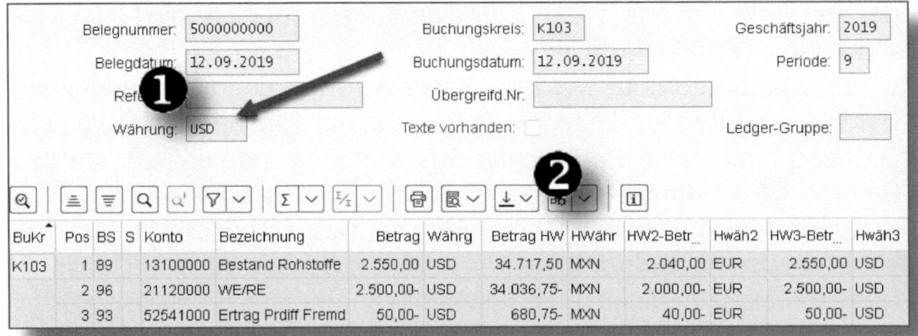

Abbildung 1.14: Belegwährung in einem Finanzbeleg

Die Währungsumrechnung wird zum Zeitpunkt der Transaktion festgelegt. Die Belegwährung ist die Originalwährung der Transaktion. Dieser Währungstyp kann nicht einer frei definierten Währung im Universal Journal zugeordnet werden.

10 – Buchungskreiswährung

Dies ist die Währung, die im Zuge der Definition des Buchungskreises zugewiesen wird. Die entsprechende Konfiguration finden Sie unter dem Menüpfad UNTERNEHMENSSTRUKTUR • DEFINITION • FINANZWESEN • BUCHUNGSKREIS BEARBEITEN, KOPIEREN, LÖSCHEN, PRÜFEN oder über die Transaktion *OX02*. Abbildung 1.15 zeigt die WÄHRUNG als USD für den BUCHUNGSKREIS *K102* an.

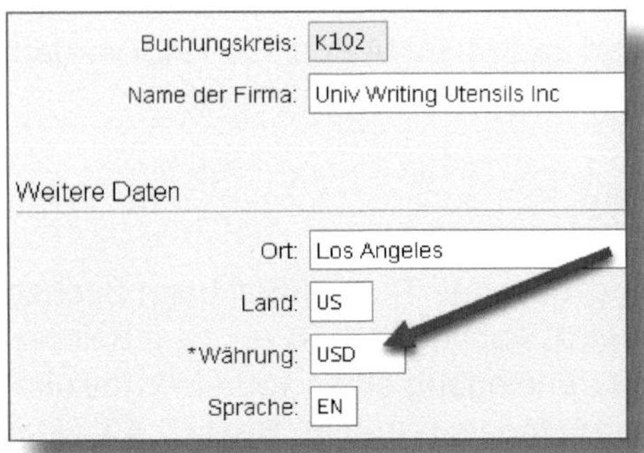

Abbildung 1.15: Definition Buchungskreiswährung

Alle drei Bewertungssichten sind für diesen Währungstyp gültig. Die Kennung 11 bezeichnet die Buchungskreiswährung mit Konzernbewertung und die Kennung 12 die Buchungskreiswährung mit Profitcenter-Bewertung. Die Buchungskreiswährung kann als Kostenrechnungskreiswährung verwendet werden, wenn allen dem Kostenrechnungskreis zugeordneten Buchungskreisen die gleiche Währung zugeordnet ist.

20 – Kostenrechnungskreiswährung

Die Währung 20 kann nur vom CO-Modul verwendet werden und steht für Finanzbuchungen nicht zur Verfügung. Dies ist die Währung, die dem Kostenrechnungskreis zugewiesen wird, wenn 20 als Währungstyp ausgewählt ist. Bei neuen Kostenrechnungskreisdefinitionen kann dieser Währungstyp jedoch nicht mehr ausgewählt werden. Er ist nur aus Kompatibilitätsgründen für ältere Systeme enthalten, die auf S/4HANA umgestellt wurden und in denen diese Währung verwendet wurde.

30 – Konzernwährung

Die Konzernwährung ist die Währung, die beim Einrichten des Mandanten festgelegt wurde. Sie können die Definition sehen, indem Sie die Transaktion *SCC4* ausführen (siehe Abbildung 1.16).

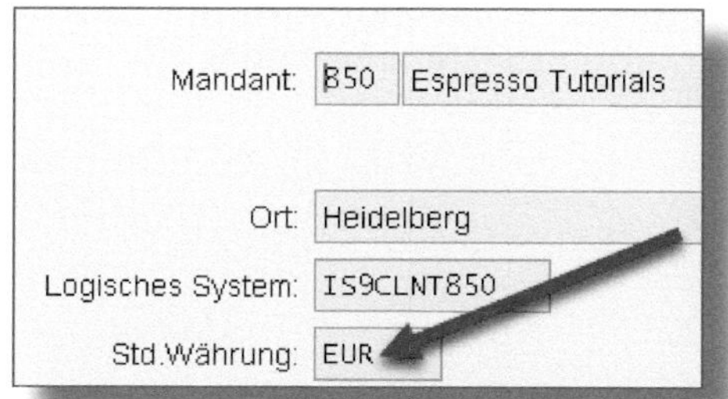

Abbildung 1.16: Definition Kundenwährung

Die Konzernwährung ist für alle drei Bewertungssichten verfügbar. Der Währungstyp 31 ist die Konzernwährung mit Konzernbewertung und der Währungstyp 32 ist die Konzernwährung mit Profitcenter-Bewertung.

40 – Hartwährung

Die Hartwährung ist eine Zweitwährung, die in einigen Ländern mit hoher Inflation zur Abwicklung von Auslandstransaktionen verwendet wird. Die Definition erfolgt im Rahmen der Länderdefinition über die Transaktion *OY01* oder über den IMG-Menüpfad SAP NETWEAVER • ALLGEMEINE EINSTELLUNGEN • LÄNDER EINSTELLEN • LÄNDER IN MYSAP SYSTEMEN (siehe Abbildung 1.17).

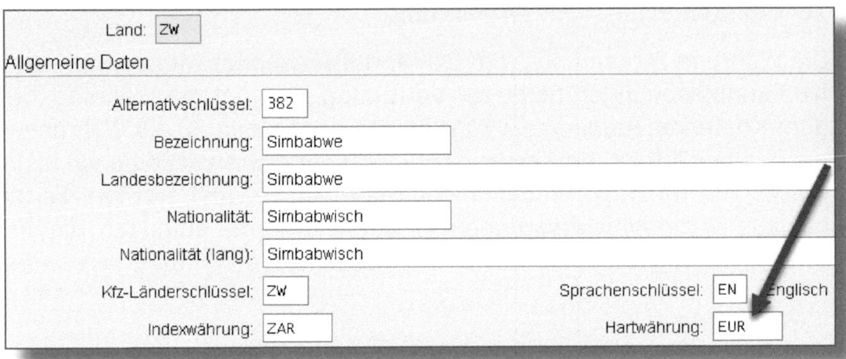

Abbildung 1.17: Länderdefinition für Hartwährungseinstellung

Wenn ein Buchungskreis definiert ist, wird er einem Land zugeordnet. Diese Methode ermöglicht den Zugriff auf die Hartwährung, wenn der Währungstyp 40 ausgewählt ist (siehe Abbildung 1.18). Für diesen Währungstyp ist nur die legale Bewertungssicht anwendbar.

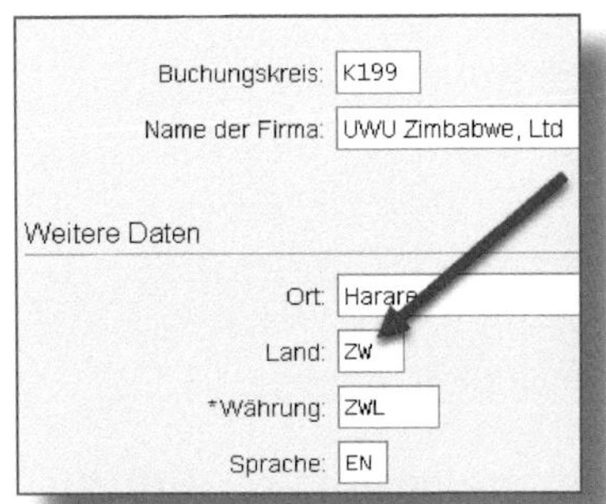

Abbildung 1.18: Hartwährung mit dem Buchungskreis verbinden

50 – Indexwährung

Die Indexwährung ist eine alternative Währung für Länder mit hoher Inflation. Die Definition dieser Währung findet sich auch in der Länderdefinition über den Menüpfad SAPNETWEAVER • ALLGEMEINE EINSTELLUNGEN • LÄNDER EINSTELLEN • LÄNDER DEFINIEREN IN MYSAP SYSTEMEN oder die Transaktion *OY01* (siehe Abbildung 1.19).

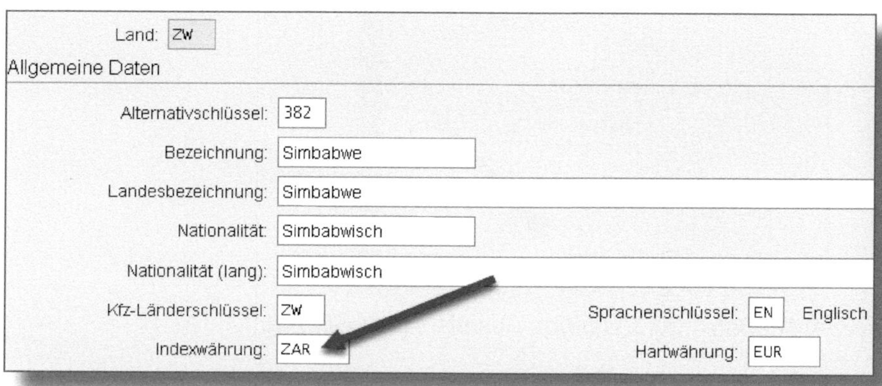

Abbildung 1.19: Länderdefinition für Indexwährungsdefinition

Für diesen Währungstyp ist nur die legale Bewertungssicht anwendbar.

60 – Gesellschaftswährung

Die Gesellschaftswährung ist die Währung, die der Definition der Gesellschaft zugeordnet ist. Gesellschaft ist nicht dasselbe wie Buchungskreis. Eine *Gesellschaft* repräsentiert eine Geschäftsorganisation innerhalb eines bestimmten Landes und kann sich aus mehreren *Buchungskreisen* zusammensetzen. Im Zuge der Definition wird einer Gesellschaft eine Währung zugewiesen. Folgen Sie dem IMG-Menüpfad UNTERNEHMENSSTRUKTUR • DEFINITION • FINANZWESEN • GESELLSCHAFT DEFINIEREN, oder führen Sie die Transaktion *OX15* aus (siehe Abbildung 1.20).

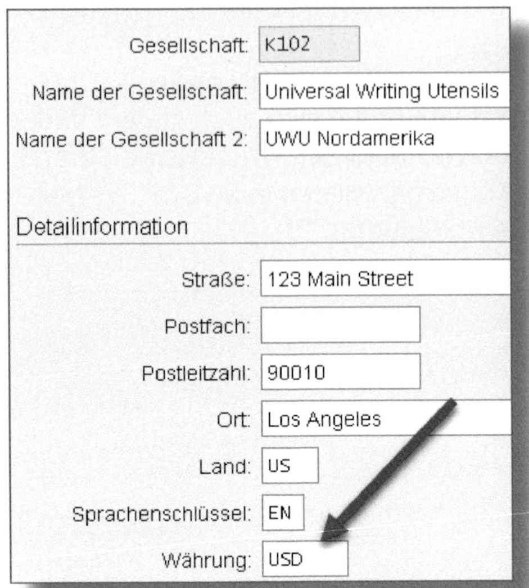

Abbildung 1.20: Definition Gesellschaftswährung

Für diesen Währungstyp ist nur die legale Bewertungssicht erlaubt. Wenn alle Buchungskreise, die der Gesellschaft zugeordnet sind, die gleiche Währung verwenden, kann mit diesem Währungstyp die Kostenrechnungskreiswährung festgelegt werden.

70 – Objektwährung

Die Objektwährung ist die Währung, die einem Controlling-Objekt, z. B. einer Kostenstelle, einem Geschäftsprozess oder einem Innenauftrag, zugeordnet ist. Beim Anlegen haben diese Objekte dieselbe Standardwährung wie der Buchungskreis, der dem Objekt zugeordnet ist. Wenn der Währungstyp 70 für die Verwendung bei der Buchung ausgewählt ist, wird die Währung aus den Kostenträgerstammdaten abgeleitet.

Abbildung 1.21: Währungszuordnung zu einem Geschäftsprozess

Abbildung 1.21 zeigt die Währungszuordnung in einem Geschäftsprozess in der Transaktion *CP01/CP02*. Sie wurde aus der Buchungskreiswährung abgeleitet. Alle drei Bewertungssichten können dem Währungstyp zugewiesen werden: 70 kennzeichnet die legale Bewertung, 71 die Konzernbewertung und 72 die Profitcenter-Bewertung. Dieser Währungstyp kann nicht einer frei definierten Währung im Universal Journal zugeordnet werden. Nähere Informationen finden Sie im SAP-Hinweis 2339581[2].

[2] SAP-Hinweis 2339581: »Währungstyp 70 – CO-Objektwährung – im Ledger-Customizing«

80 – Ledgerwährung

Dieser Währungstyp ist der Definition des *Speziellen Ledgers* (Modul FI-SL) zugeordnet. Die Ledgerwährung ist in allen drei Bewertungssichten verfügbar: 80 für die legale, 81 für die Konzern- und 82 für die Profitcenter-Bewertung.

90 – Profitcenter-Rechnungswährung

Der Kostenrechnungskreisdefinition ist die Profitcenter-Rechnungswährung zugeordnet. Folgen Sie dem IMG-Menüpfad CONTROLLING • PROFITCENTER-RECHNUNG • GRUNDEINSTELLUNGEN • EINSTELLUNGEN FÜR DEN KOSTENRECHNUNGSKREIS • EINSTELLUNGEN FÜR DEN KOSTENRECHNUNGSKREIS PFLEGEN. Dies entspricht auch der Transaktion *OKE5*.

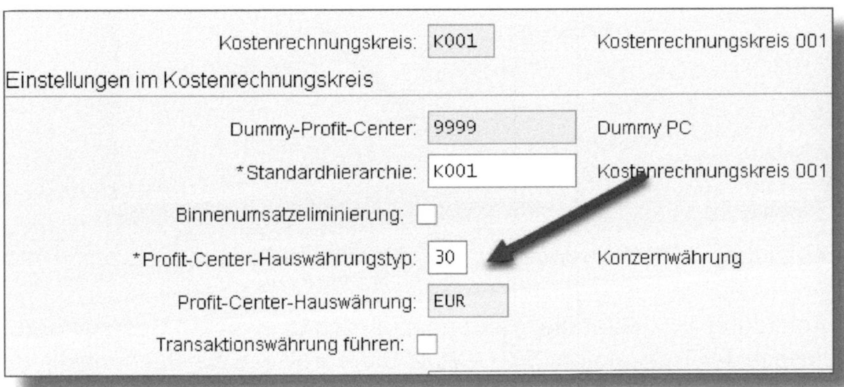

Abbildung 1.22: Währungseinstellungen für die Profitcenter-Rechnung

Abbildung 1.22 zeigt die für die Profitcenter-Rechnung verfügbaren Währungseinstellungen nach Kostenrechnungskreisen. Zunächst muss der Währungstyp ausgewählt werden. Im Feld PROFIT-CENTER-HAUSWÄHRUNGSTYP sind nur die folgenden Optionen für den Währungstyp verfügbar: 20 (Kostenrechnungskreis), 30 (Konzern) oder 90 (Profitcenter-Rechnung). Wenn entweder 20 oder 30 ausgewählt ist, wird die Profitcenter-Hauswährung automatisch auf die dem Kostenrechnungskreis zugeordnete Währung gesetzt. Wenn eine andere Währung benötigt wird, dann wählen Sie den Währungstyp 90. Die Profitcenter-Hauswährung muss dann manuell eingegeben werden. Für diesen Währungstyp sind nur die legale Bewertungssicht (90) und die Profitcenter-Bewertungssicht (92) verfügbar.

A0 – Finanzkreiswährung

Der Finanzkreis ist eine Struktureinheit, die mit der Finanzmittelrechnung und der Finanzmittelüberwachung verbunden ist. Finanzkreise (FM) werden über den IMG-Menüpfad UNTERNEHMENSSTRUKTUR • DEFINITION • FINANZWESEN • FINANZKREIS PFLEGEN oder über die Transaktion *OF01* definiert. Abbildung 1.23 zeigt die Definition des FINANZKREISES FM1 mit der Währung EUR.

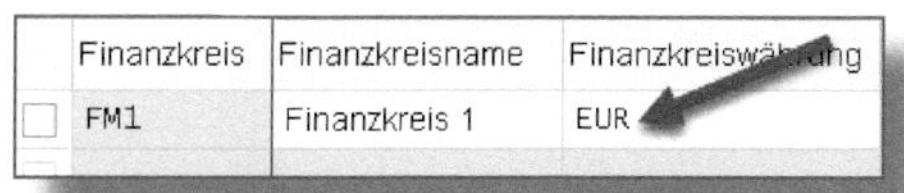

Finanzkreis	Finanzkreisname	Finanzkreiswährung
FM1	Finanzkreis 1	EUR

Abbildung 1.23: Definition Finanzkreiswährung

Um bei Finanzbuchungen auf diesen Währungstyp zugreifen zu können, werden die entsprechenden Buchungskreise über den IMG-Menüpfad UNTERNEHMENSSTRUKTUR • ZUORDNUNG • FINANZWESEN • BUCHUNGSKREIS – FINANZKREIS ZUORDNEN oder über die Transaktion *OF18* (siehe Abbildung 1.24) dem Finanzkreis zugeordnet.

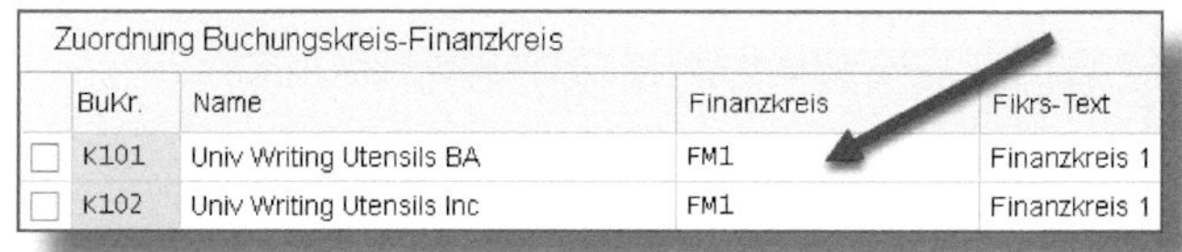

Zuordnung Buchungskreis-Finanzkreis

BuKr.	Name	Finanzkreis	Fikrs-Text
K101	Univ Writing Utensils BA	FM1	Finanzkreis 1
K102	Univ Writing Utensils Inc	FM1	Finanzkreis 1

Abbildung 1.24: Zuweisung des Buchungskreises zum Finanzkreis

Für diesen Währungstyp ist nur die legale Bewertungssicht definiert.

B0 – Ergebnisbereichswährung

Der Ergebnisbereich ist das Grundgerüst für das Modul Ergebnisrechnung (CO-PA). Für jeden Ergebnisbereich ist ein bestimmter Satz von

Merkmalen definiert. Diese Merkmale ermöglichen es, Kosten und Erlöse mit bestimmten CO-PA-Segmenten zu verknüpfen, die zum Verständnis der Rentabilität eines Unternehmens verwendet werden. Während des Erstellungsprozesses wird eine Währung zugewiesen (siehe Abbildung 1.25). Die Pflege des Ergebnisbereichs erfolgt über den IMG-Menüpfad CONTROLLING • ERGEBNIS- UND MARKTSEGMENTRECHNUNG • STRUKTUREN • ERGEBNISBEREICH DEFINIEREN • ERGEBNISBEREICH PFLEGEN oder über die Transaktion *KEA0*.

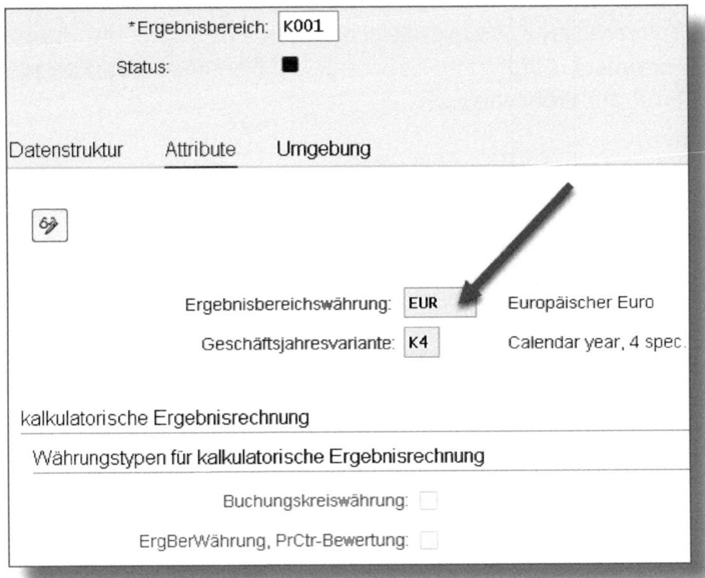

Abbildung 1.25: Zuweisung der Ergebnisbereichswährung

Für diesen Währungstyp sind sowohl legale (B0) als auch Profitcenter-Bewertungssichten (B2) zulässig.

C0 – Währung für Konsolidierungseinheiten

Konsolidierungseinheiten sind Stammdaten innerhalb des Moduls Unternehmenscontrolling: Konsolidierungssystem (EC-CS). Dies ist eine der Methoden, die in der Vergangenheit entwickelt wurden, um Finanzdaten aus mehreren Buchungskreisen in einem einzigen Satz von Büchern konsolidieren zu können. Die Konsolidierungseinheit ist die kleinste Einheit innerhalb einer Unternehmensorganisation, die als Basis für eine Konsolidierung in Frage kommt.

Abbildung 1.26 zeigt die Definition einer Konsolidierungseinheit. Dies geschieht über die Transaktion *CX1M* oder über den IMG-Menüpfad UNTERNEHMENSCONTROLLING • KONSOLIDIERUNG • STAMMDATEN • ORGANISATIONSEINHEITEN • KONSOLIDIERUNGSEINHEITEN • KONSOLIDIERUNGSEINHEITEN EINZELN BEARBEITEN. Die hier zugeordnete Währung ist die Währung der Konsolidierungseinheit.

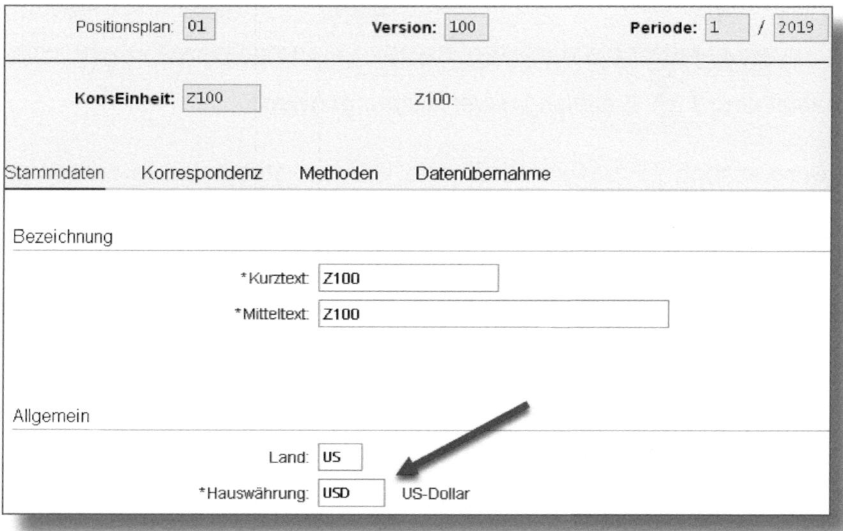

Abbildung 1.26: Definition der Währung der Konsolidierungseinheit

Der Währungstyp der Konsolidierungseinheit kann mit der legalen Bewertungssicht (C0), der Konzernbewertungssicht (C1) und der Profitcenter-Bewertungssicht (C2) verwendet werden.

1.3.4 Benutzerdefinierte Währungstypen

Sollten die mitgelieferten Währungstypen für Ihre Implementierung nicht zutreffend sein, können benutzerdefinierte Währungstypen hinzugefügt werden. Wählen Sie mit der Transaktion *FINSC_LEDGER* den Ordner WÄHRUNGSTYPEN und dann die Schaltfläche NEUE EINTRÄGE.

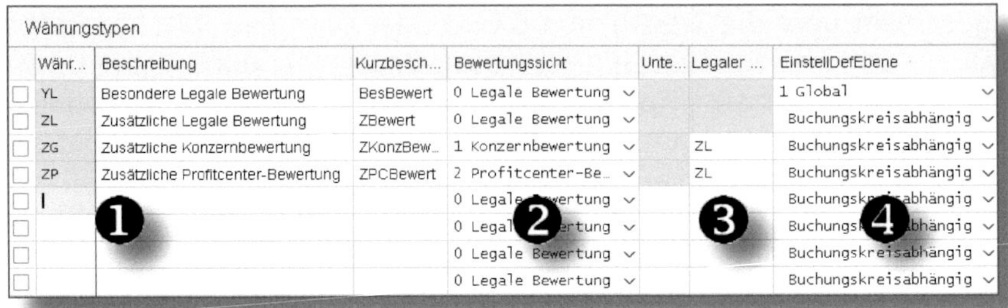

Währungstypen

Währ...	Beschreibung	Kurzbesch...	Bewertungssicht	Unte...	Legaler ...	EinstellDefEbene
YL	Besondere Legale Bewertung	BesBewert	0 Legale Bewertung			1 Global
ZL	Zusätzliche Legale Bewertung	ZBewert	0 Legale Bewertung			Buchungskreisabhängig
ZG	Zusätzliche Konzernbewertung	ZKonzBew...	1 Konzernbewertung		ZL	Buchungskreisabhängig
ZP	Zusätzliche Profitcenter-Bewertung	ZPCBewert	2 Profitcenter-Be...		ZL	Buchungskreisabhängig
I			0 Legale Bewertung			Buchungskreisabhängig
			0 Legale Bewertung			Buchungskreisabhängig
			0 Legale Bewertung			Buchungskreisabhängig
			0 Legale Bewertung			Buchungskreisabhängig

Abbildung 1.27: Erstellung neuer Währungstypen

Die Kennung für benutzerdefinierte Währungstypen muss mit einem Y oder einem Z beginnen. Das zweite Zeichen kann ein beliebiges alphanumerisches Zeichen sein. Das Zeichen »1« bedeutet nicht automatisch, dass dieser Währungstyp für die Konzernbewertungssicht verwendet wird, und »2« bedeutet für diese Währungstypen keine Profitcenter-Bewertung. Diese muss explizit definiert werden, wie im Bereich ❷ in Abbildung 1.27 gezeigt. Bereich ❶ zeigt vier neu erstellte Währungstypen. YL ist ein spezieller Währungstyp der legalen Bewertungssicht und ZL, ZG und ZP sind zusätzliche Währungstypen für die legale, Konzern- und Profitcenter-Bewertungssicht. Bereich ❸ enthält den Basiswährungstyp, der mit einem beliebigen, der Konzern- oder Profitcenter-Bewertungssicht zugeordneten Währungstyp verbunden ist. In diesem Fall beziehen sich sowohl ZG als auch ZP auf die Währung für die legale Bewertungssicht ZL. Die Basiswährung muss der legalen Bewertungssicht zugeordnet sein. Sie kann nur als Basis für maximal einen Konzernbewertungswährungstyp und einen Profitcenter-Bewertungswährungstyp verwendet werden. Im Bereich ❹ werden die Einstellungen für die Währungsumrechnung entweder als GLOBAL oder BUCHUNGSKREISABHÄNGIG definiert.

1.3.5 Einstellungen für die Währungsumrechnung

Regeln für den Umgang mit Währungsumrechnungen für die verschiedenen Währungstypen werden entsprechend der dem Währungstyp zugeordneten Einstellungsdefinitionsebene definiert. Dabei gibt es zwei verschiedene Möglichkeiten: Die Auswahl GLOBAL zeigt an, dass diese Umrechnungsmethode für alle Buchungskreise gilt. Die Auswahl BUCHUNGSKREISABHÄNGIG stützt sich auf spezifische Einstellungen auf Buchungskreisebene. Diese Konfiguration wird ebenfalls über die Transaktion *FINSC_LEDGER* vorgenommen.

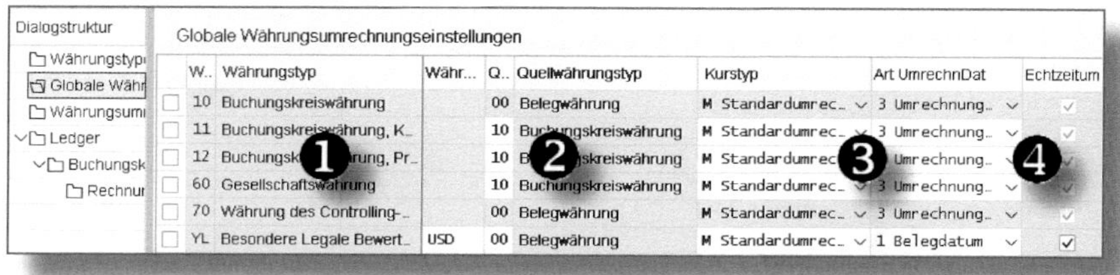

Abbildung 1.28: Globale Währungsumrechnungseinstellungen

Abbildung 1.28 zeigt die globalen Währungsumrechnungseinstellungen in *FINSC_LEDGER*. Wählen Sie den Ordner GLOBALE WÄHRUNGSUMRECHNUNGSEINSTELLUNGEN. Zuvor wurde der benutzerdefinierte Währungstyp YL erstellt und der Auswahl GLOBAL zugewiesen. Bereich ❶ zeigt die Definitionen für die neuen Währungstypen. Bei benutzerdefinierten Währungstypen muss die Währung definiert sein, da diese mit keinem anderen Stammdatensatz verbunden sind. Im Bereich ❷ sehen wir die Währung (USD) und die Basis für die Umrechnung (00 – BELEGWÄHRUNG). Bei den von der SAP vordefinierten Währungstypen muss die Währung hier nicht definiert werden, da die Währung aus den Stammdaten abgeleitet wird. Es gibt zwei mögliche Quellwährungen, die für global definierte Umrechnungen vergeben werden können: die Belegwährung (00) und die Buchungskreiswährung (10). Bereich ❸ zeigt die für die Währungsumrechnung verwendete Methodik. Zunächst wird der Kurstyp ausgewählt. In diesem Fall wird der Kurstyp M (STANDARDUMRECHNUNG) verwendet. Als Nächstes wird das Datum der Umrechnung ausgewählt. Es gibt drei Optionen: BELEGDATUM, BUCHUNGSDATUM und UMRECHNUNGSDATUM. Das Belegdatum ist das

Datum, an dem der Beleg verarbeitet wurde. Das Buchungsdatum ist das für die Buchung gewählte Datum und kann vom Belegdatum abweichen. Das Umrechnungsdatum entspricht standardmäßig dem Buchungsdatum, kann aber bei der Eingabe eines Belegs geändert werden. Bereich ❹ enthält Kontrollkästchen, über die festgelegt werden kann, ob der Umrechnungskurs sofort (ECHTZEITUM – Echtzeitumrechnung) oder am Ende der Geschäftsperiode mit der Transaktion *FAGL_FCV* verarbeitet werden soll. Ein monatlicher Durchschnittskurs kann z. B. nur am Ende des Monats ermittelt werden. Wenn dieser Kurs für den Währungstyp verwendet wird, sollte ECHTZEITUM nicht ausgewählt werden.

Dialogstruktur: Währungstyp · Globale Währ · Währungsum · Ledger · Buchungsk · Rechnu

Währungsumrechnungseinstellungen f. Buchungskreise

	BuKr	Name der F...	W..	Währungstyp	Währ...	Q..	Quellwährungstyp	Kurstyp	Art UmrechnDat	Echtzeit..
☐	K101	Un[illegible]ing ..	ZG	[illegible]liche Konzern..	EUR	11	Bu[illegible]skreisw..	P Standar..	3 Umrechnu..	☑
☐	K101	Un[illegible]ng ..	ZL	[illegible]liche Legale ..	EUR	10	Bu[illegible]kreisw..	P Standar..	3 Umrechnu..	☑
☐	K101	Univ Writing ..	ZP	Zusätzliche Profitce..	EUR	12	Buchungskreisw..	P Standar..	3 Umrechnu..	☑
☐	K102	Univ Writing ..	ZG	Zusätzliche Konzern..	USD	11	Buchungskreisw..			✓
☐	K102	Univ Writing ..	ZL	Zusätzliche Legale ..	USD	10	Buchungskreisw..			✓
☐	K102	Univ Writing ..	ZP	Zusätzliche Profitce..	USD	12	Buchungskreisw..			✓

Abbildung 1.29: Währungsumrechnungseinstellungen für Buchungskreise

Abbildung 1.29 zeigt die Konfiguration für Währungsumrechnungen, wenn der Währungstyp so definiert ist, dass er Buchungskreiseinstellungen anstelle von globalen Einstellungen verwendet. In diesem Fall werden die Umrechnungen nach Buchungskreis für einen bestimmten Währungstyp zugeordnet. Diese finden Sie im Ordner WÄHRUNGSUMRECHNUNGSEINSTELLUNGEN FÜR BUCHUNGSKREISE. Die Einstellungen für die benutzerdefinierten Währungstypen ZL, ZG und ZP sind in der Abbildung dargestellt. Der Buchungskreis wird in Bereich ❶ eingegeben. Bereich ❷ enthält den Währungstyp, welcher als BUCHUNGSKREISABHÄNGIG definiert werden musste. Da es sich um benutzerdefinierte Währungen handelt, zeigt Bereich ❸ die ausgewählte Währung und den Basiswährungstyp, von dem die Umrechnung abgeleitet wird: 00 (Beleg) oder 10 (Buchungskreis). Wenn der benutzerdefinierte Währungstyp entweder die Konzern- oder die Profitcenter-Bewertungssicht verwendet, sollte auch der Basiswährungstyp dieselbe Sicht verwenden. So ist z. B. der Währungstyp ZG für die Konzernbewertungssicht definiert. Der Basiswährungstyp sollte dann entweder 01 (Belegwährung/Konzernsicht) oder 11 (Buchungskreiswährung/Konzernsicht) sein. Dies ist in Abbildung 1.29 zu sehen. Wenn die Ansichten nicht übereinstimmen, wird eine Warnmeldung angezeigt. Bei von SAP vordefinierten Währungstypen wird die ausgewählte Währung durch den Währungstyp bestimmt und kann hier nicht eingegeben werden. Der Basiswährungstyp wird immer manuell definiert. Im Bereich ❹ werden der Umrechnungskurstyp und die Kriterien für das Umrechnungsdatum zugewiesen. Bereich ❺ bestimmt, ob Echtzeit-Währungsumrechnungen verwendet werden.

1.3.6 Währungstypen zu Ledgern zuordnen

Der Währungstyp für jedes Ledger wird je Buchungskreis mit der Transaktion *FINSC_LEDGER* zugeordnet. Wählen Sie zunächst im Ordner LEDGER das Ledger aus, für das die Währungstypen zugewiesen werden sollen (siehe Abbildung 1.30).

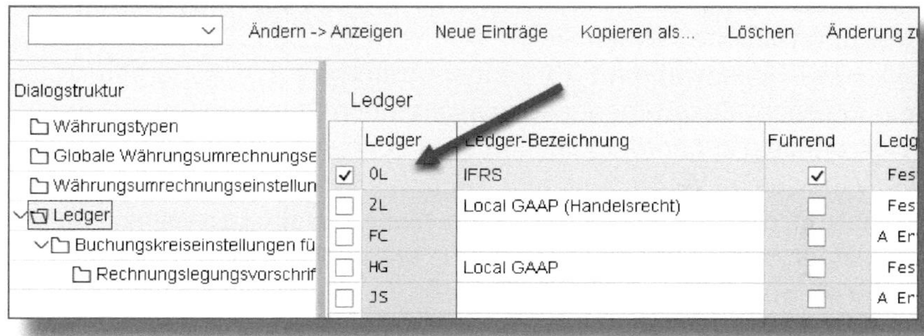

Abbildung 1.30: Ledgerauswahl in FINSC_LEDGER

Wählen Sie als Nächstes die BUCHUNGSKREISEINSTELLUNGEN FÜR DAS LEDGER (siehe Abbildung 1.31). Der Hauswährungstyp ist mit der Buchungskreisdefinition vordefiniert. Der globale Währungstyp wird bei der Zuordnung des Buchungskreises zu einem Kostenrechnungskreis ermittelt. Diese Definitionen können nicht geändert werden. Die nächsten acht Felder werden für andere Währungstypzuordnungen verwendet.

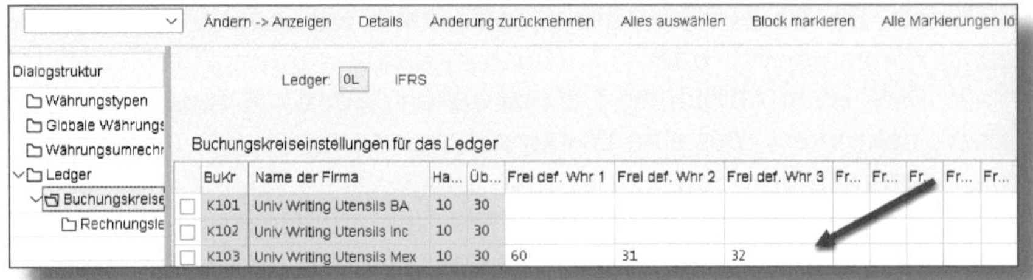

Abbildung 1.31: Zuordnung des Währungstyps zu Buchungskreis und Ledger

Ein Währungstyp muss eine gültige Umrechnungseinstellung haben, die für den hier zuzuordnenden Buchungskreis gilt (siehe Abschnitt 1.3.5). Wenn der Währungstyp mit EinstellDefEbene auf Global eingestellt ist (siehe Abbildung 1.27, Bereich ❹), kann die Währung zugewiesen werden. Wenn EinstellDefEbene auf buchungskreisabhängig eingestellt ist, müssen die Einstellungen für die Umrechnung des Währungstyps für diesen spezifischen Buchungskreis definiert werden (siehe Abschnitt 1.3.5). Die Währungstypen 70, 71 und 72 sind im Ledger-Customizing nicht erlaubt, unabhängig von der Umrechnung. Weitere Informationen finden Sie im SAP-Hinweis 2339581 (»Währungstyp 70 – CO-Objektwährung im Ledger-Customizing«). Außerdem muss ein logischer Zusammenhang zwischen den Stammdaten, für die der Währungstyp zugeordnet ist, und dem Buchungskreis bestehen. Wenn es keine solche Verbindung gibt, kann das System den zuzuordnenden Betrag in dieser Währungsposition nicht korrekt berechnen. Im Allgemeinen sollten hier entweder nur Währungstypen mit Kennungen unter 70 oder benutzerdefinierte Währungstypen zugewiesen werden. Sobald ein Buchungskreis produktiv gesetzt wurde, können keine neuen Währungstypen zum führenden Ledger hinzugefügt werden.

1.4 Bestandsbewertung in S/4HANA

Eines der Hauptmerkmale von S/4HANA ist die parallele Bewertung von Beständen in mehreren Währungen. Die Materialbewertung wird über das Material-Ledger abgewickelt. Es können bis zu drei verschiedene Bewertungen gleichzeitig gepflegt werden. Zusätzliche Bewertungen können am Periodenende ermittelt werden.

1.4.1 Materialpreissteuerung

Materialpreise werden zur Bewertung von Warenbewegungen und Lagerbeständen verwendet. Es gibt zwei Preissteuerungsstrategien, die zur Bestimmung des Preises verwendet werden: S für Standard und V für gleitenden Durchschnitt. Die Preissteuerung wird auf der Registerkarte BUCHHALTUNG 1 des Materialstamms definiert. Abbildung 1.32 zeigt ein Material mit zwei parallelen Bewertungen (BUCHUNGSKREISWÄHRUNG und KONZERNWÄHRUNG) und mit Preissteuerung S (Standard).

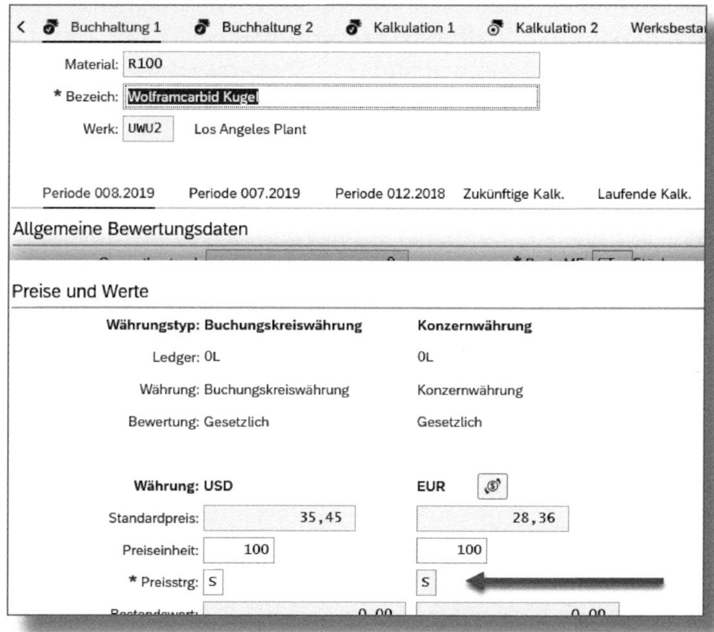

Abbildung 1.32: Einstellung der Materialpreissteuerung im Materialstamm

Preissteuerung S – Standard

Die Standardpreissteuerung verwendet einen festgelegten Preis für die Bewertung. Wenn eine bewertete Warenbewegung bearbeitet wird, wird die Menge mit dem Standardpreis multipliziert und auf den Wert angewendet. Der Bestandswert wird durch Multiplikation des Standardpreises mit der Anzahl der vorrätigen Einheiten ermittelt.

Preissteuerung V – gleitender Durchschnitt

Die gleitende Durchschnittspreissteuerung bewertet Warenbewegungen zum Beschaffungspreis. Wenn der Beschaffungspreis für ein Material 10,00 USD pro Einheit beträgt und 100 Einheiten gekauft werden, beträgt der Wert des Wareneingangs 1.000 USD. Wenn zum Zeitpunkt des Wareneingangs kein Bestand vorhanden war, beträgt der Gesamtbestandswert ebenfalls 1.000 USD. Der nächste Wareneingang über 50 Einheiten hat einen Beschaffungspreis von 12,00 USD. Der Wert für diesen Beleg beträgt entsprechend 600 USD. Dieser Wert wird zum vorhandenen Bestandswert addiert, was eine Summe von 1.600 USD ergibt. Es sind jetzt 150 Einheiten auf Lager. Der Wert pro Einheit beträgt 1.600 USD geteilt durch 150 Einheiten, d. h. 10,67 USD pro Einheit. Die Preisdifferenz für die beiden Käufe wird automatisch im Bestandswert berücksichtigt. Ab diesem Zeitpunkt verwenden alle Warenausgänge aus dem Lager diesen gleitenden Durchschnittspreis bei der Bewertung der Warenbewegung.

Bei gekauften Waren erfolgt diese Erstbewertung mit dem Bestellpreis. Die Folgerechnung des Lieferanten stimmt möglicherweise nicht mit dem Bestellpreis überein und muss bei der Bestandsbewertung berücksichtigt werden.

1.4.2 Getrennte Bewertung

Unternehmen können den Bestand für einzelne Werke und Materialien unterschiedlich bewerten, abhängig von verschiedenen Umständen. Zu den Gründen für eine derartige Trennung der Bestände zählen:

- Beschaffungsart – Eigenfertigung gegenüber Fremdbezug
- Herkunftsland des Materials
- Lieferant
- Chargenverwaltung

Die getrennte Bewertung muss zunächst für den Kunden aktiviert werden. Anschließend können Bewertungsarten definiert und einem Material zugeordnet werden. Die Preise werden pro Bewertungsart für das Material ermittelt. Hierfür können Sie für jede Bewertungsart eine eigene Kalkulation erstellen. Wenn eine Warenbewegung für das Material durchgeführt wird, muss die Bewertungsart angegeben werden. Der der Warenbewegung zugeordnete Wert wird dann anhand des Preises berechnet, welcher der spezifischen Bewertungsart des Materials zugeordnet ist. Das Inventar wird nach Bewertungsart getrennt, und der Bestandswert basiert auf dem Preis, der dieser Bewertungsart für das Material zugewiesen wurde.

1.4.3 Bewertung in parallelen Währungen

Einer der Hauptzwecke des Material-Ledgers ist es, die Darstellung von Beständen und Warenbewegungen in bis zu drei verschiedenen Währungen gleichzeitig zu ermöglichen. In Abbildung 1.33 sehen wir die Währungen für das WERK UWU4 unter dem Buchungskreis K103. Dies ist ein mexikanisches Werk, und die Bestandswerte werden in drei Währungen gepflegt: ❶ MXN (mexikanische Pesos für den Buchungskreis), ❷ EUR (für den Kostenrechnungskreis) und ❸ USD (für die globale Gesellschaft, der der Buchungskreis K103 zugeordnet ist).

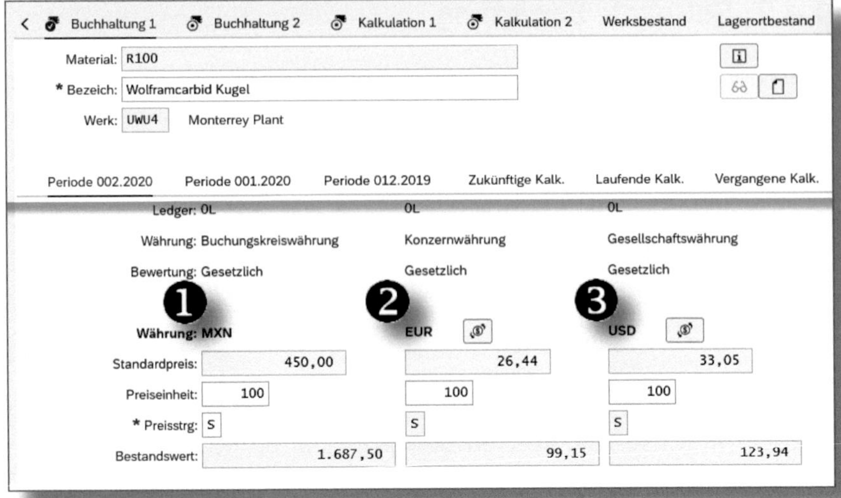

Abbildung 1.33: Drei Parallelwährungen

Alle drei Währungen stellen in diesem Fall die legale Bewertungssicht dar. Jede bewertete Warenbewegung, die für dieses Material stattfindet, wird in allen drei Währungen gleichzeitig mit dem jeweils zugeordneten Preis gebucht.

Dieses Beispiel zeigt drei Währungen, aber viele Unternehmen richten höchstens zwei Währungstypen ein: eine Buchungskreis- und eine Konzernwährung. So kann der Bestand sowohl in der Hauswährung als auch in der Konzernwährung angezeigt werden. Dieses Thema wird in Kapitel 2 ausführlich behandelt. Die Istkalkulation ist für diese Funktion nicht erforderlich.

1.4.4 Bewertung mit Transferpreisen

Der Bestand kann auch über die verschiedenen Bewertungssichten betrachtet werden (ausführlich in Abschnitt 1.3.2). Ohne auf die Istkalkulation zurückzugreifen, können die Bestandswerte und -bewegungen die Auswirkungen der mit der Transferpreisgestaltung verbundenen Anpassungen zwischen Buchungskreisen und Profitcentern zeigen.

Bei der Verwendung der Konzernbewertungssicht wird jeglicher Kostenbeitrag in Verbindung mit Transferpreiszuschlägen eliminiert. Die resultierenden Bestandswerte stellen den wahren Wert des Inventars aus Unternehmenssicht dar. Wenn ein Währungstyp mit der Profitcenter-Bewertungssicht ausgewählt ist, werden Zuschläge zwischen Profitcentern in die Bewertung einbezogen. So erhalten Sie einen sofortigen Überblick über die Profitcenter-Sicht auf den Bestand, einschließlich aller Zuschläge für Warenübernahmen von anderen Profitcentern.

Das Material-Ledger kann nur mit Buchungskreis- oder Konzernwährung arbeiten, wenn diese alternativen Bewertungssichten verwendet werden. Dieses Thema wird in Kapitel 3 behandelt.

1.4.5 Istkalkulationsbewertung

Warenbewegungen und Bestandsbewertung für Materialien mit Preissteuerung S verwenden den Standardpreis als Kostenbasis. Der Wert der Bewegung wird durch Multiplikation des Standardpreises mit der bewegten Menge ermittelt. Dies spiegelt nicht unbedingt die wahren Kosten des Produkts wider. Einem eingekauften Material werden z. B. Kosten von 5,00 EUR pro Einheit zugeordnet. Wenn Sie dieses Material von einem externen Lieferanten kaufen, betragen die tatsächlich gezahlten Kosten 6,00 EUR pro Einheit. Der Wareneingang hat einen Wert von 5,00 EUR, aber die Zahlung an den Lieferanten beträgt 6,00 EUR. Um die Konten auszugleichen, wird die Differenz auf ein Preisabweichungskonto gebucht. Diese Abweichung fließt nicht in die Bestandsbewertung ein.

Um dieses Problem zu umgehen, betrachtet die Funktion der Istkalkulation des Material-Ledgers die Inventar-Transaktionen für die Geschäftsperiode und weist die Differenzen wieder dem verbleibenden Bestand und den mit diesem Material verbundenen Umsatzkosten (COGS) zu. Die Differenzen, die mit diesem Material verbunden sind, wenn es als Komponente eines anderen Produkts verwendet wird, werden ebenfalls bei der Bewertung dieses Materials berücksichtigt. Zur Berechnung dieser Differenzen wird im Rahmen des Periodenabschlusses ein spezieller Kalkulationslauf durchgeführt. Die Differenzen können dann entweder direkt in die Bestandskonten gebucht werden, um den Wert des Materials für diese Periode zu aktualisieren, oder in die Abgrenzungskonten, was keinen Einfluss auf die Bestandsbewertung hat. Wenn die Direktbuchung gewählt wird, spiegelt der Bestandswert am Periodenende dann die »wahren« Kosten der gekauften und hergestellten Materialien wider. Dies wird in Kapitel 4 ausführlicher behandelt.

1.4.6 Bilanzbewertung

Die Bilanzbewertung ist eine alternative Methode zur Berechnung von Materialpreisen, um Bestände gemäß den gesetzlichen Anforderungen und Unternehmensrichtlinien realistisch zu bewerten. Gleitende Durchschnitts- bzw. Standardpreise stellen nicht notwendigerweise die für die Unternehmensleistung oder für steuerliche Zwecke erforderliche Bewertung dar. SAP unterstützt drei verschiedene Ansätze für die spezielle Bewertung von Beständen in der Bilanz:

- Niederstwertermittlung
- »First in, first out«-Bewertung
- »Last in, first out«-Bewertung

Niederstwertermittlung

Die Niederstwertermittlung ist eine Methode, um Beständen von Einkaufsmaterialien einen Wert zuzuweisen, der auf den aktuellen Marktbedingungen, der Bestandsmenge im Verhältnis zum erwarteten Verbrauch (Bestandsdeckung), der Gängigkeit, der Veralterung bzw. auf einer beliebigen Kombination der oben genannten Faktoren basiert. Wenn z. B. der aktuelle Marktpreis eines Materials niedriger ist als der Standard-Bestandspreis, sollte der Marktpreis für die Bilanzbewertung herangezogen werden, da er den tatsächlichen Wert auf der Grundlage der bestehenden Bedingungen besser repräsentiert. Lagerhüter oder veraltete Materialien erfordern möglicherweise eine zusätzliche Abwertung, damit die Alterung des Bestands berücksichtigt wird.

First in, first out (FIFO)-Bewertung

Die FIFO-Methode geht davon aus, dass die Bestände in der Reihenfolge verbraucht werden, in der sie in den Bestand eingegangen sind. Der Bestandswert spiegelt den Wert der letzten Wareneingänge wider. Abbildung 1.34 zeigt ein Beispiel für eine FIFO-Berechnung.

Einkäufe				FIFO-Berechnung (500 verbleibend)			
Periode	Zugänge	Preis	Wert	Periode	Menge	Preis	Wert
1	100	10,00	1.000	1	0	10,00	
2	50	11,00	550	2	0	11,00	
3	120	9,00	1.080	3	0	19,00	
4	200	12,00	2.400	4	0	12,00	
5	50	8,00	400	5	0	8,00	
6	100	13,00	1.300	6	0	13,00	
7	150	11,00	1.650	7	0	11,00	
8	50	10,00	500	8	0	10,00	
9	100	11,00	1.100	9	50	11,00	550
10	150	12,00	1.800	10	150	12,00	1.800
11	200	13,00	2.600	11	200	13,00	2.600
12	100	14,00	1.400	12	100	14,00	1.400
Total	1.370	11,52	15.780	Total	500	12,70	6.350

Abbildung 1.34: FIFO-Bestandswertberechnung

Im Laufe des Jahres wurden 1.370 Einheiten des Materials zu verschiedenen Preisen in den Bestand aufgenommen. Am Jahresende sind nur noch 500 Einheiten übrig. Da der älteste Bestand zuerst ausgegeben wird, verbleiben nur die letzten 500 Einheiten im Bestand, wie im Kasten dargestellt. Der verbleibende Wert beträgt 6.350, mit einem Einzelpreis von 12,70.

Last in, first out (LIFO)-Bewertung

Die LIFO Methode der Bilanzbewertung geht davon aus, dass die zuletzt eingegangenen Posten zuerst ausgegeben werden. Dadurch wird sichergestellt, dass für den vorhandenen Bestand keine Bewertungsänderung aufgrund des Wertes der neu eingegangenen Artikel vorgenommen wird. LIFO-Berechnungen sind nicht so einfach wie

FIFO-Berechnungen und erfordern eine spezielle Konfiguration und Stammdateneinrichtung, damit das System die LIFO-Werte korrekt berechnen kann.

Bei LIFO-Bewertungsverfahren werden die Bestandswerte als Teil von sogenannten *Layern* verfolgt, die mit bestimmten Bestandspreisen verbunden sind. Abbildung 1.35 zeigt ein Beispiel für ein Material, das im Laufe des Jahres zwei Preisänderungen erfahren hat.

Bewertung mit LIFO-Layer												
Periode	Layer	Zugänge	Preis	Zug.Wert	Abgänge	GesMenge 1	Wert 1	GesMenge 2	Wert 2	GesMenge 3	Wert 3	LIFO-Wert
1		100	10,00	1.000,00	0	100	1.000,00					1.000,00
2	❶	100	10,00	1.000,00	50	150	1.500,00					1.500,00
3	1	100	10,00	1.000,00	0	250	2.500,00					2.500,00
4	1	100	10,00	1.000,00	0	350	3.500,00					3.500,00
5		100	12,00	1.200,00	0	350	3.500,00	100	1.200,00			4.700,00
6	❷	100	12,00	1.200,00	150	350	3.500,00	50	600,00			4.100,00
7	2	100	12,00	1.200,00	0	350	3.500,00	150	1.800,00			5.300,00
8		100	15,00	1.500,00	0	350	3.500,00	150	1.800,00	100	1.500,00	6.800,00
9	❸	100	15,00	1.500,00	0	350	3.500,00	150	1.800,00	200	3.000,00	8.300,00
10	3	100	15,00	1.500,00	600	200	2.000,00	0	0,00	0	0,00	2.000,00

Abbildung 1.35: Beispiel einer einfachen LIFO-Bewertung

Bereich ❶ zeigt einen Layer mit einem Einzelpreis von 10,00. In dieser Zeit werden insgesamt 400 Einheiten in den Bestand aufgenommen und 50 Einheiten ausgegeben. Damit verbleiben insgesamt 350 Einheiten zu 10,00 pro Einheit, mit einem Wert von 3.500,00 am Ende von Periode 4. Ab Periode 5 zeigt Bereich ❷ einen neuen Layer, mit einer Einzelpreiserhöhung auf 12,00. Insgesamt erhalten Sie 300 Einheiten zu diesem Preis. In den Perioden 5 und 6 gehen 200 Einheiten ein, und in Periode 6 werden 150 Einheiten ausgegeben. Diese 150 ausgegebenen Einheiten werden aus der zum letzten Preis erhaltenen Menge entnommen, und da genügend Bestand aus diesem Layer vorhanden ist, wird nur der Bestand von Layer 2 reduziert, von 200 auf 50. In der Periode 7 werden weitere 100 Einheiten in diesem Layer aufgenommen, und der Gesamtwert beträgt dann 5.300,00 (150 Einheiten zu 12,00 plus 350 Einheiten zu 10,00). In Periode 8 sehen wir eine Preisänderung auf 15,00 pro Einheit. 300 Einheiten werden zu diesem Preis erhalten. Bereich ❸ zeigt einen zusätzlichen Layer, der für diesen Preis erstellt wurde. In Periode 10 werden 600 Einheiten aus dem Lagerbestand ausgegeben. Dadurch werden die 300 Einheiten, die in Layer 3 empfangen wurden, plus die restlichen 150 Einheiten in Layer 2 vollständig gelöscht. Anschließend werden 150 Einheiten aus Layer 1 entnommen, um die Gesamtausgabemenge von 600 zu erreichen. Damit bleiben 200 Einheiten aus Layer 1 übrig, wobei ein Preis von 10,00 pro Einheit verwendet wird. Die gesamte LIFO-Bewertung beläuft sich auf 2.000,00. Bei jeder Ausgabe von Material aus dem Bestand wird die Menge für Bewertungszwecke zuerst aus dem jüngsten Layer entnommen und dann aus dem nächstjüngeren Layer usw., bis die Ausgabemenge erfüllt ist. Auf diese Weise werden die frühesten Preise für die Bestandsbewertung verwendet.

Für die Berechnung von LIFO-Preisen können verschiedene Methoden gewählt werden. Die Bewertung kann auf Basis der Bestandsmenge oder des Preisindexes ermittelt werden. Außerdem können verschiedene Materialien zu Bewertungszwecken zusammengeführt werden.

Alternativer Bewertungslauf (AVR)

Um die Bilanzwerte der drei oben skizzierten Methoden zu berechnen, kann am Periodenende der spezielle Material-Ledger-Alternativbewertungslaufs (engl.: Alternative Valuation Run oder AVR) verwendet werden. Die Methode wird ausgewählt, und die Bestandswerte werden als Teil des Bewertungslaufs berechnet und gebucht.

1.4.7 Parallele Bewertung von Herstellkosten

Für internationale Unternehmen, die eine Bewertung der Bestände nach bestimmten lokalen Rechnungslegungsgrundsätzen benötigen, kann die Business Function FIN_CO_COGM aktiviert werden, die eine Möglichkeit bietet, Bestände nach mehreren Rechnungslegungsvorschriften zu bewerten. Die Abschreibungssätze von Vermögenswerten hängen von den Buchhaltungsregeln ab, die ein jeweiliges Land verwendet. Ein Unternehmen mit Sitz in den Vereinigten Staaten verwendet beispielsweise US-GAAP (Generally Accepted Accounting Principles) für die Berechnung der Abschreibung von Vermögenswerten. Dieser Grundsatz kann auch für die Unternehmensberichterstattung gewählt werden, unabhängig von der Lokalität. Buchungskreise, die

Ländern zugeordnet sind, die IFRS (International Financial Reporting Standards) verwenden, sind jedoch verpflichtet, Bestandswerte und Einnahmen für Steuerzwecke nach IFRS-Standards auszuweisen.

Diese Daten können durch die Pflege von Leistungssätzen und -verrechnungen auf Basis jeder Rechnungslegungsvorschrift in separaten CO-Versionen erzeugt werden. Am Periodenende werden die Abschreibungen aus der Anlagenbuchhaltung (FI-AA) über die verschiedenen Versionen gebucht. Mit dem Material-Ledger-Istkalkulationslauf werden dann die Istkosten des Bestandes für die Konzernrechnungslegungsvorschrift erzeugt. Für die CO-Version, die die lokale Rechnungslegungsvorschrift verwendet, wird ein eigener AVR erstellt. Diese Option ist nur verfügbar, wenn die Business Function aktiviert wurde.

! Business Functions aktivieren

Business Functions wie FIN_CO_COGM können für die Verwendung mit der Transaktion *SFW5* freigeschaltet werden. Dies sollte nur nach sorgfältiger Prüfung geschehen, um sicherzustellen, dass die Business Function benötigt wird, und um die Gesamtauswirkungen der Aktivierung dieser Funktion zu bestimmen. Viele Business Functions können nicht wieder deaktiviert werden, und die Aktivierung kann unbeabsichtigte Folgen haben.

2 Bewertung in parallelen Währungen

Das Material-Ledger in S/4HANA soll in erster Linie als Vehikel für die Bestandsbewertung in mehreren Währungen dienen. Unternehmen, die in mehreren Ländern tätig sind, müssen in der Lage sein, Bestandswerte sowohl in der lokalen Währung als auch in anderen Währungen anzuzeigen, je nach Unternehmensanforderungen. Mit dem Material-Ledger können Bestände in drei verschiedenen Währungen gleichzeitig dargestellt werden.

2.1 Szenario: parallele Währungsbewertung

Schauen wir uns ein Beispielunternehmen an – Universal Writing Utensils –, das in Belgien ansässig ist. Die Konzernwährung für den S/4HANA-Mandanten ist auf EUR eingestellt. Das Unternehmen hat auch Werke in den Vereinigten Staaten und in Mexiko und möchte in der Lage sein, die Bestände für die nordamerikanischen Betriebe sowohl in USD als auch in EUR anzuzeigen. Außerdem benötigt das mexikanische Werk eine Bewertung in der lokalen Landeswährung MXN (mexikanische Pesos). Universal Writing Utensils möchte für diese Werke keine Istkalkulation durchführen.

Es wurden zwei globale Gesellschaften definiert: K101 für Europa und K102 für Nordamerika (siehe Abbildung 2.1).

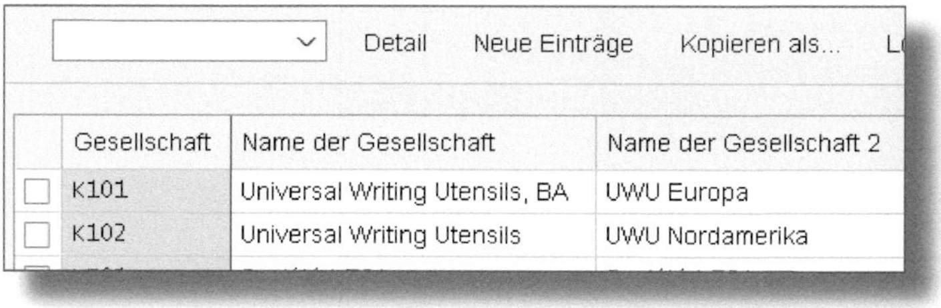

Detail Neue Einträge Kopieren als... L

	Gesellschaft	Name der Gesellschaft	Name der Gesellschaft 2
☐	K101	Universal Writing Utensils, BA	UWU Europa
☐	K102	Universal Writing Utensils	UWU Nordamerika

Abbildung 2.1: Gesellschaften der Universal Writing Utensils

Gesellschaften werden unter dem Menüpfad UNTERNEHMENSSTRUKTUR • DEFINITION • FINANZWESEN • GESELLSCHAFT DEFINIEREN konfiguriert. Abbildung 2.2 zeigt die Details der nordamerikanischen Gesellschaft K102, die USD als Buchungskreiswährung verwendet (Währungstyp 60).

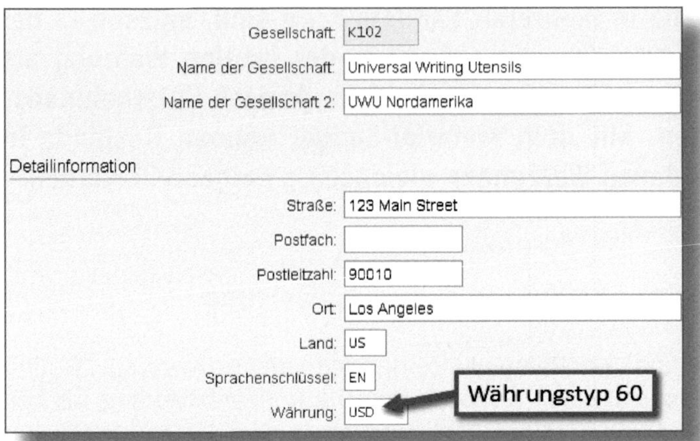

Abbildung 2.2: Definition der Gesellschaft K102

Über den Menüpfad UNTERNEHMENSSTRUKTUR • DEFINITION • FINANZWESEN• BUCHUNGSKREIS BEARBEITEN, KOPIEREN, LÖSCHEN, PRÜFEN wurden drei Buchungskreise eingerichtet: K101 für Belgien, K102 für die Vereinigten Staaten und K103 für Mexiko (siehe Abbildung 2.3).

Detail Neu

	BuKr.	Name der Firma
☐	K101	Univ Writing Utensils BA
☐	K102	Univ Writing Utensils Inc
☐	K103	Univ Writing Utensils Mex

Abbildung 2.3: Buchungskreise für Universal Writing Utensils

Die Zuordnung von Buchungskreisen zu Gesellschaften erfolgt über den Menüpfad UNTERNEHMENSSTRUKTUR • ZUORDNUNG • FINANZWESEN

- BUCHUNGSKREIS – GESELLSCHAFT ZUORDNEN. Abbildung 2.4 zeigt die Buchungskreise K102 und K103, die der Gesellschaft K102 zugeordnet sind.

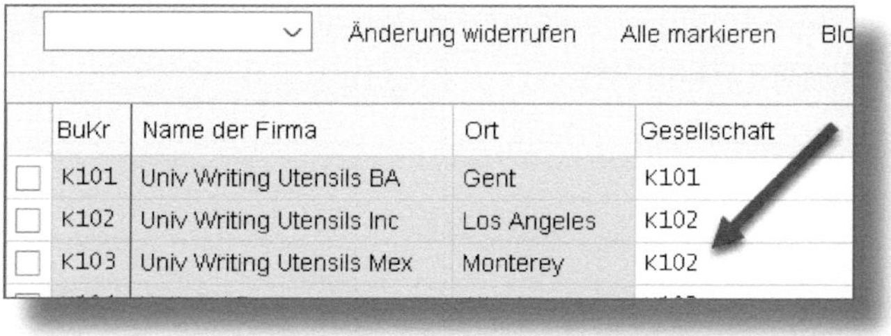

Änderung widerrufen Alle markieren Blo

BuKr	Name der Firma	Ort	Gesellschaft
K101	Univ Writing Utensils BA	Gent	K101
K102	Univ Writing Utensils Inc	Los Angeles	K102
K103	Univ Writing Utensils Mex	Monterey	K102

Abbildung 2.4: Zuweisung von Buchungskreisen zu Gesellschaften

2.2 Konfiguration für parallele Währungen

Die grundlegende Konfiguration des Material-Ledgers wird in den Abschnitten 1.1.1 und 1.1.2 behandelt. Die gewünschten Währungstypen sollten vor der Definition des Buchungskreises ausgewählt werden; die nachträgliche Änderung, sofern sie überhaupt möglich ist, ist eine schwierige Aufgabe, die Konvertierungen erfordert und wahrscheinlich mit Verlust von historischen Daten einhergeht. Für dieses Szenario verwenden alle Währungstypen die legale Bewertungssicht. Die Währungstypen werden pro Buchungskreis den gewünschten Finanz-Ledgern zugeordnet und dann im Rahmen der Material-Ledger-Einstellung des Bewertungskreises dem Bewertungskreis zugeordnet.

2.2.1 Ledger-Einstellungen

Damit ein Währungstyp als Material-Ledger-Währung verwendet werden kann, muss er der Buchungskreis/Ledger-Kombination in der Transaktion *FINSC_LEDGER* zugeordnet sein. Klicken Sie nach Auswahl des Ledgers im Ordner LEDGER auf den Ordner BUCHUNGSKREISEINSTELLUNGEN FÜR DEN LEDGER. Abbildung 2.5 zeigt die Währungsdefinition für den Buchungskreis K103 im führenden LEDGER 0L. Der HAUSWÄHRUNGSTYP wird automatisch aus der Buchungskreisdefinition erzeugt, und der übergreifende Währungstyp (ÜBERGR. WÄHRTYP) stammt aus der Konfiguration des Kostenrechnungskreises, dem der Buchungskreis K103 zugeordnet ist. Der Hauswährungstyp ist für das Material-Ledger obligatorisch. Die anderen Material-Ledger-Währungstypen müssen aus dem übergreifenden und den acht anderen frei definierten Währungstypen stammen.

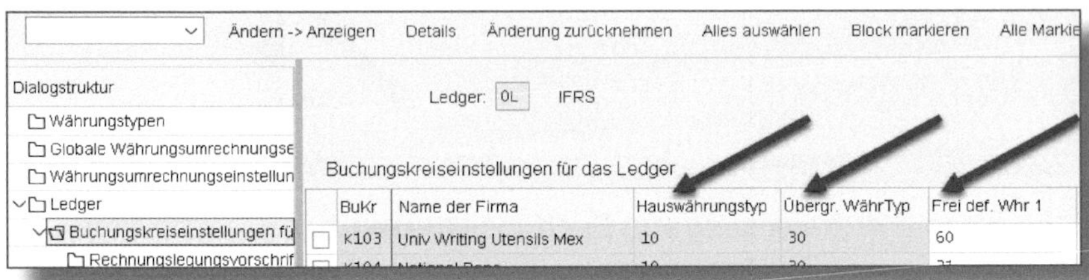

Abbildung 2.5: Definieren von Währungstypen für Ledger und Buchungskreis

Abbildung 2.5 zeigt den Währungstyp 60, der als eine der frei definierten Währungen zugeordnet ist, wie vom Szenario gefordert. Es können weitere Währungstypen zugeordnet werden, aber nur drei können vom Material-Ledger verwendet werden.

2.2.2 Währungseinstellungen

Die Währungen, die von Materialien im Werk oder Bewertungskreis verwendet werden sollen, werden durch die Konfiguration des Material-Ledger-Typs bestimmt. Die Transaktion *OMX2* zeigt die Definition des Material-Ledger-Typs für den Typ UWU1 (siehe Abbildung 2.6).

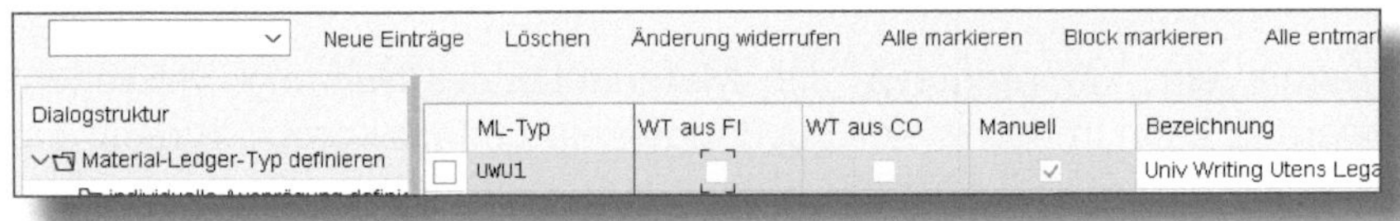

Abbildung 2.6: Konfigurieren des Material-Ledger-Typs

Klicken Sie auf den Ordner INDIVIDUELLE AUSPRÄGUNGEN DEFINIEREN, um die dem Material-Ledger-Typ zugeordneten Währungstypen anzuzeigen (siehe Abbildung 2.7). Der Währungstyp 10 wird beim Anlegen des Material-Ledger-Typs automatisch zugeordnet. Es können bis zu zwei weitere Währungen definiert werden, bei denen es sich jedoch um einen der zulässigen Währungstypen für das Material-Ledger handeln muss (diese Liste wird in Abschnitt 1.1.2 behandelt). Es können nur Währungstypen ausgewählt werden, die für das Material-Ledger gültig sind. Benutzerdefinierte Währungstypen sind nicht erlaubt.

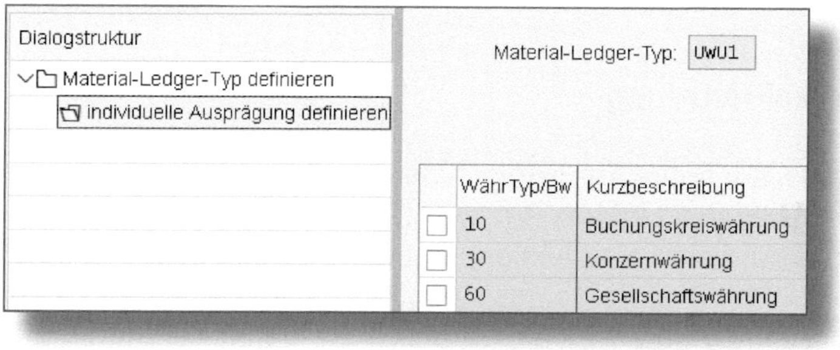

Dialogstruktur
Material-Ledger-Typ definieren
individuelle Ausprägung definieren

Material-Ledger-Typ: UWU1

WährTyp/Bw	Kurzbeschreibung
10	Buchungskreiswährung
30	Konzernwährung
60	Gesellschaftswährung

Abbildung 2.7: Zuweisung von Währungstypen zum Material-Ledger-Typ

Beim Anlegen eines neuen Werks oder Bewertungskreises wird dem Werk mit der Transaktion *OMX3* der Material-Ledger-Typ zugewiesen (siehe Abbildung 2.8). Die Zuweisung ist nur gültig, wenn Folgendes zutrifft:

- Die Währungstypen sind gültige Material-Ledger-Währungstypen.
- Die Währungstypen sind dem Buchungskreis des führenden Ledgers in *FINSC_LEDGER* zugeordnet.

Beachten Sie, dass andere Währungstypen der Buchungskreis/Ledger-Kombination zwar zugeordnet, aber nicht für die Bestandsbewertung verwendet werden können.

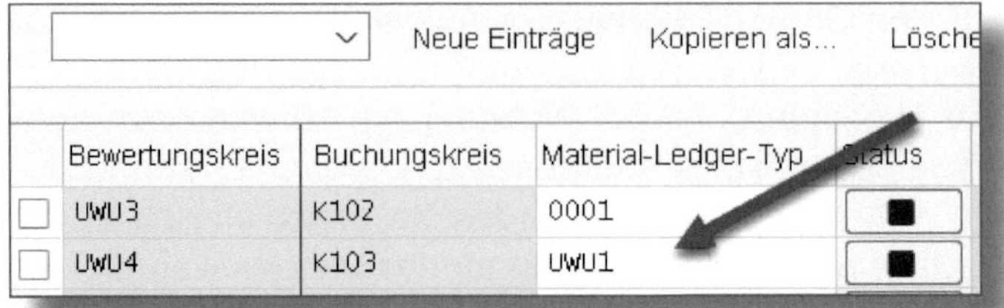

Neue Einträge Kopieren als... Lösche

	Bewertungskreis	Buchungskreis	Material-Ledger-Typ	Status
☐	UWU3	K102	0001	■
☐	UWU4	K103	UWU1	■

Abbildung 2.8: Zuweisung des Material-Ledger-Typs zum Bewertungskreis

2.2.3 Werkaktivierung

Die endgültige Konfiguration erfolgt über die Transaktion *OMX1* zur Freigabe des Material-Ledgers für den Bewertungskreis. Einmal aktiviert, kann sie in einem Produktionsmandanten nicht einfach wieder deaktiviert werden. Dies sollte nur in einem Entwicklungs- oder Testmandanten durchgeführt werden, da durch die Deaktivierung historische Materialbuchdaten gelöscht werden.

In Abbildung 2.9 wird das Material-Ledger für das Werk UWU4 mit dem Kontrollkästchen unter ML aktiviert. In diesem Beispiel zur parallelen Bewertung möchte das Unternehmen sicherstellen, dass keine Materialien für das Werk UWU4 in Mexiko für die Istkalkulation eingestellt werden.

Änderung widerrufen Alle markieren Block markieren Alle entmarkieren Mehr

	Bewertungskreis	Buchungskreis	Mat...	Status	ML aktiv	Preisermittlung	PreiserSteuerung verbindlich im BewKreis
☐	UWU1	K101	0001	■	☑	2	☐
☐	UWU2	K102	0001	■	☑	2	☐
☐	UWU3	K102	0001	■	☑	2	☐
☐	UWU4	K103	UWU1	■	☑	2	☑

Abbildung 2.9: Aktivieren des Material-Ledgers für den Bewertungskreis

Im Bereich ❶ wird der Standardpreisermittlungsfaktor festgelegt, der beim Anlegen des Materials der Registerkarte BUCHHALTUNG 1 des Materials zugeordnet wird. Es sind zwei verschiedene Werte zulässig: 2 (vorgangsbezogen), der das Material von der Istkalkulation ausschließt, oder 3 (ein-/mehrstufig), der verwendet wird, wenn das Material für die Istkalkulation definiert ist. Da für den Wert in unserem Beispiel keine Istkalkulation vorgesehen ist, wird im Bereich ❷ das Kontrollkästchen PREISERSTEUERUNG VERBINDLICH IM BEWKREIS aktiviert. Dies bedeutet, dass für jedes Material im Werk nur die Preisermittlung 2 erlaubt ist. Dieser Wert kann zu einem späteren Zeitpunkt weder durch die App »Materialpreisermittlung ändern« noch durch die Transaktion *CKMM* geändert werden.

2.3 Materialstamm-Einstellungen

Die parallele Bewertung von Materialien ist die Grundfunktion des Material-Ledgers. Abbildung 2.10 zeigt die Registerkarte BUCHHALTUNG 1 für einen Rohstoff im Werk UWU4. Bereich ❶ zeigt, dass das Material-Ledger aktiv ist. Dies sollte immer auf jedes bewertete Material in einem S/4HANA-System zutreffen. Ist dies nicht der Fall, überprüfen Sie die Materialarteneinstellungen für das Werk über den Menüpfad LOGISTIK ALLGEMEIN • MATERIALSTAMM • GRUNDEINSTELLUNGEN • MATERIALARTEN • EIGENSCHAFTEN DER MATERIALARTEN FESTLEGEN. Für die Materialart muss die WERTFORTSCHREIBUNG für dieses Werk eingestellt sein.

Bereich ❷ zeigt die Einstellung der PREISERMITTLUNG. Bei der parallelen Bewertung kann die Preisermittlung entweder VORGANGSBEZOGEN (2) oder EIN-/MEHRSTUFIG (3) erfolgen. Der Standardwert stammt aus der Konfiguration beim Aktivieren des Material-Ledgers für das Werk. Dieser Wert kann nur durch Ausführen der App »Preisermittlung ändern« oder über die Transaktion *CKMM* geändert werden; die Einstellung PREISERMITTLUNG VERBINDLICH IN BEW.-KREIS für den Bewertungskreis muss leer sein. Die Konfiguration für den Bewertungskreis UWU4 lässt diese Änderung nicht zu. Damit ist sichergestellt, dass kein Material in diesem Werk versehentlich für die Istkalkulation eingestellt werden kann.

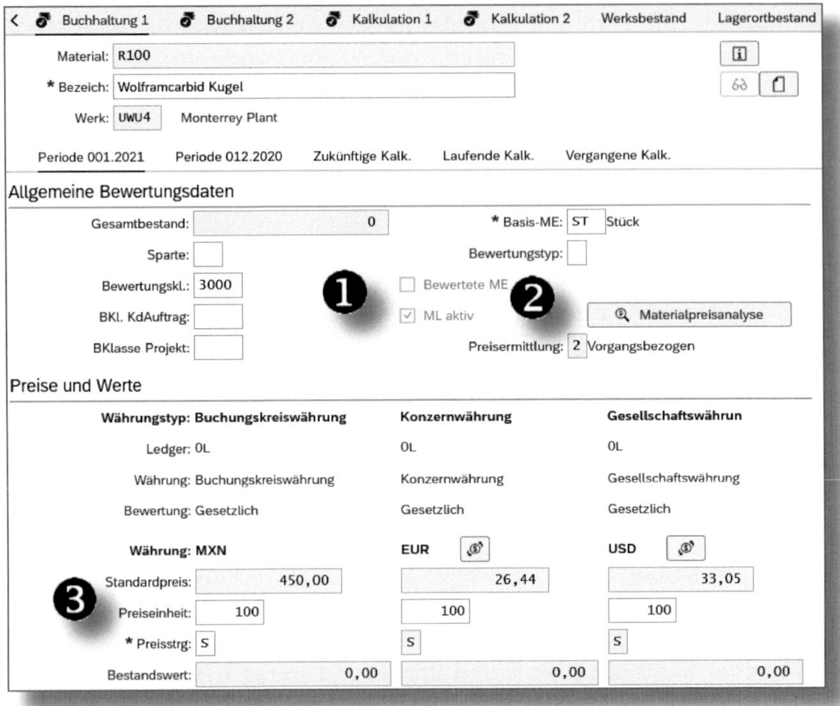

Abbildung 2.10: Materialeinstellungen für die parallele Bewertung

Bereich ❸ zeigt die Einstellung der Preissteuerung für das Material (PRSSTRG.). S steht für Standardkalkulation. Für parallele Bewertungszwecke kann dies entweder auf S oder V (gleitender Durchschnitt) eingestellt werden, je nach den Anforderungen des Materials.

2.4 Warenbewegungen und parallele Bewertung

2.4.1 Materialien mit Preiskontrolle S

Das Werk UWU4 bezieht das Material R109 (ROTER FARBSTOFF) vom Lieferanten 1000220 (INK SUPPLY). Dieses wird bei der Herstellung von rotem Farbstoff (Material R109) verwendet. Es wurde eine Bestellung zum Kauf von 1.000 Litern ROTEM FARBSTOFF erstellt (siehe Abbildung 2.11).

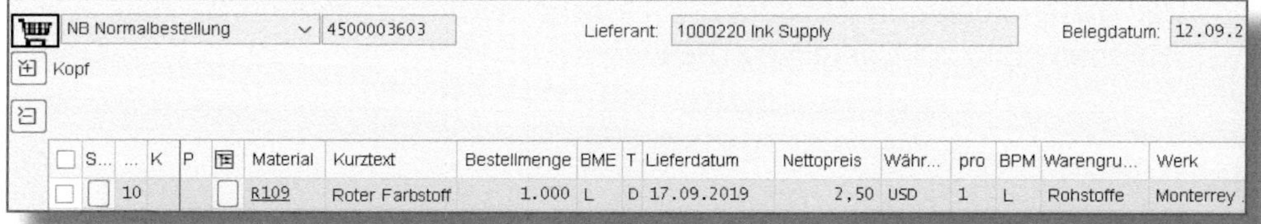

NB Normalbestellung | 4500003603 | Lieferant: 1000220 Ink Supply | Belegdatum: 12.09.2

Kopf

S...	...	K	P		Material	Kurztext	Bestellmenge	BME	T	Lieferdatum	Nettopreis	Währ...	pro	BPM	Warengru...	Werk
	10				R109	Roter Farbstoff	1.000	L	D	17.09.2019	2,50	USD	1	L	Rohstoffe	Monterrey

Abbildung 2.11: Bestellung für Material R109

Vor dem Wareneingang aus dem Auftrag befindet sich kein Bestand im Werk UWU4. Dies ist in der Registerkarte BUCHHALTUNG 1 des Materialstamms zu sehen (siehe Abbildung 2.12). Im Bereich ❶ wird der Gesamtbestand auf 0 und im Bereich ❷ die Bewertung in allen drei Währungen auf 0 gesetzt.

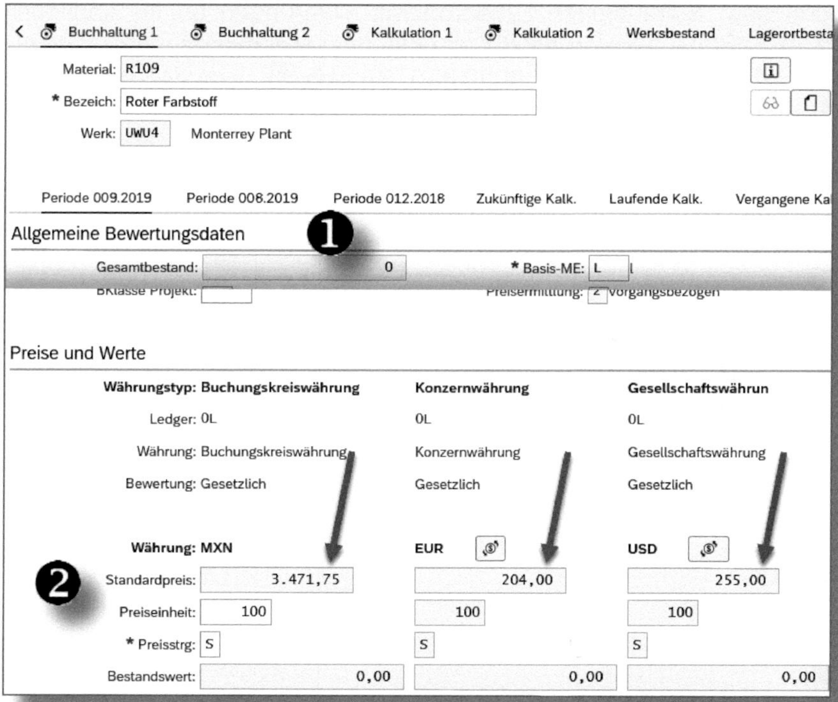

Buchhaltung 1 | Buchhaltung 2 | Kalkulation 1 | Kalkulation 2 | Werksbestand | Lagerortbesta

Material: R109
* Bezeich: Roter Farbstoff
Werk: UWU4 Monterrey Plant

Periode 009.2019 | Periode 008.2019 | Periode 012.2018 | Zukünftige Kalk. | Laufende Kalk. | Vergangene Ka

Allgemeine Bewertungsdaten ❶

Gesamtbestand: 0 | * Basis-ME: L l

Preise und Werte

Währungstyp:	Buchungskreiswährung	Konzernwährung	Gesellschaftswährun
Ledger:	0L	0L	0L
Währung:	Buchungskreiswährung	Konzernwährung	Gesellschaftswährung
Bewertung:	Gesetzlich	Gesetzlich	Gesetzlich
Währung:	MXN	EUR	USD
Standardpreis:	3.471,75	204,00	255,00
Preiseinheit:	100	100	100
* Preisstrg:	S	S	S
Bestandswert:	0,00	0,00	0,00

❷

Abbildung 2.12: Registerkarte Buchhaltung 1 von R109, vor dem Wareneingang

Der Materialbeleg in Abbildung 2.13 zeigt die Informationen für den Wareneingang zur Bestellung (PO).

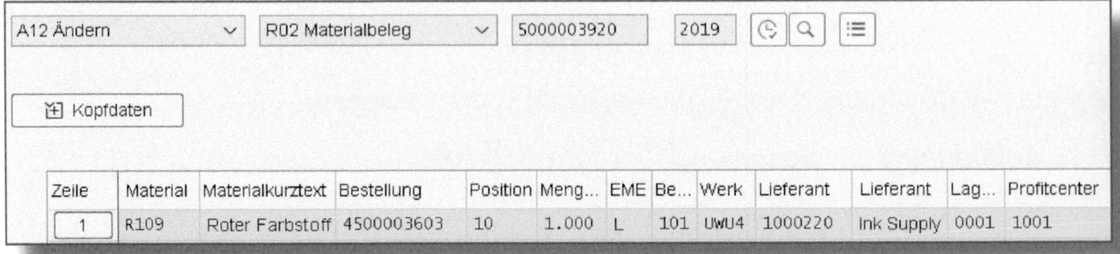

A12 Ändern | R02 Materialbeleg | 5000003920 | 2019

Kopfdaten

Zeile	Material	Materialkurztext	Bestellung	Position	Meng...	EME	Be...	Werk	Lieferant	Lieferant	Lag...	Profitcenter
1	R109	Roter Farbstoff	4500003603	10	1.000	L	101	UWU4	1000220	Ink Supply	0001	1001

Abbildung 2.13: Materialbeleg für Wareneingang aus Bestellung

Die Registerkarte BUCHHALTUNG 1 des Materialstamms zeigt nun den aktuellen Lagerbestand und den entsprechenden Wert in jeder der drei dem Materialbuch zugeordneten Währungen an. In Abbildung 2.14 zeigt der Bereich ❶ die aktuelle Bestandsmenge, erhöht um die Wareneingangsmenge (1.000 Liter). Bereich ❷ zeigt den Wert dieser Menge in jeder der drei Material-Ledger-Währungen. Dieses Material ist so eingestellt, dass es den Standardpreis (Preissteuerung S) verwendet, und die Werte werden in dem Standardpreis für jede Währung ausgedrückt. Die Erzeugniskalkulation für dieses System ist so eingestellt, dass der geplante Wechselkurs (Typ P) für Kostenzwecke verwendet wird. Die Bestandswerte werden mit den Standardkosten für jede Währung aktualisiert und verwenden für die Berechnung des aktuellen Werts nicht den täglichen Wechselkurs (Typ M). Da für jede Währung ein Standard definiert ist, werden die Werte ausschließlich unter Verwendung dieses Standards ermittelt.

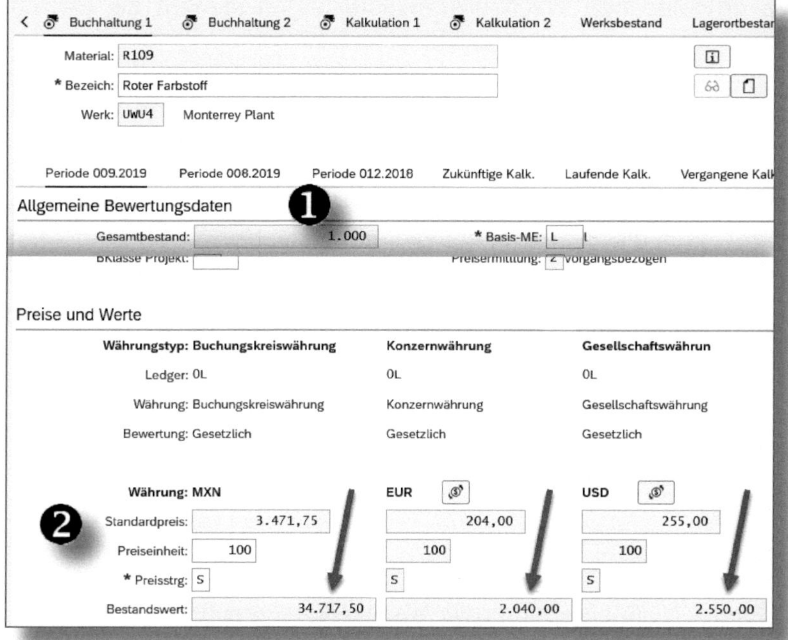

Abbildung 2.14: Material R109 nach Wareneingang

2.4.2 Materialien mit Preiskontrolle V

Materialien mit Preissteuerung V (gleitender Durchschnitt) verhalten sich anders als Materialien mit Standardpreis. Bei Materialien mit Preissteuerung S werden Warenbewegungen immer auf Basis des Standardpreises je Währung gebucht. Wird der Standardpreis durch die Erzeugniskalkulation ermittelt, so wird der Kurstyp verwendet, der mit der Kalkulationsvariante festgelegt wurde. Dieser ist typischerweise auf den Jahreskurs, Typ P, eingestellt. Die Wechselkurse schwanken im Laufe des Jahres, und Materialien mit Preissteuerung V verwenden den jeweils letzten Kurs, der für Finanzbuchungen zugewiesen wurde, wie mit *FINSC_LEDGER* definiert.

Einige grundlegende Wechselkurseinstellungen steuern die Berechnung der Werte. Zunächst sollte eine Basiswährung für einen bestimmten Kurstyp ausgewählt werden, um die Berechnung bei der Umrechnung in eine dritte Währung zu steuern. Dies geschieht über den IMG-Konfigurationsmenüpfad SAP NETWEAVER • ALLGEMEINE EINSTELLUNGEN • WÄHRUNGEN • KURSTYPEN PRÜFEN. Abbildung 2.15 zeigt USD als Basiswährung für die Kurstypen M (täglich) und P (jährlich). Das bedeutet, dass die Bearbeitungswährung zunächst in USD umgerechnet wird. Dieser Wert wird dann anhand des Wechselkurses zwischen dieser Währung und dem USD in die dritte Währung umgerechnet.

Abbildung 2.15: Basiswährung für Wechselkursberechnungen

Wenn der Wechselkurs zwischen MXN und USD 20 zu 1 und der Wechselkurs zwischen USD und EUR 1,25 zu 1 beträgt, würde die Umrechnung von 200 MXN in EUR wie folgt funktionieren:

1. Konvertieren Sie zunächst MXN in USD. 200 MXN entsprechen 10 USD (d. h. 200 geteilt durch 20).

2. Als Nächstes rechnen Sie den USD in EUR um. 10 USD entsprechen 8 EUR (d. h. 10 geteilt durch 1,25).

Die in den Berechnungen verwendeten Wechselkurstypen finden Sie im Währungseinstellungsabschnitt von *FINSC_LEDGER*. Die Material-Ledger-Währungstypen sind 10 (Buchungskreis), 30 (Konzern) und 60 (Gesellschaft). Überprüfen Sie zunächst die Währungstypdefinitionen, um die Ebene zu bestimmen, auf der der Wechselkurs ausgewählt ist.

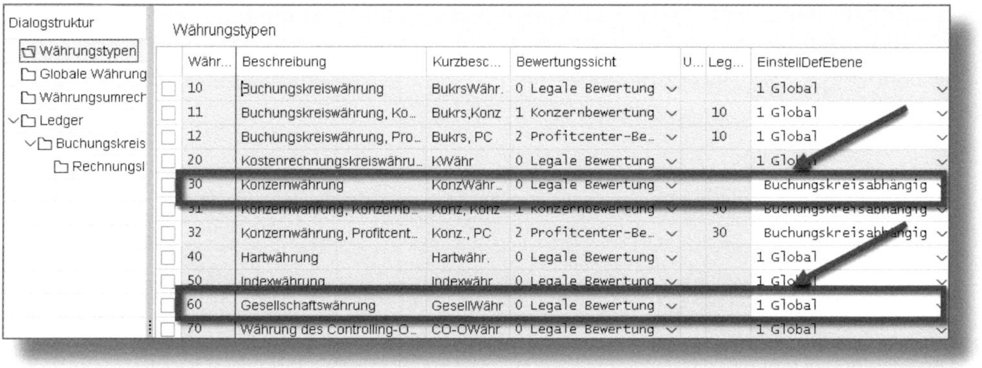

Dialogstruktur
- Währungstypen
- Globale Währung
- Währungsumrech
- Ledger
  - Buchungskreis
    - Rechnungsl

Währungstypen

Währ...	Beschreibung	Kurzbesc...	Bewertungssicht	U...	Leg...	EinstellDefEbene
10	Buchungskreiswährung	BukrsWähr.	0 Legale Bewertung			1 Global
11	Buchungskreiswährung, Ko...	Bukrs,Konz	1 Konzernbewertung		10	1 Global
12	Buchungskreiswährung, Pro...	Bukrs, PC	2 Profitcenter-Be...		10	1 Global
20	Kostenrechnungskreiswähru...	KWähr	0 Legale Bewertung			1 Global
30	Konzernwährung	KonzWähr...	0 Legale Bewertung			Buchungskreisabhängig
31	Konzernwährung, Konzernb...	Konz, Konz	1 Konzernbewertung		30	Buchungskreisabhängig
32	Konzernwährung, Profitcent...	Konz., PC	2 Profitcenter-Be...		30	Buchungskreisabhängig
40	Hartwährung	Hartwähr.	0 Legale Bewertung			1 Global
50	Indexwährung	Indexwähr	0 Legale Bewertung			1 Global
60	Gesellschaftswährung	GesellWähr	0 Legale Bewertung			1 Global
70	Währung des Controlling-O...	CO-OWähr	0 Legale Bewertung			1 Global

Abbildung 2.16: Währungstyp-Definitionen

Abbildung 2.16 zeigt, dass der Währungstyp 30 BUCHUNGSKREISABHÄNGIG und der Währungstyp 60 GLOBALE definiert ist. Klicken Sie auf den Ordner WÄHRUNGSUMRECHNUNGSEINSTELLUNGEN F. BUCHUNGSKREIS, um die Kursinformationen für den Währungstyp 30 zu finden.

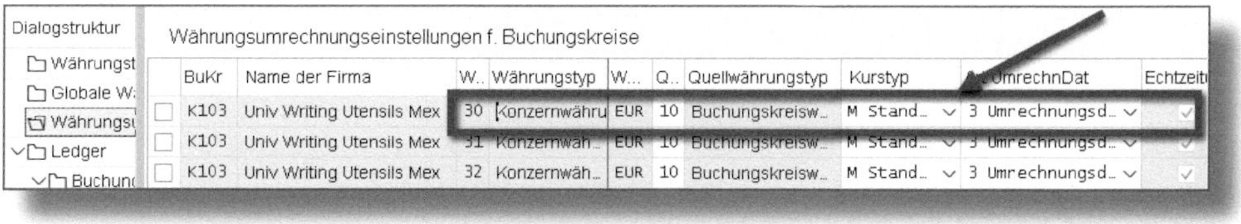

Dialogstruktur
- Währungst
- Globale W
- Währungsu
- Ledger
  - Buchun

Währungsumrechnungseinstellungen f. Buchungskreise

BuKr	Name der Firma	W..	Währungstyp	W...	Q..	Quellwährungstyp	Kurstyp	UmrechnDat	Echtzeit
K103	Univ Writing Utensils Mex	30	Konzernwähru	EUR	10	Buchungskreisw...	M Stand...	3 Umrechnungsd...	✓
K103	Univ Writing Utensils Mex	31	Konzernwäh...	EUR	10	Buchungskreisw...	M Stand...	3 Umrechnungsd...	✓
K103	Univ Writing Utensils Mex	32	Konzernwäh...	EUR	10	Buchungskreisw...	M Stand...	3 Umrechnungsd...	✓

Abbildung 2.17: Kurstyp für Währungstyp 30

Abbildung 2.17 zeigt an, dass der Kurstyp für Buchungen für diesen Währungstyp M ist. Außerdem ist das Datum für die Umrechnung auf Umrechnungsdatum (UMRECHNDAT) eingestellt, was bedeutet, dass die Umrechnung das aktuelle Datum verwendet, um den Kurs zu finden. Weitere Möglichkeiten sind BUCHUNGSDATUM und BELEGDATUM, die beide zum Zeitpunkt der Buchung manuell eingegeben werden können.

Der für den Währungstyp 60 verwendete Kurs befindet sich unter dem Ordner GLOBALE WÄHRUNGSUMRECHNUNGSEINSTELLUNGEN (siehe Abbildung 2.18). Dieser ist ebenfalls auf die Rate M eingestellt.

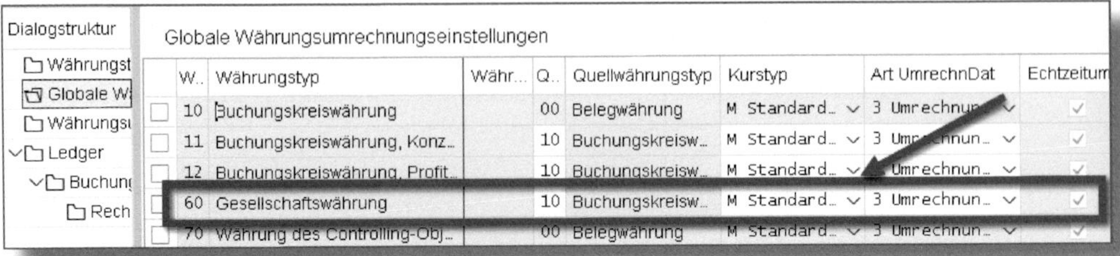

Dialogstruktur: Währungst… / Globale W… / Währungsu… / Ledger / Buchun… / Rech…

Globale Währungsumrechnungseinstellungen

W..	Währungstyp	Währ...	Q..	Quellwährungstyp	Kurstyp	Art UmrechnDat	Echtzeitum
10	Buchungskreiswährung		00	Belegwährung	M Standard...	3 Umrechnun...	✓
11	Buchungskreiswährung, Konz...		10	Buchungskreisw...	M Standard...	3 Umrechnun...	✓
12	Buchungskreiswährung, Profit...		10	Buchungskreisw...	M Standard...	3 Umrechnun...	✓
60	Gesellschaftswährung		10	Buchungskreisw...	M Standard...	3 Umrechnun...	✓
70	Währung des Controlling-Obj...		00	Belegwährung	M Standard...	3 Umrechnun...	✓

Abbildung 2.18: Kurstyp für Währungstyp 60

Es wurde eine Bestellung zum Kauf von 100 Stück des Materials V502 – TINTENFASS angelegt. Der Preis beträgt 55 MXN pro Stück (siehe Abbildung 2.19).

NB Normalbestellung | 4500003604 | Lieferant: 1000220 Ink Supply

Kopf

S...	P...	K	P		Material	Kurztext	Bestellmen...	BME	T	Lieferdatum	Nettopreis	Währ...	pro	BPM
	10				V502	Tintenfaß	100	ST	D	20.09.2019	55,00	MXN	1	ST

Abbildung 2.19: Bestellung für Material V502

Vor Erhalt dieses Auftrags zeigte die Registerkarte BUCHHALTUNG 1 des Materialstamms, dass kein Bestand vorhanden war. Abbildung 2.20 zeigt Werte an, die den STANDARDPREIS-Feldern zugewiesen sind, die aber nicht für die Bestandsbewertung verwendet werden. Diese wurden durch eine Erzeugniskalkulation generiert, die vorgemerkt und freigegeben wurde. Da zum Zeitpunkt der Kostenfreigabe noch kein Bestand vorhanden war, nahmen die Felder PER. VPREIS (periodischer Verrechnungspreis) zunächst die Standardpreiswerte an.

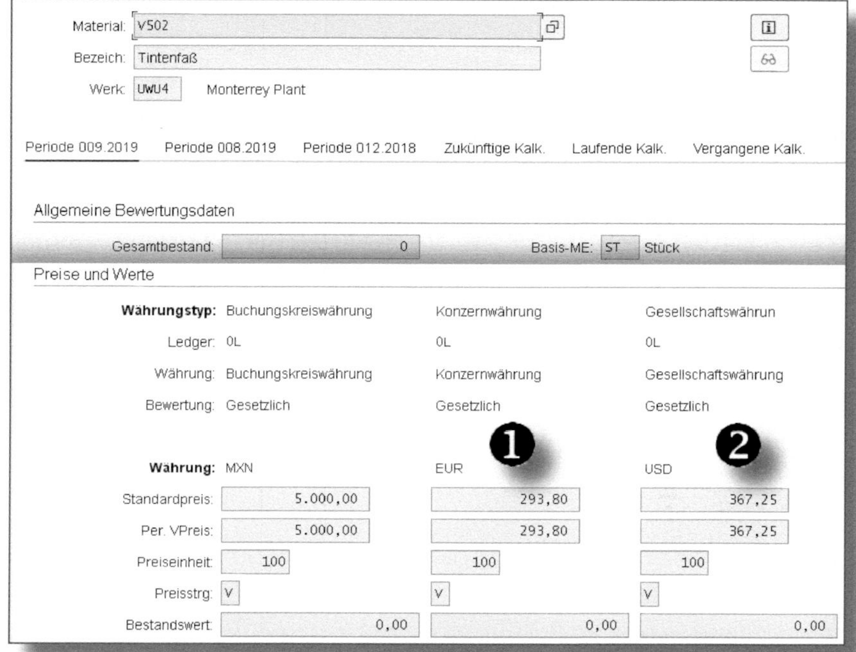

Abbildung 2.20: Registerkarte Buchhaltung 1 für V502, vor dem Wareneingang

Da diese Ausgangspreise auf Basis einer Materialkalkulation ermittelt wurden, wird der Kurstyp verwendet, der für die Kalkulationsvariante definiert wurde. Der Kalkulationsversion ist für diese Kalkulationsvariante der Kurstyp P (Jahreskurs) zugeordnet.

	Ktyp	Gültig ab	Mengennot.	X	Faktor(von)	Von	=	Preisnot.	X	Faktor(nach)	Nach
☐	P	01.01.2010		X	1	EUR	=	1,25000	X	1	USD
☐	P	01.01.2019	13,61460	X	1	MXN	=		X	1	USD

Abbildung 2.21: Kurstyp P

Abbildung 2.21 zeigt, dass der P-Kurs für MXN zu USD bei 13,6146 und der P-Kurs für USD zu EUR bei 1,25 liegt. Das Kalkulationsergebnis von

5.000 MXN wird zunächst in USD umgerechnet und ergibt einen Wert von 367,35. Dieser wird dann in EUR umgerechnet und ergibt 293,80.

Beim Wareneingang im Lager werden die Werte dann mit dem M-Satz berechnet, wie in der Konfiguration *FINSC_LEDGER* angegeben. Abbildung 2.22 zeigt die Registerkarte BUCHHALTUNG 1 des Materials V502, nachdem dieser erste Wareneingang bearbeitet wurde. In Bereich ❶ sehen Sie den aktualisierten PER. VPREIS in der Buchungskreiswährung auf 5.500 MXN; d. h. 55 MXN pro Stück multipliziert mit 100 Stück. Da es vorher keinen Bestand gab, wird der Bestellwert (PO) zum Wert des Bestands.

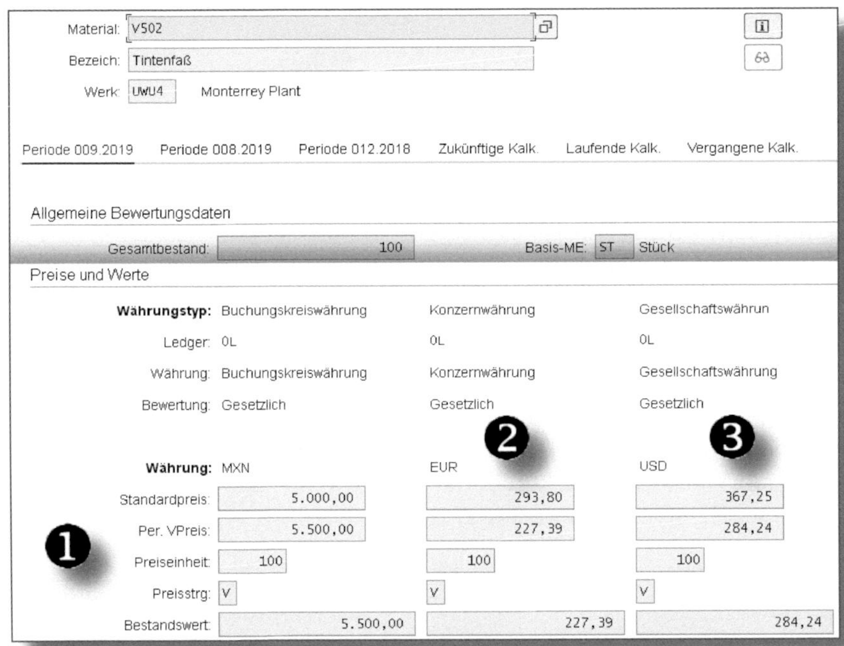

Abbildung 2.22: Bestandswerte für V502 nach dem ersten Wareneingang

Die Werte für den PER. VPREIS in den Bereichen ❷ und ❸ werden mit den aktuellen M-Kursen (täglich) für MXN zu USD und USD zu EUR berechnet. Dies ist der Kurstyp, der für Echtbuchungen verwendet wird.

Die Bewertung der Eingänge wird anhand des Bestellpreises berechnet und mit dem Tageskurs in die anderen Währungen umgerechnet. Die entsprechenden Wechselkurse sind unter Abbildung 2.23 aufgeführt. Der Kurs für die Umrechnung in USD beträgt 19,35. 5.500 geteilt durch 19,35 ergibt 284,24 USD, wie in Bereich ❸ in Abbildung 2.22 gezeigt. Der letzte M-Kurs für USD zu EUR beträgt 1,25. Dividiert man 284,24 durch 1,25, erhält man 227,39 EUR, wie in Bereich ❷ dargestellt.

	Ktyp	Gültig ab	Mengennot.	X	Faktor(von)	Von	=	Preisnot.	X	Faktor(nach)	Nach
☐	M	31.05.2019		X	1	EUR	=	1,25000	X	1	USD
☐	M	30.06.2017		X	1	EUR	=	1,16500	X	1	USD
☐	M	13.09.2019	19,35000	X	1	MXN	=		X	1	USD
☐	M	01.01.2010	13,61470	X	1	MXN	=		X	1	USD

Abbildung 2.23: Kurstyp M

Die Wechselkurse schwanken täglich, was sich auf die Wareneingangswerte in alternativen Währungen auswirkt. Abbildung 2.24 zeigt eine Änderung der täglichen Wechselkurse (Kurstyp M). Der Wechselkurs für MXN zu USD ist jetzt 21 zu 1, und der Wechselkurs für USD zu EUR ist jetzt 1,11111 zu 1. Bei Warenausgängen wird jedoch der Kurs PER. VPREIS zur Bewertung der Warenbewegungen und des Restbestands verwendet.

	Ktyp	Gültig ab	Mengennot.	X	Faktor(von)	Von	=	Preisnot.	X	Faktor(nach)	Nach
☐	M	14.09.2019		X	1	EUR	=	1,11111	X	1	USD
☐	M	31.05.2019		X	1	EUR	=	1,25000	X	1	USD
☐	M	14.09.2019	21,00000	X	1	MXN	=		X	1	USD
☐	M	13.09.2019	19,35000	X	1	MXN	=		X	1	USD

Abbildung 2.24: Neue tägliche Wechselkurse

50 Stück des Materials V502 wurden aus dem Bestand ausgegeben. Die neuen Bestandswerte werden unter Abbildung 2.25 angezeigt. Die Restbestandswerte spiegeln den PER. VPREIS sowohl für EUR als auch für USD wider.

Abbildung 2.25: Vorratswerte nach Warenausgang

Die Wareneingangswerte in den Alternativwährungen spiegeln immer den letzten Wechselkurs wider, der dem Kurstyp zugeordnet ist. Diese Werte werden dann zu dem Wert addiert, der dem Bestand bereits zugeordnet ist.

Nach der Änderung der Wechselkurse tätigt das Werk UWU4 einen weiteren Kauf von 100 Stück von V502 zu 55 MXN pro Stück (siehe Abbildung 2.26).

NB Normalbestellung 4500003605 Lieferant: 1000220 Ink Supply

Kopf

S...	P...	K	P	Material	Kurztext	Bestellmen...	BME	T	Lieferdatum	Nettopreis	Währ...	pro	BPM
	10			V502	Tintenfaß	100	ST	D	21.09.2019	55,00	MXN	1	ST

Abbildung 2.26: Neue Bestellung für Material V502

Abbildung 2.27 zeigt den Buchhaltungsbeleg, der aus dem Wareneingang zu dieser Bestellung erzeugt wurde. Die Werte werden in allen drei Währungen angezeigt. Bereich ❶ zeigt den Wert in USD, der unter Verwendung des aktuellen Wechselkurses von MXN (21 zu 1) berechnet wird: 5.500 geteilt durch 21 ist gleich 261,90 USD. Bereich ❷ zeigt den Wert in EUR, unter Verwendung des aktuellen Wechselkurses von 1,11111 USD zu 1 EUR: 261,90 geteilt durch 1,11111 ist gleich 235,71 EUR.

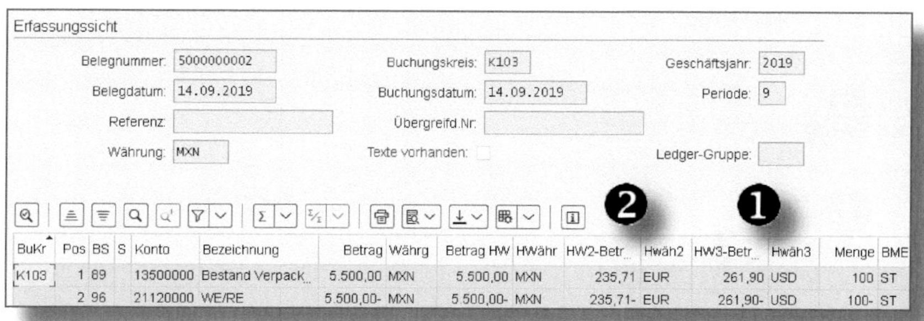

Erfassungssicht

Belegnummer: 5000000002 Buchungskreis: K103 Geschäftsjahr: 2019

Belegdatum: 14.09.2019 Buchungsdatum: 14.09.2019 Periode: 9

Referenz: Übergreifd.Nr:

Währung: MXN Texte vorhanden: Ledger-Gruppe:

BuKr	Pos	BS	S	Konto	Bezeichnung	Betrag	Währg	Betrag HW	HWähr	HW2-Betr...	Hwäh2	HW3-Betr...	Hwäh3	Menge	BME
K103	1	89		13500000	Bestand Verpack...	5.500,00	MXN	5.500,00	MXN	235,71	EUR	261,90	USD	100	ST
	2	96		21120000	WE/RE	5.500,00-	MXN	5.500,00-	MXN	235,71-	EUR	261,90-	USD	100-	ST

Abbildung 2.27: Buchhaltungsbeleg für Wareneingang

Diese Werte werden dann zu den aktuellen Bestandswerten für jede Währung addiert (5.500 MXN, 235,71 EUR und 261,90 USD). Vor dem Wareneingang waren die Werte in jeder Währung (in Abbildung 2.25):

- 2.750,00 MXN
- 113,69 EUR
- 142,12 USD

Bereich ❶ in Abbildung 2.28 zeigt die Bestandswerte in jeder Währung nach den Wareneingängen. Diese Werte sind jetzt:

- 8.250,00 MXN (2.750,00 plus 5.500,00),
- 349.40 EUR (113,69 plus 235,71) und
- 404.02 USD (142,12 plus 261,90).

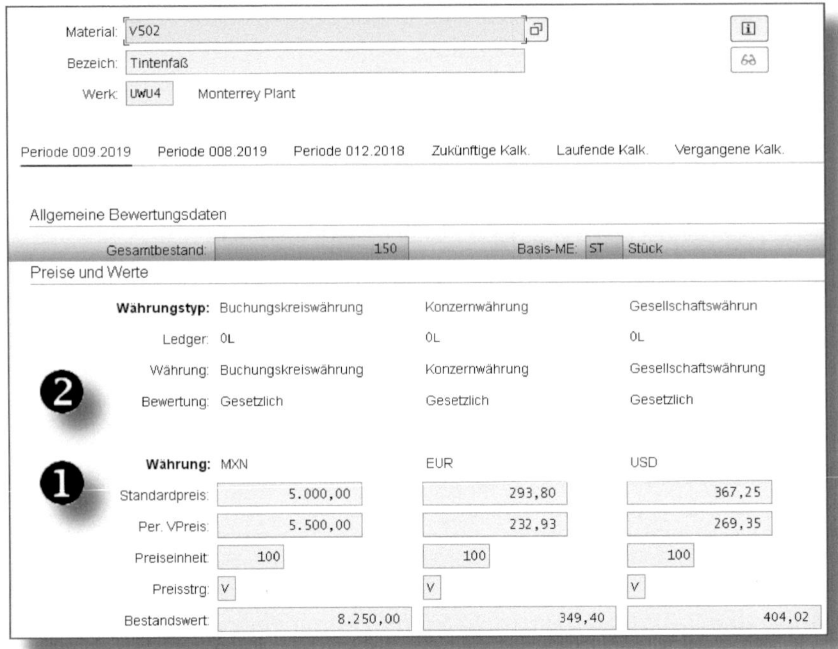

Abbildung 2.28: Bestandswerte nach dem zweiten Wareneingang

Bereich ❷ zeigt die aktualisierten Werte des PER. VPREIS, die für zukünftige Warenausgänge verwendet werden. Diese Werte werden berechnet, indem der Bestandswert durch die Bestandsmenge (150) geteilt wird. Beachten Sie, dass die Werte des periodischen Verrechnungspreises für die alternativen Währungstypen nicht mit einem bestimmten Wechselkurs verbunden sind, sondern auf den Mengen und Kursen basieren, die mit jeder der historischen Warenbewegungen verbunden sind, ab dem Zeitpunkt, als die Bestandsmenge zuletzt null war.

2.5 Analyse-Tools

SAP stellt eine kleine Anzahl von Berichten bereit, um die Bestandswerte und -bewegungen in parallelen Währungen zu analysieren. Dazu gehören sowohl detaillierte Sichten nach Material als auch Listen mit mehreren Materialien, die die Werte in bis zu drei Währungen anzeigen.

2.5.1 Materialpreisanalyse

Der Bericht »Materialpreisanalyse« bietet eine detaillierte Auflistung der Lagerbestände und Lagerbewegungen für ein bestimmtes Material auf Basis der einzelnen Perioden. Der Bericht wird über die App Materialpreisanalyse (Transaktion *CKM3/CKM3N*) oder mit Klick auf die Schaltfläche MATERIALPREISANALYSE auf der Registerkarte BUCHHALTUNG 1 des Materialstamms angezeigt (siehe Bereich ❶ in Abbildung 2.29).

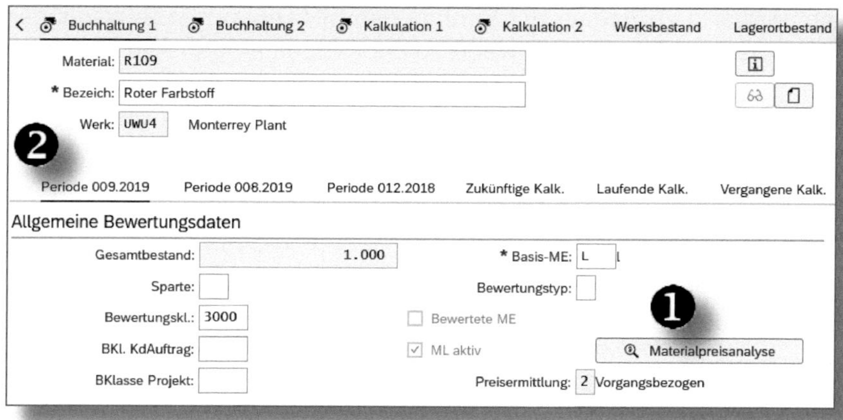

Abbildung 2.29: Sicht Materialstammabrechnung

Die Sicht BUCHHALTUNG 1 hat Zugriff auf drei verschiedene Perioden von Bestandswerten für das Material. Bereich ❷ zeigt die verschiedenen Registerkarten für den Zugriff auf diese Sichten. Die Standardsicht ist die aktuelle Periode (in diesem Fall PERIODE 009.2019). Die anderen beiden Sichten sind die Vorperiode und die letzte Periode des vorherigen Geschäftsjahres. Für die zurückliegenden Perioden werden die Bestandszahlen am Periodenende angezeigt. Die laufende Periode zeigt die aktuellen Werte für das Material an.

Klicken Sie auf die Schaltfläche MATERIALPREISANALYSE oder verwenden Sie die Fiori-App »Materialpreisanalyse« (Transaktion *CKM3*), um den Bericht aufzurufen. Abbildung 2.30 zeigt den Hauptbericht. Im Bereich ❶ werden die Informationen zu MATERIAL und WERK eingegeben. Beim Zugriff aus dem Materialstamm werden für diese Werte die Standardeinstellungen für das jeweilige Material und Werk übernommen. Die Felder in Bereich ❷ gelten für die Perioden, die Währung und die jeweilige Berichtssicht. PERIODE/JAHR ist standardmäßig der aus dem Materialstamm ausgewählte Periodenreiter, aber jede gültige Perioden/Jahr-Kombination kann hier eingegeben werden. Die Währung (WÄHRUNG/BEWERTG.) wird beim ersten Ausführen des Berichts standardmäßig auf die Buchungskreiswährung gesetzt. Im Feld SICHT ist bei Material mit Preisermittlung 2 nur PREISHISTORIE auswählbar. Bereich ❸ zeigt den Bericht. Die Sicht »Preishistorie« zeigt die Bestandswerte zu Beginn der Periode und alle relevanten Bewegungen oder Preisänderungen, die während der Periode aufgetreten sind.

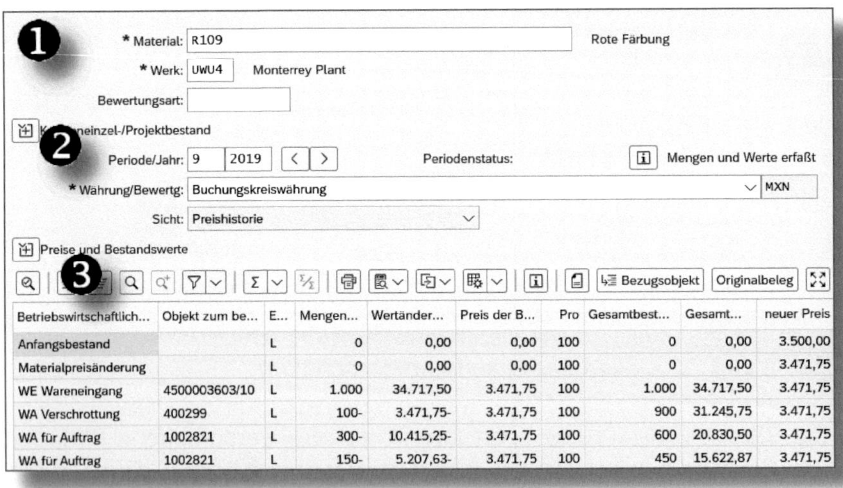

Betriebswirtschaftlich...	Objekt zum be...	E...	Mengen...	Wertänder...	Preis der B...	Pro	Gesamtbest...	Gesamt...	neuer Preis
Anfangsbestand		L	0	0,00	0,00	100	0	0,00	3.500,00
Materialpreisänderung		L	0	0,00	0,00	100	0	0,00	3.471,75
WE Wareneingang	4500003603/10	L	1.000	34.717,50	3.471,75	100	1.000	34.717,50	3.471,75
WA Verschrottung	400299	L	100-	3.471,75-	3.471,75	100	900	31.245,75	3.471,75
WA für Auftrag	1002821	L	300-	10.415,25-	3.471,75	100	600	20.830,50	3.471,75
WA für Auftrag	1002821	L	150-	5.207,63-	3.471,75	100	450	15.622,87	3.471,75

Abbildung 2.30: Bericht zur Materialpreisanalyse

Die in Bereich ❷ gewählte Periode kann durch Eingabe einer bestimmten Perioden-/Jahres-Kombination gewählt werden. Alternativ können Sie mit den Tasten [<] oder [>] um jeweils eine Periode rückwärts oder vorwärts navigieren. Um Bestände anzuzeigen, die für Kundenaufträge (E-Bestand) oder für Projekte (Q-Bestand) reserviert sind, oder Sonderbestände in Transit (T-Bestand), klicken Sie auf die Schaltfläche KUNDENEINZEL-/PROJEKTBESTAND (siehe Abbildung 2.31) und geben dann die spezifischen Bestandsinformationen ein.

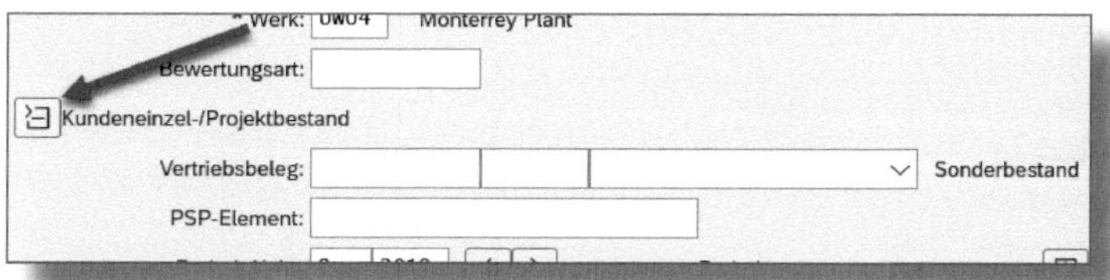

Abbildung 2.31: Auswahlbereich für spezielle Aktien

Klicken Sie auf die Schaltfläche PREISE UND BESTANDSWERTE, wie in Abbildung 2.32 gezeigt, um bestimmte Materialstamm-Bestandseinstellungen und -werte im Bericht anzuzeigen.

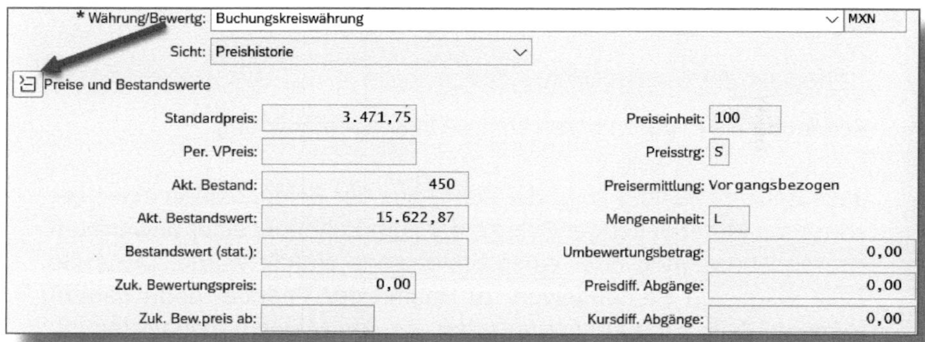

Abbildung 2.32: Preise und Bestandswerte

Ändern Sie die Währung, indem Sie auf die Dropdown-Liste für WÄHRUNG/BEWERTG. klicken (siehe Abbildung 2.33).

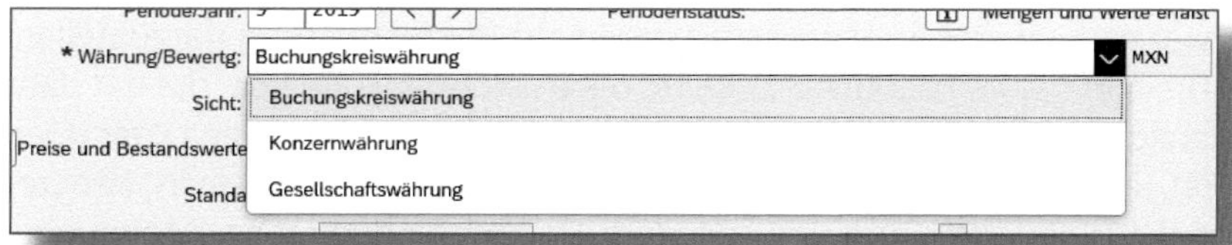

Abbildung 2.33: Währung für Materialpreisanalyse wählen

Der Bericht wird dann in der gewählten Währung angezeigt (siehe Abbildung 2.34).

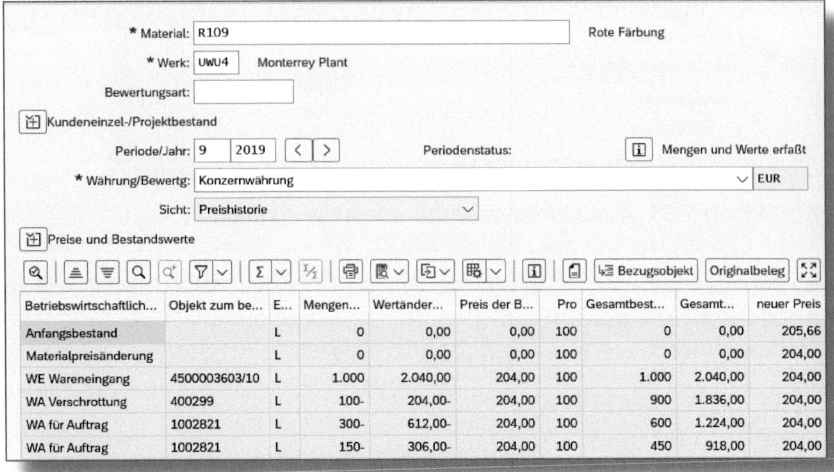

Betriebswirtschaftlich...	Objekt zum be...	E...	Mengen...	Wertänder...	Preis der B...	Pro	Gesamtbest...	Gesamt...	neuer Preis
Anfangsbestand		L	0	0,00	0,00	100	0	0,00	205,66
Materialpreisänderung		L	0	0,00	0,00	100	0	0,00	204,00
WE Wareneingang	4500003603/10	L	1.000	2.040,00	204,00	100	1.000	2.040,00	204,00
WA Verschrottung	400299	L	100-	204,00-	204,00	100	900	1.836,00	204,00
WA für Auftrag	1002821	L	300-	612,00-	204,00	100	600	1.224,00	204,00
WA für Auftrag	1002821	L	150-	306,00-	204,00	100	450	918,00	204,00

Abbildung 2.34: Materialpreisanalyse in Konzernwährung

Jede Zeile im Bericht zeigt die Werte aus der Belegposition eines bestimmten Material-Ledger-Belegs, der zum Zeitpunkt einer bewerteten Bestandsbewegung oder eines Ereignisses erstellt wurde. Die erste Zeile zeigt den Bestandswert zu Beginn der Periode. Jede darauffolgende Zeile zeigt ein Ereignis, das für das Material eingetreten ist. Zu diesen Ereignissen gehören Preisänderungen oder bewertete Warenbewegungen. Doppelklicken Sie auf eine bestimmte Zeile, um den zugehörigen Material-Ledger-Beleg anzuzeigen. Ein Beispiel für den Beleg finden Sie unter Abbildung 2.35.

In diesem Fall hat der Beleg vier Zeilen, um den Warenausgang von vier verschiedenen Materialien zu einem Prozessauftrag darzustellen. Die hier hervorgehobene Zeile ist die Position des Belegs, die mit dem ausgewählten Material verbunden ist. Wenn es nicht hervorgehoben ist, klicken Sie es an, um es auszuwählen. Klicken Sie oben im Fenster auf RW-BELEGE..., um alle mit dem Posten verbundenen Rechnungswesenbelege anzuzeigen. In einem neuen Fenster erscheint dann eine Liste von Belegen; wählen Sie den gewünschten aus (siehe Abbildung 2.36). Es können mehrere Belege und Belegarten für denselben Material-Ledger-Beleg erzeugt werden.

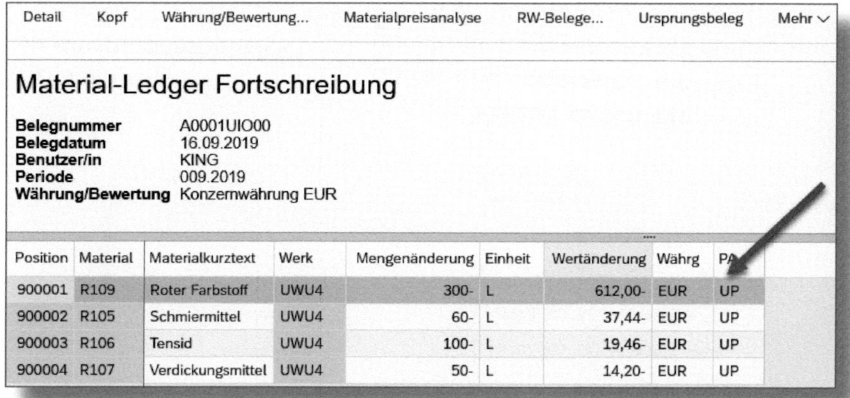

Detail Kopf Währung/Bewertung... Materialpreisanalyse RW-Belege... Ursprungsbeleg Mehr

Material-Ledger Fortschreibung

Belegnummer A0001UIO00
Belegdatum 16.09.2019
Benutzer/in KING
Periode 009.2019
Währung/Bewertung Konzernwährung EUR

Position	Material	Materialkurztext	Werk	Mengenänderung	Einheit	Wertänderung	Währg	PA
900001	R109	Roter Farbstoff	UWU4	300-	L	612,00-	EUR	UP
900002	R105	Schmiermittel	UWU4	60-	L	37,44-	EUR	UP
900003	R106	Tensid	UWU4	100-	L	19,46-	EUR	UP
900004	R107	Verdickungsmittel	UWU4	50-	L	14,20-	EUR	UP

Abbildung 2.35: Material-Ledger-Beleg

Liste der Belege im Rechnungswesen

Belege im Rechnungswesen

Belegnummer	Objekttyptext
4900000003	Buchhaltungsbeleg
A0001UIO00	Kostenrechnungsbeleg

Abbildung 2.36: Auswahl der Rechnungswesenbelege

Doppelklicken Sie auf die Belegnummer, um den jeweiligen Beleg anzuzeigen. Abbildung 2.37 zeigt den Rechnungswesenbeleg für den Warenausgang, der mit dem ausgewählten Material-Ledger-Beleg verbunden ist.

B...	Pos	BS	S...	Konto	Bezeichnung	Betrag	Wä...	Betrag HW	HWähr	HW2-Bet...	Hwäh2	HW3-Bet...	Hwäh3	Menge	BME
K103	1	99		13100000	Bestand Rohstoffe	10.415,25-	MXN	10.415,25-	MXN	612,00-	EUR	765,00-	USD	300-	L
	2	81		51100000	Verbrauch Rohstoffe	10.415,25	MXN	10.415,25	MXN	612,00	EUR	765,00	USD	300	L
	3	99		13100000	Bestand Rohstoffe	637,17-	MXN	637,17-	MXN	37,44-	EUR	46,80-	USD	60-	L
	4	81		51100000	Verbrauch Rohstoffe	637,17	MXN	637,17	MXN	37,44	EUR	46,80	USD	60	L
	5	99		13100000	Bestand Rohstoffe	331,25-	MXN	331,25-	MXN	19,46-	EUR	24,33-	USD	100-	L
	6	81		51100000	Verbrauch Rohstoffe	331,25	MXN	331,25	MXN	19,46	EUR	24,33	USD	100	L
	7	99		13100000	Bestand Rohstoffe	241,66-	MXN	241,66-	MXN	14,20-	EUR	17,75-	USD	50-	L
	8	81		51100000	Verbrauch Rohstoffe	241,66	MXN	241,66	MXN	14,20	EUR	17,75	USD	50	L

Abbildung 2.37: Rechnungswesenbeleg für Warenausgang

Kehren Sie zu dem in Abbildung 2.35 gezeigten Material-Ledger-Beleg zurück und klicken Sie oben im Fenster auf URSPRUNGSBELEG, um den ursprünglichen Materialbeleg für den Warenausgang anzuzeigen. Dies wird in Abbildung 2.38 gezeigt.

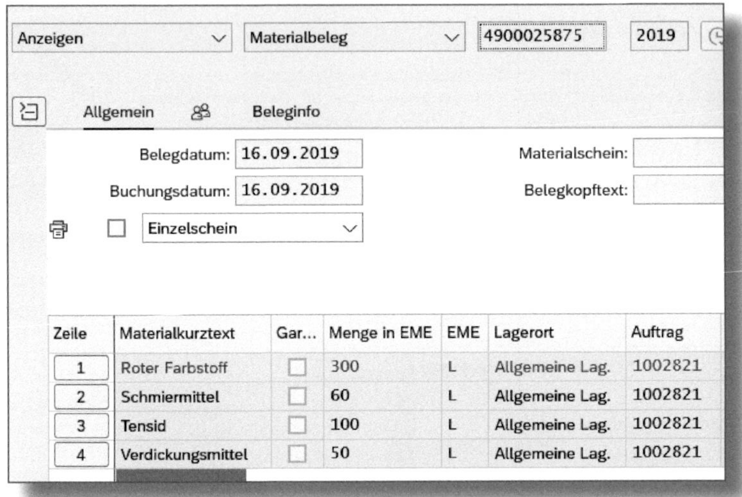

Abbildung 2.38: Original-Materialbeleg für die Warenbewegung

Der Bericht »Materialpreisanalyse« bietet einen detaillierten Überblick über die Materialaktivität für eine bestimmte Periode und kann verwendet werden, um zu verstehen, wie das Material in dieser Periode bewertet wurde. Die volle Leistungsfähigkeit entfaltet diese Transaktion, wenn sie mit der Istkalkulation verwendet wird, wie in Kapitel 4 beschrieben.

2.5.2 Bericht »Preise und Bestandswerte«

Die detaillierte Berichterstattung mit der Materialpreisanalyse ist nützlich, um ein vollständiges Verständnis dafür zu erhalten, was mit einem bestimmten Material passiert ist. SAP bietet jedoch auch die Möglichkeit, den Bestand für mehrere Materialien gesammelt zu betrachten. Transaktion *S_P99_41000062* ist der Bericht »Preise und Bestandswerte«. Abbildung 2.39 zeigt das Auswahlfenster.

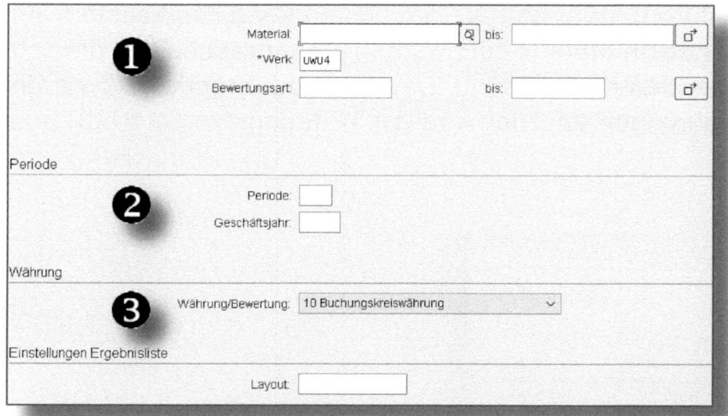

Abbildung 2.39: Berichtsauswahlen Preise und Bestandswerte

Geben Sie in Bereich ❶ das MATERIAL und das WERK an, die auf dem Bericht angezeigt werden sollen; ein Werk ist erforderlich. Geben Sie in Bereich ❷ die PERIODE und das GESCHÄFTSJAHR für den Bericht ein. Wählen Sie im Bereich ❸ die Material-Ledger-Währung für den Erstbericht. Die Währung kann erneut ausgewählt werden, sobald der Bericht angezeigt wird. Abbildung 2.40 zeigt den resultierenden Bericht.

Währung setzen... Material auswählen

Werk UWU4
Periode 009.2019
Währung/Bewertung MXN Buchungskreiswährung

Material	Prs	Standardpreis	Pro	Per. VPreis	Gesamtbestand	BME	Gesamtwert
H102	S	1.782,89	100	0,00	7.000	L	124.802,30
H100	S	2.084,56	100	0,00	5.550	L	115.693,08
F300	S	1.387,59	100	0,00	5.000	ST	69.379,50
F301	S	1.436,03	100	0,00	3.755	ST	53.922,93
H106	S	624,55	100	0,00	4.372	ST	27.305,33
F307	S	1.418,56	100	0,00	1.123	ST	15.930,43
R109	S	3.471,75	100	0,00	450	L	15.622,87
R105	S	1.061,95	100	0,00	1.464,285	L	15.549,98
R107	S	483,32	100	0,00	2.041,428	L	9.866,63
V502	V	5.000,00	100	5.500,00	150	ST	8.250,00
R106	S	331,25	100	0,00	1.765,857	L	5.849,40
F302	S	1.393,93	100	0,00	275	ST	3.833,31

Abbildung 2.40: Bericht »Preise und Bestandswerte« in Buchungskreiswährung

Klicken Sie auf WÄHRUNG SETZEN... am oberen Rand des Fensters, um auf eine der anderen Materialbuchwährungen umzuschalten, die dem Werk zugeordnet sind. Abbildung 2.41 zeigt die Dropdown-Liste der möglichen Währungen an. Hier wird der Währungstyp 60 (USD) ausgewählt.

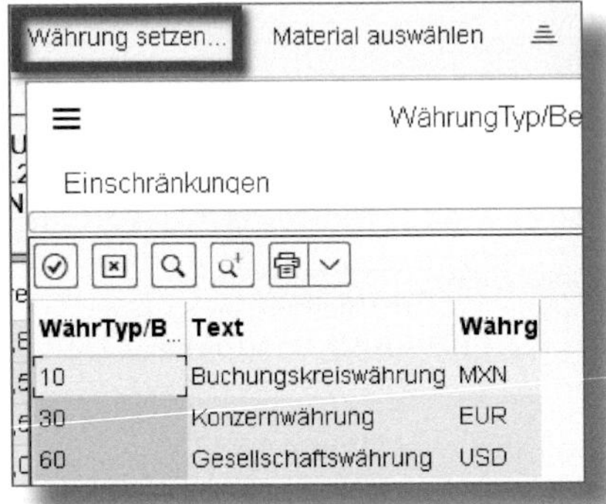

Abbildung 2.41: Währung für den Bericht ändern

Der Bericht wird nun in der Alternativwährung angezeigt. Die ersten Zeilen sind in Abbildung 2.42 zu sehen.

Werk UWU4
Periode 009.2019
Währung/Bewertung USD Gesellschaftswährung

Material	Prs	Standardpreis	Pro	Per. VPreis	Gesamtbestand	BME	Gesamtwert
H102	S	130,95	100	0,00	7.000	L	9.166,50
H100	S	153,11	100	0,00	5.550	L	8.497,61

Abbildung 2.42: Preise und Bestandsbericht in Gesellschaftswährung

Doppelklicken Sie auf eine beliebige Position im Bericht oder klicken Sie auf die Schaltfläche MATERIAL AUSWÄHLEN am oberen Rand des Fensters, um den detaillierten Materialpreisanalysebericht für dieses Material aufzurufen.

2.5.3 Materialbestandswerte – Bestandsliste

Der Bericht »Materialbestandswerte – Bestandsliste« ist eine Fiori-App, die den Bestandswert jeder der Material-Ledger-Währungen gleichzeitig anzeigt. Bei den vorherigen Transaktionen musste eine bestimmte Währung für den Bericht ausgewählt werden. Diese App verwendet alle verfügbaren Währungen für die Werte. Klicken Sie auf die Kachel der App (siehe Abbildung 2.43), um den Bericht aufzurufen.

Abbildung 2.43: Kachel Materialbestandswerte – Bestandsliste

Dies ist ein spezieller Fiori-Drilldown-Bericht. Das Ergebnis in Abbildung 2.44 wurde so eingestellt, dass die Werte nach Material und Werk angezeigt werden. Alle drei Material-Ledger-Währungen sind vertreten.

Inventory by Material *

* Ledger: 0L
* Buchungskreis: K103
* Auswertungsstichtag: 15.09.2019

Datenanalyse | Grafische Darstellung | Abfrageinformationen

Inventory Report * | Filtern | Sortieren | Hierarchie | Drilldown | Anzeigen | Kennzahlen | Summen

Bewert...	Material		Bestandsmenge	Betrag in BuKrsWährg	Betrag in übergr. W	Betr. frei defWähr1
UWU4	F300	Weißer Stift Schwarze Tinte	5.000 ST	69.379,50 MXN	4.076,50 EUR	$ 5.096,00
	F301	Weißer Stift Rote Tinte	3.755 ST	53.922,93 MXN	3.168,47 EUR	$ 3.960,77
	F302	Weißer Stift Blaue Tinte	275 ST	3.833,31 MXN	225,25 EUR	$ 281,55
	F307	Grüner Stift Rote Tinte	1.123 ST	15.930,43 MXN	936,02 EUR	$ 1.170,05
	H100	Blaue Tinte	5.550 L	115.693,08 MXN	6.798,20 EUR	$ 8.497,61
	H102	Schwarze Tinte	7.000 L	124.802,30 MXN	7.333,20 EUR	$ 9.166,50
	H104	Roter Hauptkörper	1.237 ST	2.898,29 MXN	170,33 EUR	$ 212,89
	H106	Stiftspitze	4.372 ST	27.305,33 MXN	1.604,52 EUR	$ 2.005,44
	R100	Wolframcarbid Kugel	375 ST	1.687,50 MXN	99,15 EUR	$ 123,94
	R105	Shmiermittel	1.550 L	16.460,23 MXN	967,20 EUR	$ 1.209,00
	R106	Tensid	1.923 L	6.369,94 MXN	374,22 EUR	$ 467,87
	R107	Verdickungsmittel	2.120 L	10.246,38 MXN	602,08 EUR	$ 752,60
	R109	Roter Farbstoff	900 L	31.245,75 MXN	1.836,00 EUR	$ 2.295,00
	V502	Tintenfaß	150 ST	8.250,00 MXN	349,40 EUR	$ 404,02

Abbildung 2.44: Materialbestandswerte nach Werken

3 Bewertung mit Transferpreisen

Wenn Materialien zwischen Buchungskreisen versendet werden, müssen aus gesetzlichen Gründen Zwischengewinne im empfangenden Buchungskreis ausgewiesen werden. Aus Unternehmenssicht sollten diese Gewinne jedoch eliminiert werden, um ein klareres Bild von der Leistung der Gesellschaft zu erhalten. Dies wird durch das Einrichten und Verwenden der Konzernbewertungssicht erreicht. Aus einem anderen Blickwinkel betrachtet, muss jede Geschäftseinheit ihre eigene Leistung bewerten, einschließlich der Verrechnung interner Gewinne, wenn Waren zwischen den verschiedenen Einheiten versandt werden. Hierfür wird die Profitcenter-Bewertungssicht verwendet. Diese Bewertungssichten können auch als alternative Betrachtungsweisen für den Bestand verwendet werden. Die Funktionalität der parallelen Wertansätze/Transferpreise kann konfiguriert werden, um diese unterschiedlichen Wertansätze über das Material-Ledger abzubilden.

3.1 Transferpreis-Szenario

Universal Writing Utensils hat das Unternehmen National Pens mit Sitz in Atlanta übernommen. Aus rechtlichen Gründen wird dieser Erwerb vom ursprünglichen US-Buchungskreis getrennt gehalten. Komponenten werden von bestehenden US-Werken zur Produktion in der National Pens-Fertigungsstätte verschifft. Zu diesen Komponenten wird ein Transferpreiszuschlag addiert, der bei National Pens in den Standardkosten für die Materialien enthalten ist. Die Konzernzentrale in Europa möchte den Bestand in USD (Buchungskreiswährung) und EUR (Konzernwährung) einsehen können. Sie möchte auch die Bestandsbewertung in Konzernwährung ohne Berücksichtigung des Transferpreiszuschlags verstehen, um die Bestandswerte für die Gesamtunternehmensrentabilität zu analysieren. Dies erfordert einen Konzernwährungswertansatz mit der Konzernbewertungssicht.

3.2 Konfigurieren für Transferpreise

Die Konfiguration für parallele Wertansätze/Transferpreise ist komplexer als für die parallele Bewertung mit nur legalen Sichten. Am besten ist es, dies von Beginn der Implementierung an in das Design einzubeziehen. Die Aktivierung in einem Kostenrechnungskreis, der aktuell nicht mit parallelen Wertansätzen arbeitet, ist möglich, kann aber je nach Ersteinrichtung eine Konvertierung erfordern und einen möglichen Verlust bestehender historischer Daten bedeuten. Einzelheiten hierzu finden Sie in SAP-Hinweis 120380[3]. Ab S/4HANA Release 1909 ist diese Art der Konvertierung nicht mehr erlaubt und eine Neuimplementierung ist erforderlich. Dabei wird ein separater Kostenrechnungskreis angelegt, der für die Transferpreisermittlung verwendet wird; dies funktioniert jedoch nicht für bestehende Bewertungskreise. Beim Generieren von Kalkulationen für den neuen Bewertungskreis im separaten Kostenrechnungskreis werden jedoch keine Kosten aus Werken in Buchungskreisen übernommen, die mit dem ursprünglichen Kostenrechnungskreis verbunden sind, und »Transfers« müssten für Kalkulationszwecke als Fremdbezug behandelt werden.

In den folgenden Abschnitten behandeln wir die Einrichtung von parallelen Wertansätzen/Transferpreisen für dieses Szenario. Weitere Informationen zur Implementierung finden Sie im SAP-Hinweis 122008[4].

3.2.1 Währungs- und Bewertungsprofil

Im ersten Schritt der Implementierung von Wertansätzen für Transferpreise müssen Sie entscheiden, welche Währung oder Währungen verwendet werden sollen. Es können bis zu zwei zusätzliche Währungs-

---

3 SAP-Hinweis 120380: »Nachträgliche Aktivierung von parallelen Wertansätzen«

4 SAP-Hinweis 122008: »Aktivieren von Transferpreisen/Multiwertansätzen«

typen und Bewertungssichten ausgewählt werden. Die Definition wird im Währungs- und Bewertungsprofil gepflegt. Es sind nur zwei Währungstypen anwendbar: Buchungskreiswährung (10) und Konzernwährung (30). Für jeden zusätzlichen Währungstyp, der einbezogen wird, muss eine Bewertungssicht definiert werden. Jede Bewertungssicht kann nur einmal im Profil verwendet werden, unabhängig davon, welcher Währungstyp ausgewählt ist. Die legale Sicht ist dabei immer dem Währungstyp 10 zugeordnet. Wenn dem Profil ein anderer Währungstyp zugeordnet ist, muss die Bewertungssicht entweder die Konzernsicht oder die Profitcenter-Sicht sein. Wenn zwei andere Währungstypen zugeordnet sind, dann muss einer die Gruppensicht und der andere die Profitcenter-Sicht haben.

Richten Sie das Währungs- und Bewertungsprofil über die Transaktion *8KEM* oder über den Konfigurationsmenüpfad CONTROLLING • ALLGEMEINES CONTROLLING • PARALLELE WERTANSÄTZE/TRANSFERPREISE • GRUNDEINSTELLUNGEN • WÄHRUNGS- UND BEWERTUNGSPROFIL PFLEGEN ein.

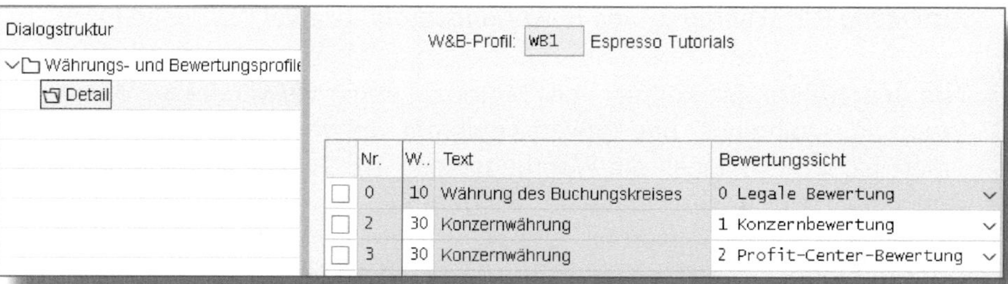

Abbildung 3.1: Währungs- und Bewertungsprofil pflegen

Abbildung 3.1 zeigt die Definition eines Währungs- und Bewertungsprofils anhand von drei verschiedenen Ansätzen. Die Währung 10 für die legale Bewertung ist obligatorisch und ist der einzige Währungstyp, der die legale Bewertungssicht verwenden kann. Die beiden anderen Währungen müssen unterschiedliche Bewertungssichten verwenden. In diesem Fall wird die Konzernwährung (30) sowohl für die Konzernbewertung als auch für die Profitcenter-Bewertung verwendet. Die beiden ausgewählten zusätzlichen Währungstypen müssen jedoch nicht identisch sein. Beispielsweise könnte der Währungstyp für die

Konzernbewertung der Buchungskreis (10) und der Währungstyp für das Profitcenter der Konzern (30) sein.

In unserem aktuellen Beispielszenario ist die Konzernzentrale nicht daran interessiert, die Transferpreise zwischen Profitcentern zu berücksichtigen. Sie möchte jedoch sowohl für die legale als auch für die Konzernbewertungssicht die Bestandswerte in Konzernwährung betrachten. Dazu richten Sie das Währungs- und Bewertungsprofil mit nur einem alternativen Währungstyp ein. Abbildung 3.2 zeigt diesen Aufbau.

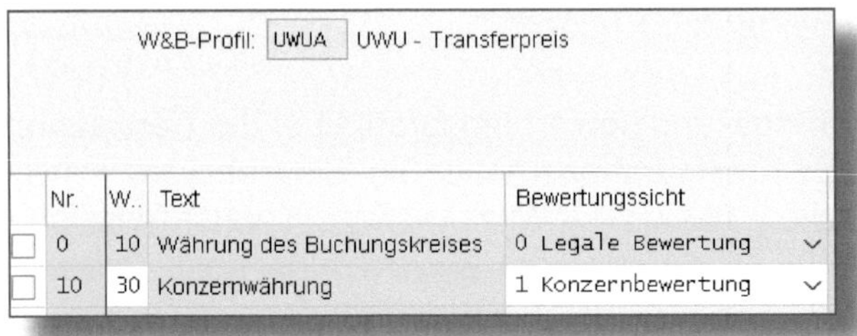

Abbildung 3.2: Währungs- und Bewertungsprofil für zwei Währungen

Nur drei Währungen können vom Material-Ledger verwendet werden. Wenn das Währungs- und Bewertungsprofil wie in Abbildung 3.1 definiert ist, dann müssen die Währungstypen 10, 31 und 32 als Material-Ledger-Währungen verwendet werden. Die Verwendung des Währungs- und Bewertungsprofils UWUA, wie in Abbildung 3.2 gezeigt, erfordert jedoch nur, dass die Währungstypen 10 und 31 als Material-Ledger-Währungen definiert sind. Wenn eine dritte Material-Ledger-Währung gewünscht ist, kann dieser Währungstyp eine andere legale Sicht darstellen, z. B. 30.

3.2.2 Profil dem Kostenrechnungskreis zuordnen

Nachdem das Währungs- und Bewertungsprofil definiert wurde, muss es einem Kostenrechnungskreis zugeordnet werden. Dies erfolgt über die Transaktion *8KEQ* oder über den Menüpfad CONTROLLING • CONTROLLING ALLGEMEIN • PARALLELE WERTANSÄTZE/TRANSFERPREISE FÜH-

REN • GRUNDEINSTELLUNGEN • W&B-PROFIL DEM KOSTENRECHNUNGSKREIS ZUORDNEN. Abbildung 3.3 zeigt diese Definition. Beachten Sie, dass das Kontrollkästchen in Spalte AKT noch nicht aktiviert ist (d. h., dieses Profil ist noch nicht aktiviert); es kann nicht von dieser Konfiguration aus aktiviert werden. Solange das Profil nicht aktiviert ist, ist der parallele Wertansatz für den Kostenrechnungskreis nicht eingeschaltet.

Kostenrechnungskreis: Währungen und Bewertungen

	KKrs	Bezeichnung	K	Währg	W..	W&B-Prof.	Text	Akt
☐	K002	National Pens	2	EUR	30	UWUA	UWU - Transferpreis	☐

Abbildung 3.3: Zuordnung von Währungs- und Bewertungsprofilen

3.2.3 Währungen dem Buchungskreis zuordnen

Mit der Transaktion *FINSC_LEDGER* können Sie dem Buchungskreis die gewünschten Währungstypen zuordnen. Wählen Sie für jedes zutreffende Ledger die BUCHUNGSKREISEINSTELLUNGEN FÜR DAS LEDGER und ordnen Sie die Währungen aus dem Währungs- und Bewertungsprofil zu (siehe Abbildung 3.4). In diesem Szenario muss der Währungstyp 31 hinzugefügt werden. Beachten Sie, dass, wenn dem Buchungskreis der Währungstyp 31 zugeordnet ist, auch der Währungstyp 11 als frei definierte Währung zugeordnet werden sollte. Das liegt daran, dass Währungsumrechnungen über die angegebene Bewertungssicht (in diesem Fall Konzernbewertungssicht) vorgenommen werden. In diesem Beispiel dient der Währungstyp 11 nur zu Umrechnungszwecken. Er muss nicht für die Bestandsbewertung verwendet werden und ist nicht in der Definition des Währungs- und Bewertungsprofils enthalten. Wenn der Währungstyp 32 verwendet wird, dann sollte auch 12 als frei definierte Währung zugewiesen werden. Näheres finden Sie im SAP-Hinweis 2882025[5]. Andere Währungstypen können dem

[5] SAP-Hinweis 2882025: »Parallele Wertansätze/Transferpreise in SAP S/4HANA, on-premise edition«

Buchungskreis zugeordnet, aber nicht für die Materialbewertung verwendet werden.

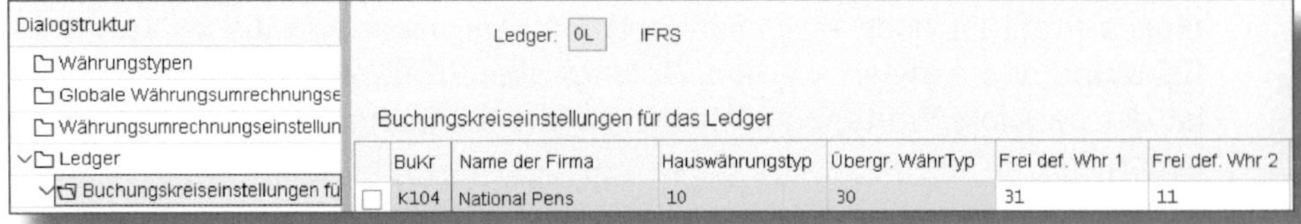

Abbildung 3.4: Währungen dem Buchungskreis zuordnen

3.2.4 Controlling-Versionen

Für jeden alternativen Wertansatz müssen eigene Controlling-Versionen gepflegt werden. Die Version 0 ist der Hauptplan/die Ist-Version im Controlling und sollte für die legale Sicht verwendet werden. Bei den zusätzlichen Versionen handelt es sich um Deltaversionen, die speziell der Konzern- oder Profitcenter-Sicht zugeordnet sind. Pflegen Sie zunächst die Versionen über den Menüpfad CONTROLLING • CONTROLLING ALLGEMEIN • PARALLELE WERTANSÄTZE/TRANSFERPREISE FÜHREN • GRUNDEINSTELLUNGEN • VERSIONEN FÜR BEWERTUNGEN ANLEGEN. In Abbildung 3.5 ist die Version GV0 für die KONZERN-BEWERTUNGSSICHT und PC0 für die PROFITCENTER-BEWERTUNGSSICHT definiert.

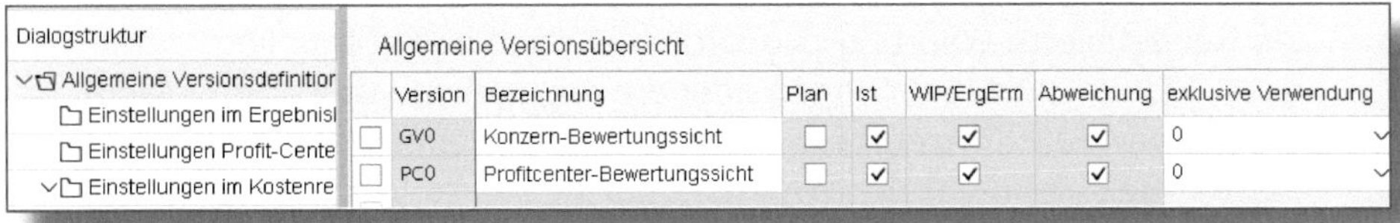

Abbildung 3.5: Controlling-Versionen für alternative Bewertungssichten

Sind die Versionen erst einmal definiert, gehen Sie in den Ordner EINSTELLUNGEN IM KOSTENRECHNUNGSKREIS und weisen Sie die richtige Bewertungssicht zu, wie in Abbildung 3.6 gezeigt. Stellen Sie sicher, dass die Version einem Geschäftsjahr zugeordnet ist.

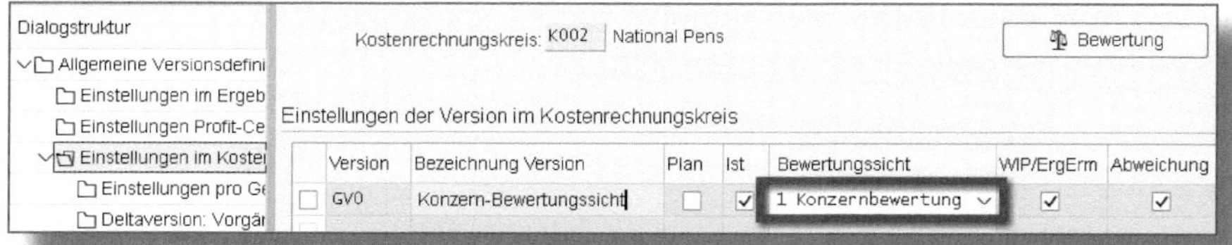

Abbildung 3.6: Zuordnung der Bewertungssicht zur CO-Version

Definieren Sie anschließend im Kostenrechnungskreis das Ledger für die CO-Version. Verwenden Sie den Menüpfad CONTROLLING • CONTROLLING ALLGEMEIN • PARALLELE WERTANSÄTZE/TRANSFERPREISE FÜHREN • GRUNDEINSTELLUNGEN • LEDGER FÜR CO-VERSION DEFINIEREN. Abbildung 3.7 zeigt, dass die Versionen 0 und GV0 im Kostenrechnungskreis K002 dem LEDGER 0L zugeordnet sind.

Ledger, aus dem CO Istdaten liest

KostRech...	Version	Ledger (K...	Name KostRechKreis	Bezeichnung Version	BewSicht der Version
K002	0	0L	National Pens		0 Legale Bewertung
K002	GV0	0L	National Pens	Konzern-Bewertungssicht	1 Konzernbewertung

Abbildung 3.7: Zuordnung von Ledgern zu CO-Versionen

3.2.5 Einrichten des Material-Ledgers

Definieren Sie zunächst einen Material-Ledger-Typ, der die Währungen enthält, die für die Transferpreise verwendet werden sollen. Die Währungstypen müssen mit denen aus dem Währungs- und Bewertungsprofil übereinstimmen. Wenn das Profil nur zwei Wertansätze hat, wie in diesem Szenario, kann ein anderer Währungstyp für die legale Sicht im dritten Währungsfeld verwendet werden. Verwenden Sie die Transaktion *OMX2* oder den Menüpfad CONTROLLING • CONTROLLING ALLGEMEIN • PARALLELE WERTANSÄTZE/TRANSFERPREISE FÜHREN • GRUNDEINSTELLUNGEN • EINSTELLUNGEN FÜR DAS MATERIAL-LEDGER- PRÜFEN • MATERIAL-LEDGER-TYPEN DEFINIEREN und WÄHRUNGSTYPEN ZUORDNEN, um dies zu pflegen. Abbildung 3.8 zeigt die Währungstypen 10, 30 und 31, die diesem Material-Ledger-Typ zugeordnet sind. 10 und 31 sind erforderlich, je nach Definition des Währungs- und Bewertungsprofils.

Als optionaler dritter Währungstyp für dieses Szenario ist 30 (Konzernwährung, legale Sicht) ausgewählt.

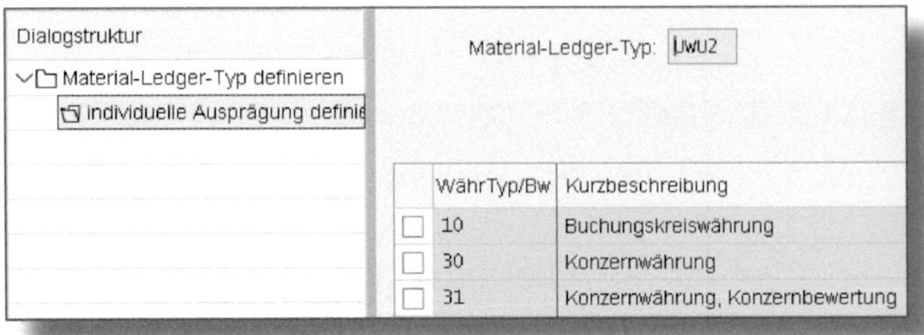

Abbildung 3.8: Material-Ledger-Typ UWU2

Wenn das Währungs- und Bewertungsprofil mit drei Währungen definiert wurde, dann muss die Material-Ledger-Art alle drei dieser Währungen verwenden.

Ordnen Sie den Material-Ledger-Typ anschließend mit der Transaktion *OMX3* oder über den Menüpfad CONTROLLING • CONTROLLING ALLGEMEIN • PARALLELE WERTANSÄTZE/TRANSFERPREISE FÜHREN • GRUNDEINSTELLUNGEN • EINSTELLUNGEN FÜR DAS MATERIAL-LEDGER PRÜFEN • MATERIAL-LEDGER-TYPEN DEM BEWERTUNGSKREIS ZUORDNEN dem Bewertungskreis zu. Abbildung 3.9 zeigt die Zuordnung des Material-Ledger-Typs UWU2 zum BEWERTUNGSKREIS UWU5 (Werk Atlanta).

	Bewertungskreis	Buchungskreis	Material-Ledger-Typ	Status
☐	UWU5	K104	UWU2	■

Abbildung 3.9: Zuordnung von Material-Ledger-Typ zu Bewertungskreis

3.2.6 Aktivieren von Währungs- und Bewertungsprofil

Bevor Sie das Material-Ledger für den Bewertungskreis aktivieren, stellen Sie sicher, dass das Währungs- und Bewertungsprofil für den Kostenrechnungskreis aktiviert wurde. Verwenden Sie die Transaktion *8KEP* oder den Menüpfad CONTROLLING • CONTROLLING ALLGEMEIN •

Parallele Wertansätze/Transferpreise führen • Aktivierung • Parallele Wertansätze: Aktivierung prüfen/durchführen. Geben Sie den Kostenrechnungskreis ein und wählen Sie das Optionsfeld Im KoReKrs aktivieren (siehe Abbildung 3.10).

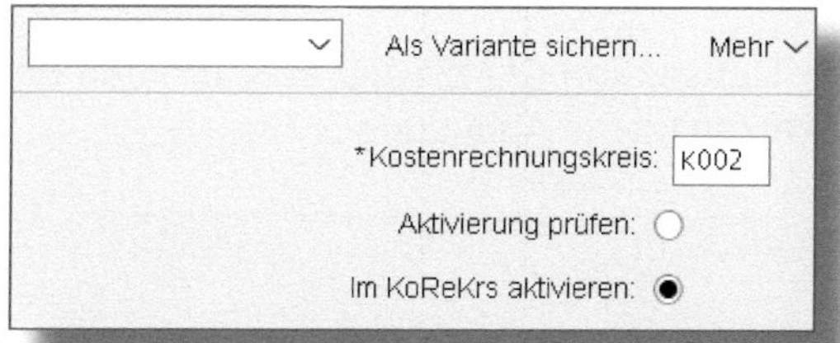

Abbildung 3.10: Aktivieren von mehreren Wertansätzen

Die Währungs- und Profilzuordnung zeigt an, dass das Profil nun aktiviert wurde (siehe Abbildung 3.11), und das Währungs- und Bewertungsprofil für den Kostenrechnungskreis nicht mehr geändert werden kann.

Kostenrechnungskreis: Währungen und Bewertungen

	KKrs	Bezeichnung	K	Währg	W..	W&B-Prof.	Text	Akt
☐	K002	National Pens	2	EUR	30	UWUA	UWU - Transferpreis	✓

Abbildung 3.11: Aktiviertes Währungs- und Bewertungsprofil für K002

3.2.7 Aktivieren des Material-Ledgers

Nachdem das Währungs- und Bewertungsprofil aktiviert wurde, kann das Material-Ledger für den Bewertungskreis freigegeben werden. Dies erfolgt über die Transaktion *OMX1* oder über den Menüpfad Controlling • Controlling allgemein • Parallele Wertansätze/ Transferpreise führen • Grundeinstellungen • Einstellungen für das Material-Ledger prüfen • Bewertungskreise für das Material-Ledger aktivieren. Aktivieren Sie das Kontrollkästchen ML aktiv, um das Feld Preisermittlung zu aktivieren, und geben Sie die Standardpreisermittlung für die Materialien ein, wie in Abbildung 3.12 gezeigt.

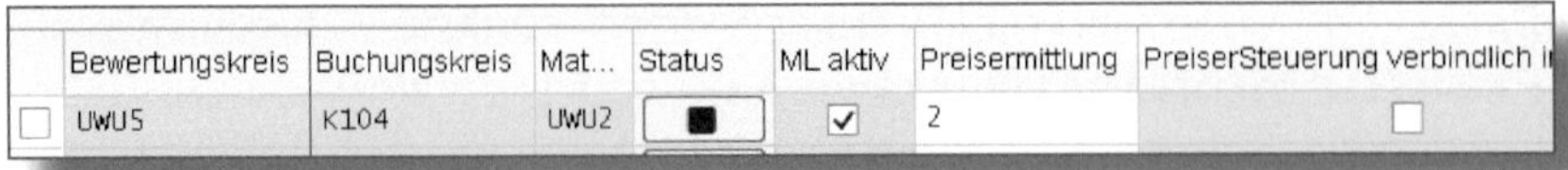

	Bewertungskreis	Buchungskreis	Mat...	Status	ML aktiv	Preisermittlung	PreiserSteuerung verbindlich i
☐	UWU5	K104	UWU2	■	☑	2	☐

Abbildung 3.12: Aktivierung des Material-Ledgers

Führen Sie abschließend die Transaktion *CKMSTART* aus, um den Bewertungskreis produktiv zu setzen (siehe Abbildung 3.13).

*Werk: UWU5 bis:

Parameter

Kurstyp:

Unmittelbar nach Periodenwechs: ☐

Ablaufsteuerung

Hintergrundverarbeitung: ☐

Testlauf: ☐

Abbildung 3.13: Transaktion CKMSTART

3.2.8 Einrichten der Erzeugniskalkulation

Obwohl die Preise für jede der Währungen manuell festgelegt werden können, sollte zur Berechnung der Preise am besten die Erzeugniskalkulation verwendet werden, um diesen Vorgang wiederholbar zu machen. Die Produktkostenplanung wird hauptsächlich dazu verwendet, um Standardpreise in der legalen Bewertungssicht für Materialien festzulegen. Diese Preise werden zunächst kalkuliert und dann zum Standardpreis während einer bestimmten Geschäftsperiode markiert. Sie werden dann während dieser Periode freigegeben. Vorhandene Bestände werden mit dem neuen Standardpreis neu bewertet. Kalkulationen können auch mit speziellen Kalkulationsvarianten für die Konzern- und Profitcenter-Bewertungssichten erstellt werden. Solange die

Funktionalität der parallelen Wertansätze für einen Kostenrechnungskreis aktiviert ist, können Kalkulationen mit speziellen Kalkulationsvarianten auch für diese alternativen Bewertungssichten vorgemerkt und freigegeben werden.

Dieses spezielle Transferpreis-Szenario erfordert nur die Konzernbewertungssicht. Für die Berechnung der Konzernkosten ist die Kalkulationsvariante ZGRP angelegt worden. Die beiden Hauptbestandteile der Kalkulationsvariante sind die Kalkulationsart und die Bewertungsvariante. Die Kalkulationsart definiert den Zweck der Kalkulation. Die Kalkulationsarten werden über die Transaktion *OKKI* oder über den IMG-Menüpfad CONTROLLING • PRODUKTKOSTEN-CONTROLLING • PRODUKTKOSTENPLANUNG • MATERIALKALKULATION MIT MENGENGERÜST • KALKULATIONSVARIANTE: BESTANDTEILE • KALKULATIONSARTEN DEFINIEREN gepflegt. Abbildung 3.14 zeigt die Registerkarte PREISFORTSCHREIBUNG der Kalkulationsart Z1. Der STANDARDPREIS wird unter PREISFORTSCHREIBUNG und die KONZERNBEWERTUNG wird unter BEWERTUNGSSICHT eingestellt. Der Standardpreis kann nur für eine Kalkulationsart pro Bewertungssicht fortgeschrieben werden.

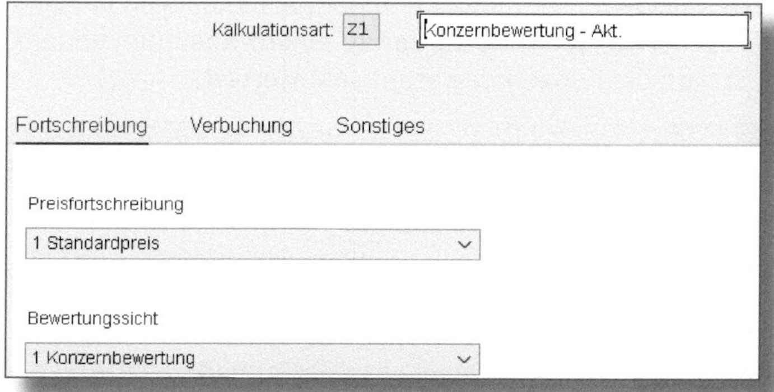

Abbildung 3.14: Kalkulationsart für Konzernbewertungskalkulation

Diese Kalkulationsart wird beim Anlegen der Konzernkalkulationsvariante ZGRP mit einer entsprechenden Bewertungsvariante verknüpft. Dies geschieht über die Transaktion *OKKN* oder über den Menüpfad CONTROLLING • PRODUKTKOSTEN-CONTROLLING • PRODUKTKOSTENPLANUNG • MATERIALKALKULATION MIT MENGENGERÜST • KALKULATIONSVARI-

ANTEN DEFINIEREN. Die Bewertungsvariante ist entweder die gleiche wie die der legalen Bewertungssicht zugeordnete Standardkalkulationsvariante, oder sie verwendet ähnliche Parameter, um sicherzustellen, dass die Kostengrundlagen für beide Kalkulationen kompatibel sind.

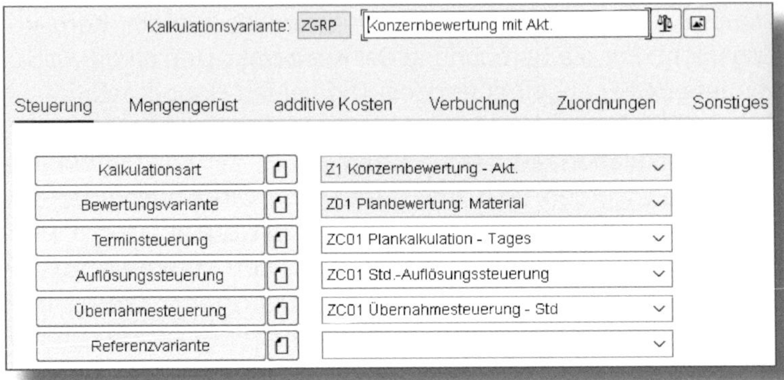

Abbildung 3.15: Definition der Konzernkalkulationsvariante

Abbildung 3.15 zeigt die Registerkarte STEUERUNG der Kalkulationsvariante. Diese Kalkulationsvariante kann nur für Materialien in einem Bewertungskreis verwendet werden, der zu einem Kostenrechnungskreis gehört, in dem die Konzernbewertung aktiviert ist.

Konzern- und Profitcenter-Bewertungskalkulationen

Es kann eine Kalkulationsvariante angelegt werden, die eine Aktualisierung des Materialstamms nicht zulässt. Wenn dieser Kalkulationsvariante eine Kalkulationsart zugeordnet ist, die für Konzern- oder Profitcenter-Bewertungssichten verwendet wird, können in Kostenrechnungskreisen, in denen die parallelen Wertansätze nicht aktiviert sind, weiterhin Kalkulationen mit dieser Kalkulationsvariante erstellt werden. Diese Kostenschätzungen sind nicht mit der Bewertung des Bestands verbunden und können zu Analysezwecken verwendet werden. Wenn die PREISFORTSCHREIBUNG auf STANDARDPREIS eingestellt ist, müssen für den Kostenrechnungskreis des Bewertungskreises parallele Wertansätze aktiviert werden.

Es wurden zwei Kalkulationen für das Material H102 – SCHWARZE TINTE im Werk UWU5 (Werk Atlanta) erstellt. Die erste Kalkulation in Abbildung 3.16 verwendet die Kalkulationsvariante ZPC1, um Standardpreise für die Freigabe unter Verwendung der legalen Bewertung zu berechnen. Diese zeigt einen Wert von 185,45 USD pro 100 Liter. Der Preis beinhaltet einen Transferzuschlag von 50,00.

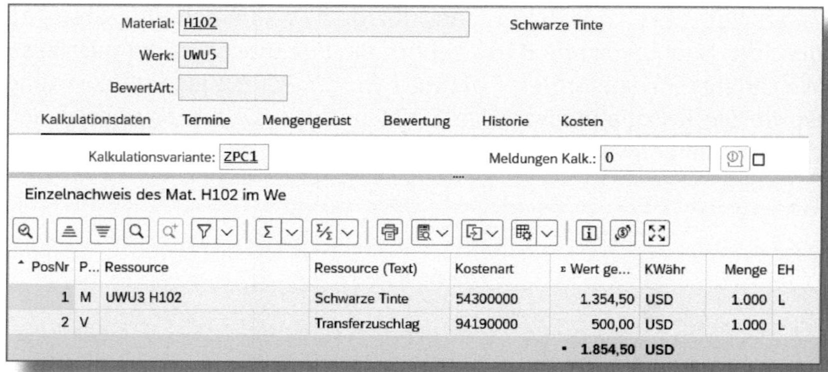

Material: H102 Schwarze Tinte
Werk: UWU5
BewertArt:
Kalkulationsdaten | Termine | Mengengerüst | Bewertung | Historie | Kosten
Kalkulationsvariante: ZPC1 Meldungen Kalk.: 0
Einzelnachweis des Mat. H102 im We

PosNr	P...	Ressource	Ressource (Text)	Kostenart	Wert ge...	KWähr	Menge	EH
1	M	UWU3 H102	Schwarze Tinte	54300000	1.354,50	USD	1.000	L
2	V		Transferzuschlag	94190000	500,00	USD	1.000	L
					• 1.854,50	USD		

Abbildung 3.16: Legale Sicht, Kalkulation für Material H102

Das gleiche Material wird mit der Kalkulationsvariante ZGRP kalkuliert, die zur Fortschreibung der Konzernbewertungssicht verwendet wird. Abbildung 3.17 zeigt einen Wert von 135,45 USD pro 100 Liter. Dies schließt den Transferpreiszuschlag aus, der in der ersten Kostenschätzung enthalten war.

Material: H102 Schwarze Tinte
Werk: UWU5
BewertArt:
Kalkulationsdaten | Termine | Mengengerüst | Bewertung | Historie | Kosten
Kalkulationsvariante: ZGRP Meldungen Kalk.: 0
Einzelnachweis des Mat. H102 im We

PosNr	P...	Ressource	Ressource (Text)	Kostenart	Wert ge...	KWähr	Menge	EH
1	M	UWU5 H102	Schwarze Tinte	54300000	1.354,50	USD	1.000	L
					• 1.354,50	USD		

Abbildung 3.17: Konzernsicht, Kalkulation für Material H102

Beide Kalkulationen wurden gespeichert, um den Materialstamm zu aktualisieren. Der erste Schritt zur Freigabe der Kosten ist die Vormerkung der Kostenvoranschläge. Die Markierung muss für die Periode, in der die Kalkulation freigegeben werden soll, aktiviert sein. Klicken Sie in der Transaktion *CK24* oder in der Fiori-App »Materialkalkulationen freigeben« auf Vormerkerlaubnis. In Abbildung 3.18 wird der Buchungskreis K104 mit zwei verschiedenen Bewertungssichten angezeigt. Dies liegt daran, dass für den Kostenrechnungskreis, zu dem der Buchungskreis K104 gehört, die Funktionalität der parallelen Wertansätze/Transferpreise aktiviert wurde. Für die legale Bewertung wurde die Kalkulationsvariante ZPC1 und für die Konzernbewertung die Kalkulationsvariante ZGRP aktiviert.

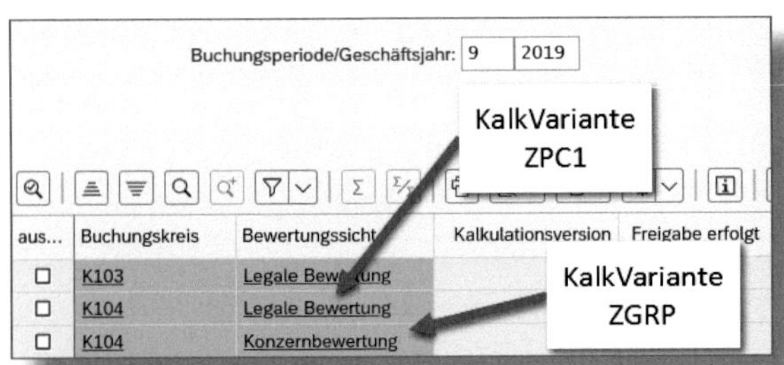

Abbildung 3.18: Vormerkung nach Bewertungsart freigeben

Abbildung 3.19 zeigt auch, dass bestimmte Bewertungssichten zum Vormerken und Freigeben ausgewählt werden können. Wenn alle verfügbaren Ansichten ausgewählt sind, dann wird die Kalkulation in jeder Ansicht mit der entsprechenden Kalkulationsvariante bearbeitet.

Abbildung 3.19: Vormerken und Freigeben über Bewertungssichten

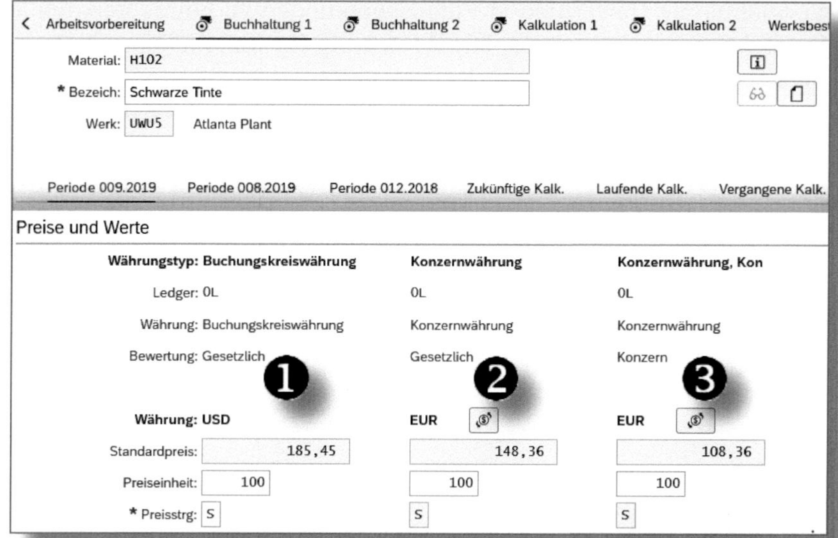

Abbildung 3.20: Freigegebene Kosten für Material H102

Abbildung 3.20 zeigt die freigegebenen Kosten in jeder der Währungen.

Bereich ❶ zeigt die Standardkosten in Buchungskreiswährung. Dies entspricht der Kostenschätzung aus Abbildung 3.16. Der zweite Währungstyp ist die Konzernwährung mit legaler Bewertung (30); der Wert wird aus dem legalen Wert in Buchungskreiswährung abgeleitet. Kurstyp P, der für die Umrechnung von USD in EUR verwendet wird, beträgt 1,25 zu 1. Bereich ❷ zeigt die berechnete Rate: 148.36 EUR (185,45 geteilt durch 1,25). Die dritte Währung, im Bereich ❸, verwendet die Konzernbewertung. Dieser Wert stammt aus der ZGRP-Kostenschätzung von Abbildung 3.17, umgerechnet in EUR: 108.36 (135,45 geteilt durch 1,25).

3.3 Bestandsbewertung und -analyse

Für die Bewertung von Warenbewegungen und Beständen in den Alternativwährungen sind die parallelen Wertansätze/Transferpreise als

Spezialfall der Bewertung in Parallelwährungen zu betrachten, die in Kapitel 2 behandelt wurde. Die Bewertung für Materialien mit Preissteuerung S wird immer auf der Basis des freigegebenen Preises für jeden Währungstyp verarbeitet. Der Unterschied besteht darin, dass sich eine oder mehrere der Währungsarten auf andere als die legalen Bewertungssichten beziehen.

Für das Material H102 wurde im Werk UWU5 ein Wareneingang ohne Bestellung (Bewegungsart 501) über 1.000 Liter bearbeitet. Der resultierende Finanzbeleg ist in Abbildung 3.21 zu sehen.

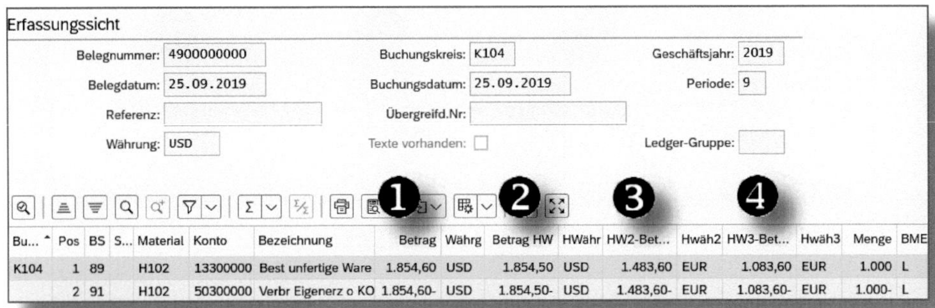

Erfassungssicht

Belegnummer: 4900000000 | Buchungskreis: K104 | Geschäftsjahr: 2019
Belegdatum: 25.09.2019 | Buchungsdatum: 25.09.2019 | Periode: 9
Referenz: | Übergreifd.Nr:
Währung: USD | Texte vorhanden: | Ledger-Gruppe:

Bu...	Pos	BS	S...	Material	Konto	Bezeichnung	Betrag ❶	Währg	Betrag HW ❷	HWähr	HW2-Bet... ❸	Hwäh2	HW3-Bet... ❹	Hwäh3	Menge	BME
K104	1	89		H102	13300000	Best unfertige Ware	1.854,60	USD	1.854,50	USD	1.483,60	EUR	1.083,60	EUR	1.000	L
	2	91		H102	50300000	Verbr Eigenerz o KO	1.854,60-	USD	1.854,50-	USD	1.483,60-	EUR	1.083,60-	EUR	1.000-	L

Abbildung 3.21: Finanzbeleg für Warenbewegung

Bereich ❶ zeigt den Wert in Belegwährung (USD). Bereich ❷ zeigt die Buchungskreiswährung (Typ 10 bzw. USD). Bereich ❸ zeigt die Konzernwährung (Typ 30 bzw. EUR), und Bereich ❹ zeigt die Konzernwährung mit Konzernbewertung (Typ 31, ebenfalls in EUR). Die Fiori-App »Materialbestandswerte – Bestandsliste« zeigt das Ergebnis in den drei Material-Ledger-Währungstypen an, wie in Abbildung 3.22 dargestellt.

Datenanalyse

Inventory Report * | Filtern | Sortieren | Hierarchie | Drilldown | Anzeigen | Kennzahlen | Su

Bewertungskreis	Material	Bestandsmenge	Betrag in BuKrsWährg	Betrag in übergr. W	Betr. frei defWähr1
UWU5	H102	1.000 L	$ 1.854,50	1.483,60 EUR	1.083,60 EUR

Abbildung 3.22: Materialbestandswerte – Bestandsliste

Der Bericht »Materialpreisanalyse« kann die Werte auch in der Konzernbewertungswährungsart anzeigen. Dies wird in Abbildung 3.23 gezeigt.

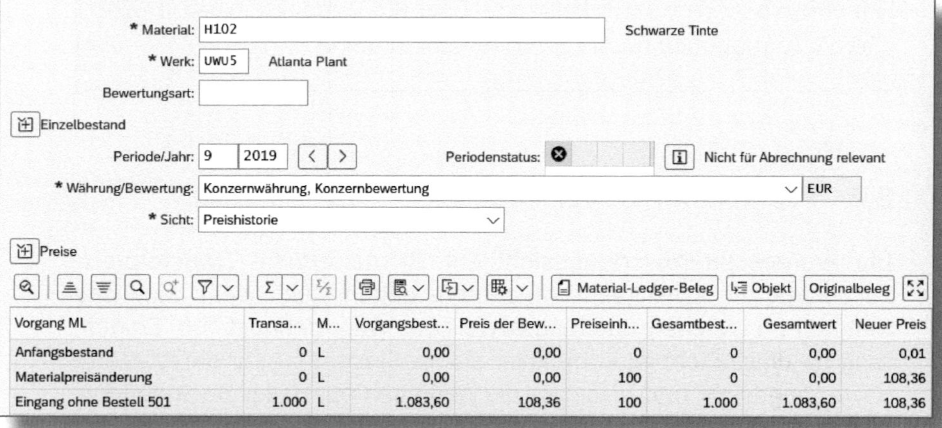

Vorgang ML	Transa...	M...	Vorgangsbest...	Preis der Bew...	Preiseinh...	Gesamtbest...	Gesamtwert	Neuer Preis
Anfangsbestand	0	L	0,00	0,00	0	0	0,00	0,01
Materialpreisänderung	0	L	0,00	0,00	100	0	0,00	108,36
Eingang ohne Bestell 501	1.000	L	1.083,60	108,36	100	1.000	1.083,60	108,36

Abbildung 3.23: Preisanalyse in Konzernwährung, Konzernbewertung

☛ Bearbeitung von unternehmensübergreifenden Umlagerungsbestellungen

Das hier behandelte Beispiel bezieht sich auf Warenbewegungen innerhalb eines einzelnen Werks unter Verwendung der verschiedenen Wertansätze. Für die Abwicklung von unternehmensübergreifenden Umlagerungen sind zusätzliche Stammdaten und Konfigurationen erforderlich. Zunächst müssen die beiden Werke als Geschäftspartner (Lieferant und Kunde) über die Geschäftspartnertransaktion *BP* eingerichtet werden. Es muss dann ein spezielles unternehmensübergreifendes Kalkulationsschema eingerichtet werden, das statistische Konditionen für Konzern- und Profitcenter-Transferpreise enthält. Außerdem muss ein Bewertungs-Verrechnungskonto für die Gewinn- und Verlustrechnung definiert werden, um die Bewertungsdifferenzen für die Konzernsicht zwischen den beiden Werken auf Basis der Preiskonditionen und der Konzernsichtkosten zu speichern. Die Zuordnung dieses Kontos zum Buchungskreis und zur Gesellschaft erfolgt über den IMG-Menüpfad CONTROLLING • CONTROLLING ALLGEMEIN • PARALLELE WERTANSÄTZE/ TRANSFERPREISE FÜHREN • DETAILSTEUERUNG • WERTANSATZVERRECHNUNGSKONTO DEFINIEREN oder über die Transaktion *8KEN*. Weitere Informationen finden Sie in Abschnitt 3.4.4.

3.4 Profitcenter-Bewertung

Die Profitcenter-Bewertungssicht enthält zusätzliche Transferpreiszuschläge, die zwischen Profitcentern gelten, auch wenn sich das Material im gleichen Buchungskreis oder Werk befindet. Die Einrichtung für diese Sicht ist komplexer als die Einrichtung für die Konzernbewertungssicht und erfordert die Definition spezieller Bedingungen, die die Zuschlagswerte berechnen. Diese Zuschläge gelten, wenn das Material zwischen Profitcentern in verschiedenen Werken transferiert wird oder wenn ein Material als Teil der Stückliste eines Produkts verbraucht wird, das ein anderes Profitcenter hat als die Komponente. Die Profitcenter-Bewertung der Bestände und Warenbewegungen für Materialien mit Preissteuerung S verwendet den freigegebenen Standard für die Profitcenter-Sicht.

3.4.1 Einstellungen der Profitcenter-Rechnung

Die Einstellung der Profitcenter-Bewertung im Währungs- und Bewertungsprofil ist nur sinnvoll, wenn die Profitcenter-Rechnung (PCA) im System aktiviert ist. Wenn im Währungs- und Bewertungsprofil, das einem Kostenrechnungskreis zugeordnet ist, die Profitcenter-Bewertung aktiviert ist, dann muss der standardmäßige Währungstyp für die Profitcenter-Rechnung die Profitcenter-Bewertungssicht verwenden. Gepflegt wird dies über die Transaktion *OKE5* oder über den IMG-Menüpfad CONTROLLING • PROFITCENTER-RECHNUNG • GRUNDEINSTELLUNGEN • EINSTELLUNGEN FÜR DEN KOSTENRECHNUNGSKREIS • EINSTELLUNGEN FÜR DEN KOSTENRECHNUNGSKREIS PFLEGEN. Das Profil WB1 in Abbildung 3.1 ist dem Kostenrechnungskreis K001 zugeordnet. Abbildung 3.24

zeigt die Definition für die Profitcenter-Rechnung im Kostenrechnungskreis K001. Der Pfeil zeigt auf den Profitcenter-Hauswährungstyp, der mit der Definition im Währungs- und Bewertungsprofil WB1 übereinstimmt. Die BEWERTUNGSSICHT muss als PROFIT-CENTER-BEWERTUNG eingestellt sein, wie im Kasten gezeigt.

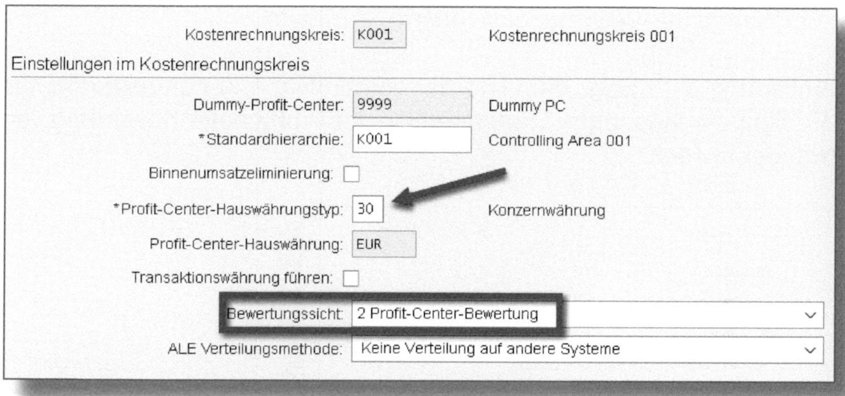

Abbildung 3.24: Kostenrechnungskreisdefinition für Profitcenter-Rechnung

Wenn im Währungs- und Bewertungsprofil keine Profitcenter-Bewertung definiert ist, kann entweder die legale oder die Konzernbewertungssicht gewählt werden. In der Profitcenter-Rechnung wird nur ein einziger Wertansatz verwaltet. Wenn die Profitcenter-Bewertung dem Kostenrechnungskreis zugeordnet wird, ist der legale Ansatz nicht mehr gültig.

3.4.2 Profitcenter-Kalkulationsschemata

Profitcenter-Transferpreise werden mithilfe spezieller Kalkulationsschemata und Preiskonditionen ermittelt, die für die Profitcenter-Rechnung spezifisch sind. Diese werden über den IMG-Menüpfad FINANZWESEN • HAUPTBUCHHALTUNG • GESCHÄFTSVORFÄLLE • PARALLELE WERTANSÄTZE/TRANSFERPREISE • GRUNDEINSTELLUNGEN ZUR PREISFINDUNG oder über die Transaktion *8KEZ* gepflegt. Preisfindungskonditionen werden definiert und den Kalkulationsschemata zugeordnet. Die Kalkulationsschemata werden wiederum den Transferpreisvarianten zugeordnet. Wenn Waren von einem Profitcenter zu einem anderen verschoben werden, wird bei der Berechnung des Transferpreises immer die Transferpreisvariante 000 verwendet. Für die Erzeugniskalkulation werden weitere Preisvarianten angelegt, um den Transferpreis für Profitcenter-Bewertungssichten zu ermitteln.

Abbildung 3.25 zeigt die Liste der vorhandenen Konditionsarten, die für die Berechnung der Transferpreise der Profitcenter-Bewertung verwendet werden.

Konditionsarten	Beschreibung
Anlegen	
Basiskond. aus Kalkulation	
TPB2	Kostengrundlage
Basiskond. aus Material Ledger	
TPB1	Materialpreis (ML)
Fester Preis	
TP01	Fester Transferpreis
Prozentualer Zuschlag	
TP02	Zuschlag (Prozent)
Weitere Konditionsarten	

Abbildung 3.25: Konditionsarten Profitcenter-Transferpreis

Es gibt fünf verschiedene Arten von Konditionen:

- *Basiskondition aus Kalkulation*: Sie gibt die Kosten der Plankalkulation für das Material zurück, die als Grundlage für weitere Berechnungen verwendet werden sollen.
- *Basiskondition aus Material-Ledger*: Sie gibt den Profitcenter-Preis aus dem Material-Ledger zurück, der als Basis für weitere Berechnungen verwendet werden kann.
- *Fester Preis*: Konditionen, die einen bestimmten Wert festlegen, der als Transferpreis verwendet werden soll.

- *Prozentualer Zuschlag*: Konditionen, die einen Prozentsatz definieren, der auf einen der Basispreise angewendet wird, um den Transferpreiszuschlag zu berechnen.
- *Weitere Konditionsarten*: Konditionen mit zusätzlichen Einstellungen, die zur Berechnung des Transferpreiszuschlags verwendet werden können, ohne einen Prozentsatz zu verwenden.

Der Pfeil in Abbildung 3.25 zeigt auf die Bedingung, die für die Berechnung des Zuschlags mit Prozenten definiert ist. Doppelklicken Sie auf diese Konditionsart, um ihre Definition zu sehen. Um eine neue Konditionsart anzulegen, klicken Sie in der Spalte KONDITIONSARTEN auf die Schaltfläche [Anlegen]. Abbildung 3.26 zeigt die Definition der Konditionsart TP02. Die Konditionsart wird im Bereich ❶ festgelegt. In diesem Fall wird der PROZENTUALE ZUSCHLAG ausgewählt. Ein dieser Konditionsart zugewiesener Wert wird als Prozentsatz behandelt. Der Wert der Basiskonditionsart wird mit diesem Prozentsatz multipliziert, um den Zuschlagsbetrag zu berechnen. Im Bereich ❷ werden die Eigenschaften der Konditionen festgelegt, wie z. B. Kennung, Name und ggf. Zugriffsfolge.

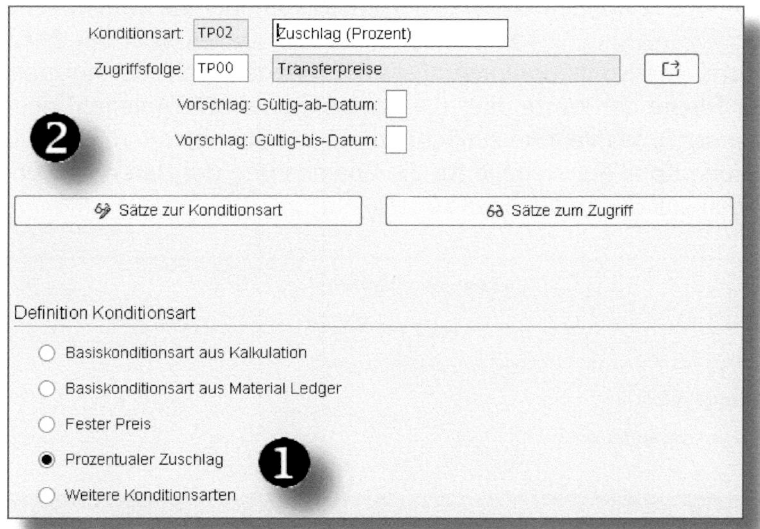

Abbildung 3.26: Konditionsart definieren

Konditionszugriffsfolgen

Zugriffsfolgen für eine Kondition legen die verschiedenen Methoden fest, mit denen auf die Werte zugegriffen und diese gespeichert werden können. Zum Beispiel verwendet die Konditionsart TP02 die Zugriffsfolge TP00 für Transferpreise. Konditionswerte können in einer von drei Tabellen gespeichert werden. Die erste Tabelle enthält Schlüssel, die aus Material und Empfänger-Profitcenter bestehen. Eine weitere Tabelle verwendet nur das Material, und eine dritte Tabelle verwendet die dem Material zugeordnete Materialgruppe zum Speichern der Konditionswerte. Die Zugriffsfolge bestimmt die Reihenfolge, in der diese Tabellen nach einem Konditionswert durchsucht werden. Die Material-/Profitcenter-Tabelle wird zuerst durchsucht. Wird die Bedingung dort nicht gefunden, dann wird die Materialtabelle durchsucht. Wird die Bedingung immer noch nicht gefunden, dann wird die Warengruppentabelle durchsucht. Die erste Übereinstimmung liefert den der Bedingung zugewiesenen Wert.

Konditionswerte können aus dieser Transaktion über die Schaltfläche [Sätze zur Konditionsart] zugewiesen werden. Da es sich bei *8KEZ* jedoch um eine Konfigurationstransaktion handelt, geht der normale Weg zur Pflege der Werte über die Transaktion *AKE5* (Anlegen) oder *AKE6* (Ändern). Wählen Sie zunächst die Tastenkombination, die festlegt, welche Konditionstabelle für die Speicherung der Daten verwendet werden soll (siehe Abbildung 3.27).

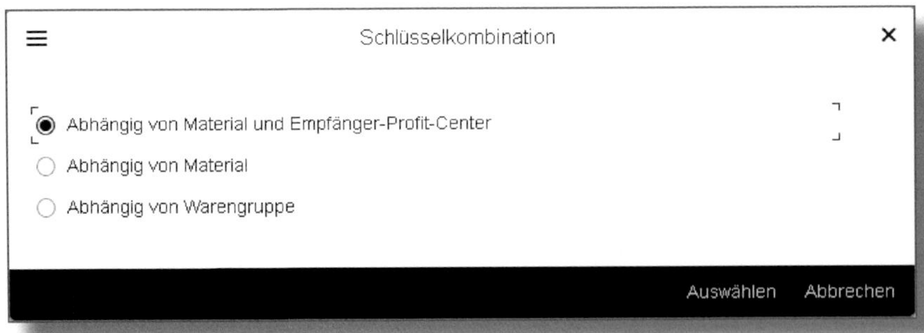

Abbildung 3.27: Tastenkombination für die Kondition wählen

Als Nächstes wählen Sie bestimmte erforderliche Informationen aus, z. B. Kostenrechnungskreis und Werk für die Bedingung TP02, und geben dann die Konditionswerte ein. Abbildung 3.28 zeigt Werte, die für drei Materialien im Werk UWU3 eingegeben wurden, unter Verwendung des Empfänger-Profit-Centers 1000.

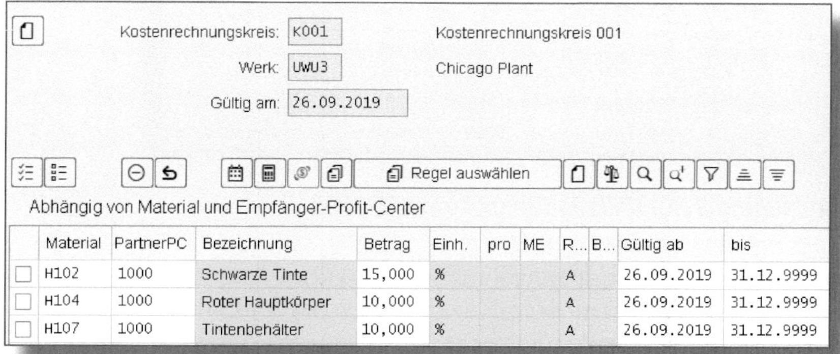
Kostenrechnungskreis: K001 Kostenrechnungskreis 001
Werk: UWU3 Chicago Plant
Gültig am: 26.09.2019

Regel auswählen

Abhängig von Material und Empfänger-Profit-Center

	Material	PartnerPC	Bezeichnung	Betrag	Einh.	pro	ME	R...	B...	Gültig ab	bis
☐	H102	1000	Schwarze Tinte	15,000	%			A		26.09.2019	31.12.9999
☐	H104	1000	Roter Hauptkörper	10,000	%			A		26.09.2019	31.12.9999
☐	H107	1000	Tintenbehälter	10,000	%			A		26.09.2019	31.12.9999

Abbildung 3.28: Werte, die der Kondition TP02 zugeordnet sind

Die Bedingungen sind den Kalkulationsschemata zugeordnet. Neue Prozeduren können über die Schaltfläche [Anlegen] unter KALKULATIONSSCHEMATA in der Transaktion *8KEZ* angelegt werden. Ein bestehendes Schema kann durch Doppelklick gepflegt werden (siehe Abbildung 3.29).

Kalkulationsschemata	Beschreibung
Anlegen	
TP0001	Transferpreis - fester
TP0002	Transferpreis - Prozent
TP0003	Planverfahren Kalkulation

Abbildung 3.29: Kalkulationsschemata für die Profitcenter-Bewertung

Diesem Verfahren werden dann Bedingungen zugewiesen. Abbildung 3.30 zeigt ein Kalkulationsschema mit einer prozentualen Kondition (TP02), die auf eine Basiskondition (TPB2) angewendet wird. Die Spalten VONSTU und BISSTU geben an, für welche Schritte im Verfahren die

Bedingung gilt. In diesem Fall wird der Prozentwert aus Schritt 020 auf die Basiskosten in Schritt 010 angewendet. Zusätzliche Schemata, mit höherer Komplexität, können bei Bedarf definiert werden.

Kalkulationsschema: TP0002 Transferpreis - Prozent

Kalkulationsschema

	Stufe	Zähl	KArt	VonStu	BisStu	Bedg	AltKBs	Bezeichnung
☐	010	000	TPB2	000	000	0000000	0000000	Kostengrundlage
☐	020	000	TP01	010	010	0000000	0000000	Fester Transferpreis

Abbildung 3.30: Kalkulationsschema TP0002

Der letzte Konfigurationsschritt ist die Zuordnung der Kalkulationsschemata zu den Transferpreisvarianten. Die Variante 000 ist für die Bearbeitung von Istkosten reserviert und sollte angelegt werden, um Transferpreiswerte zu tatsächlichen Inter-Profitcenter-Buchungen im System zuzuordnen. Abbildung 3.31 zeigt zwei in dieser Implementierung definierte Transferpreisvarianten.

Transferpreisvarianten	Beschreibung
Anlegen	
000	Transferpreis
PC0	Transferpreis - Plan

Abbildung 3.31: Transferpreisvarianten

Die Variante 000 ist für Echtbuchungen; ihre Definition wird in Abbildung 3.32 gezeigt. Es gibt zwei Kalkulationsschemata. Die Spalte RF (nicht im Screenshot zu sehen) bestimmt, wie die Prozeduren abgearbeitet werden. Zuerst wird die Prozedur mit dem Wert 01 ausgeführt. Wenn kein Wert gefunden wird, wird der nächste Vorgang ausgeführt.

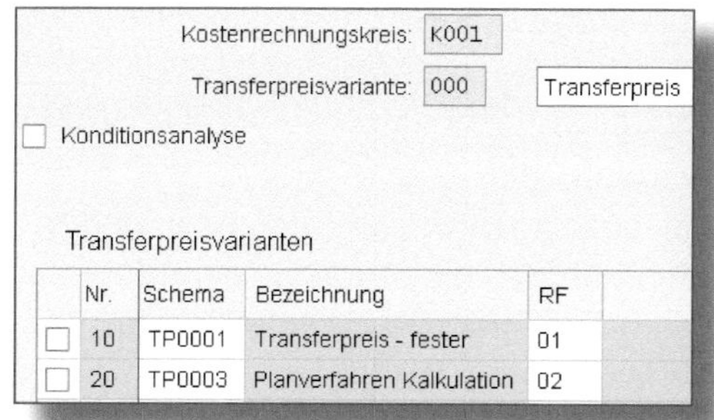

Kostenrechnungskreis: K001

Transferpreisvariante: 000 Transferpreis

Konditionsanalyse

Transferpreisvarianten

Nr.	Schema	Bezeichnung	RF
10	TP0001	Transferpreis - fester	01
20	TP0003	Planverfahren Kalkulation	02

Abbildung 3.32: Transferpreisvariante 000

Abbildung 3.33 zeigt eine Transferpreisvariante, die in der Produktkostenplanung verwendet wird. Diese bezieht sich nur auf das Kalkulationsschema TP0002, das für die Berechnung der prozentualen Zuschläge verwendet wird.

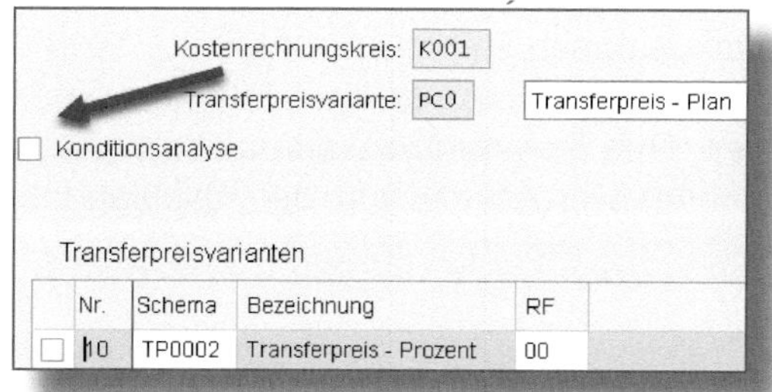

Kostenrechnungskreis: K001

Transferpreisvariante: PC0 Transferpreis - Plan

Konditionsanalyse

Transferpreisvarianten

Nr.	Schema	Bezeichnung	RF
10	TP0002	Transferpreis - Prozent	00

Abbildung 3.33: Transferpreisvariante PC0

Der Pfeil in Abbildung 3.33 zeigt auf das Kontrollkästchen KONDITIONSANALYSE. Wenn dieses ausgewählt ist, werden bei jeder Ausführung des Kalkulationsschemas Informationen über die Berechnung der Kondition angezeigt, um sicherzustellen, dass sie korrekt durchgeführt wurde. Diese Einstellung sollte nur zu Testzwecken und niemals in einer Produktionsumgebung vorgenommen werden.

> **Aktivieren der Konditionsanalyse für einen einzelnen Benutzer**
>
> Wenn in der Transferpreisvariante die KONDITIONSANALYSE ausgewählt ist, werden die Analyseschritte für alle Benutzer durchgeführt. Wenn ein einzelner Benutzer die Analyse durchführen muss, ohne andere Benutzer zu beeinträchtigen, aktualisieren Sie den Set/Get-Parameter »DIA« so, dass er im Benutzerstammsatz einen Wert von X hat. Gehen Sie hierfür zur Registerkarte PARAMETER der Benutzervorgaben, unter dem SAPGUI-Dropdown-Menüpfad SYSTEM • BENUTZERVORGABEN • BENUTZERDATEN.

3.4.3 Erzeugniskalkulation für die Profitcenter-Bewertung

Um die Transferpreise in Kalkulationen mit der Profitcenter-Bewertungssicht sehen zu können, muss eine spezielle Kalkulationsvariante für diese Sicht definiert werden. Eine Transferpreisvariante muss auch Kalkulationsversionen zugeordnet werden, die mit der Kalkulationsvariante verbunden sind.

Definieren Sie zunächst eine Kalkulationsart für die Profitcenter-Sicht. Verwenden Sie den Menüpfad CONTROLLING – PRODUKTKOSTEN-CONTROLLING – PRODUKTKOSTENPLANUNG – MATERIALKALKULATION MIT MENGENGERÜST – KALKULATIONSVARIANTE: BESTANDTEILE – KALKULATIONSARTEN DEFINIEREN oder die Transaktion *OKKI* (siehe Abbildung 3.34).

Diese Kalkulationsart wird dann zusammen mit einer Bewertungsvariante der Kalkulationsvariante für die Profitcenter-Bewertung zugeordnet. Dies geschieht über den Menüpfad CONTROLLING • PRODUKTKOSTEN-CONTROLLING • PRODUKTKOSTENPLANUNG • MATERIALKALKULATION MIT MENGENGERÜST • KALKULATIONSVARIANTEN DEFINIEREN oder über die Transaktion *OKKN*. Abbildung 3.35 zeigt die Registerkarte STEUERUNG.

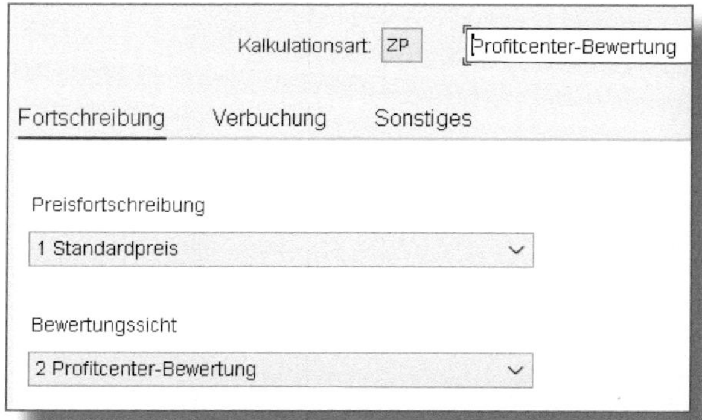

Abbildung 3.34: Kalkulationsart für Profitcenter-Bewertung

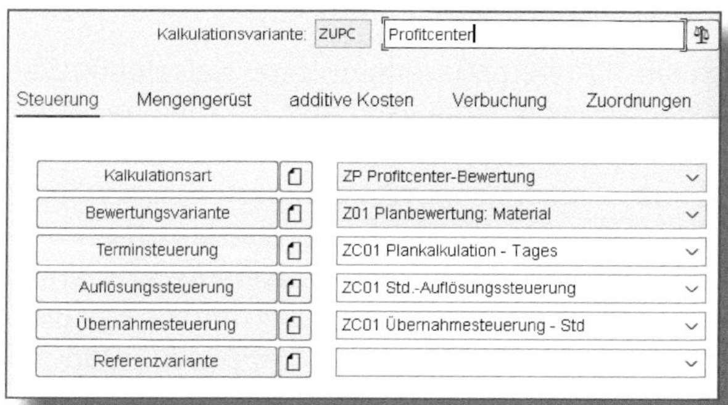

Abbildung 3.35: Kalkulationsvariante für die Profitcenter-Bewertung

Eine wichtige Einstellung auf der Registerkarte Mengengerüst der Kalkulationsvariante ist Über Profit-Center-Grenzen hinaus berechnen, wie in Abbildung 3.36 dargestellt. Dieses Kontrollkästchen sollte aktiviert werden, um sicherzustellen, dass Materialien, die zwischen Profitcentern transferiert werden, neu kalkuliert werden. Ist dieses Kästchen nicht markiert, werden die vorhandenen Standardkosten für das Material verwendet, und der Transferpreis wird nicht neu berechnet.

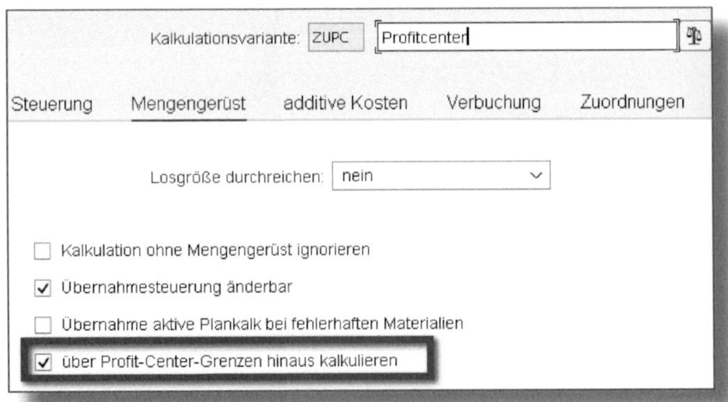

Abbildung 3.36: Einstellungen zum Mengengerüst der Kalkulationsvariante

Ordnen Sie schließlich die Transferpreisvariante einer Kalkulationsversion zu, die mit der Kalkulationsvariante verknüpft ist. Dies geschieht mit der Transaktion *OKYD* oder über den Menüpfad CONTROLLING • PRODUKTKOSTEN-CONTROLLING • PRODUKTKOSTENPLANUNG • AUSGEWÄHLTE FUNKTIONEN IN DER MATERIALKALKULATION • KALKULATIONSVERSIONEN DEFINIEREN. Die Transferpreisvariante PC0 aus Abbildung 3.33 ist der Kalkulationsart ZP und der Bewertungsvariante Z01 für die Kalkulationsversion 1 zugeordnet, wie in Abbildung 3.37 dargestellt. Dadurch wird sichergestellt, dass Transferpreiszuschläge in den Kalkulationen für Kalkulationsvarianten berücksichtigt werden, die die Kalkulationsart ZP und die Kalkulationsvariante Z01 verwenden.

Kalkulationsversionen

	Kalkulationsversion	Kalkulationsart	Bewertungsvariante	Variante ...	Kurstyp	Mengeng...
☐	1	Z1	Z01	PC0	P	Z0000
☐	1	ZG	Z01		P	Z0000
☐	1	ZP	Z01	PC0	P	Z0000

Abbildung 3.37: Einstellungen der Kalkulationsversion

Es sollte ein spezielles Kostenelement definiert werden, um die Deltawerte für den Profitcenter-Transferpreis anzuzeigen. Dies geschieht über die Transaktion *OKTZ* oder über den Menüpfad CONTROLLING • PRODUKTKOSTEN-CONTROLLING • PRODUKTKOSTENPLANUNG • GRUNDEINSTELLUNGEN FÜR DIE MATERIALKALKULATION • ELEMENTESCHEMA DEFINIEREN. Abbildung 3.38 zeigt die Einstellungen. Die Kosten sollten für alle Kostenkategorien NICHT RELEVANT sein. Das Kontrollkästchen PROFIT-CENTER unter GEWINNDELTA ZUR KONZERNBEWERTUNG sollte aktiviert sein.

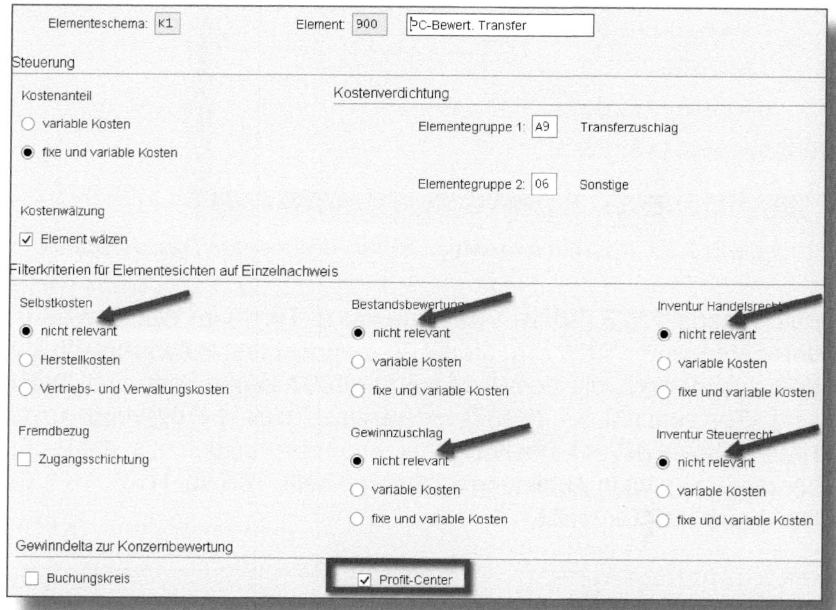

Abbildung 3.38: Kostenelement für Profitcenter-Transferpreis

In der gleichen Transaktion kann auch eine spezielle Elementesicht definiert werden, um nur die Werte des Transferpreiszuschlags anzuzeigen. Diese ist der Sicht 9 zugeordnet (siehe Abbildung 3.39).

Elementesicht: 9 Gewinndelta Profitcenter

Filter

- [ ] Zugangsschichtung
- [ ] Vertriebs- u. Verwaltungskosten
- [ ] Herstellkosten
- [ ] Bestandsbewertungskosten
- [ ] Inventur handelsrechtlich
- [ ] Inventur steuerrechtlich
- [ ] Gewinnzuschlag
- [ ] Gewinndelta Buchungskreis
- [x] Gewinndelta Profitcenter

Abbildung 3.39: Kostenelementesicht für Profitcenter-Transferpreise

Das Material F303 (ROTER STIFT SCHWARZE TINTE) im Werk UWU3 ist dem Profitcenter 1000 zugeordnet. Es umfasst drei Halbfertigteile aus demselben Werk, die dem Profitcenter 1001 zugeordnet sind. Diese sind: TINTENBEHÄLTER (H107), SCHWARZE TINTE (H102) und ROTER HAUPTKÖRPER (H104). Die Zuschläge für diese Positionen in der Profitcenter-Sicht sind in Abbildung 3.28 dargestellt: 10 % für H107, 15 % für H102 und 10 % für H104.

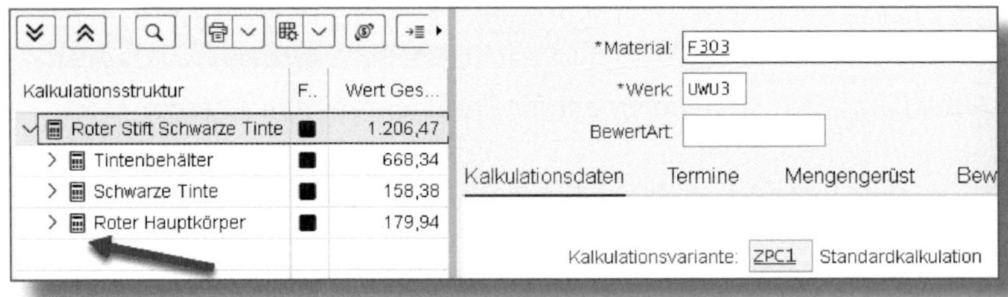

Abbildung 3.40: Plankalkulation für F303

Abbildung 3.40 zeigt die Plankalkulation zum Material F303 unter Verwendung der Kalkulationslosgröße von 1.000. Die Komponentenwerte werden in der KALKULATIONSSTRUKTUR mit Werten von 668,34 für H107, 158,38 für H102 und 179,94 für H104 angezeigt. Der Pfeil zeigt auf das Symbol , welches angibt, dass eine Kalkulation mit Mengengerüst zur Berechnung der Kosten verwendet wurde. Bei diesen Materialien handelt es sich um Unterbaugruppen, die jeweils eigene Komponenten in den Kosten enthalten. Das gleiche Material wird mit der Kalkulationsvariante ZUPC für die Profitcenter-Bewertung kalkuliert. Abbildung 3.41 zeigt die Kalkulation mit den Werten der Komponenten, die um die Konditionswerte aus dem Kalkulationsschema angepasst werden.

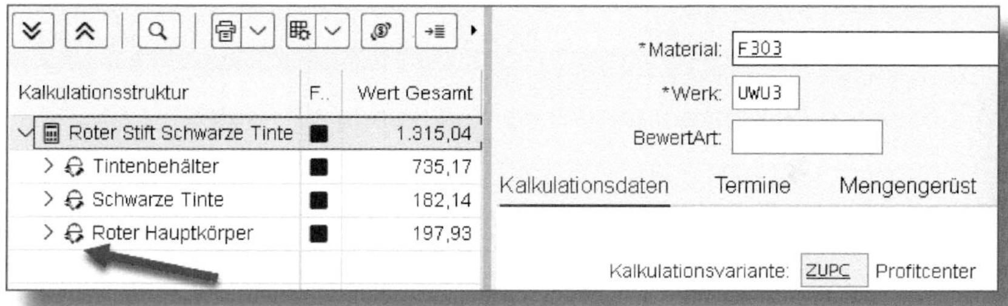

Abbildung 3.41: Kalkulation Profitcenter-Bewertung

Beachten Sie, dass das Symbol für die Komponenten nun ist, was darauf hinweist, dass diese als Rohmaterialien ohne Kalkulationen behandelt werden. Die Kosten wurden korrekt berechnet, aber die zugrunde liegenden Kostenschätzungen sind nicht zugänglich. Alle Kosten für diese Komponenten werden dem Materialkostenelement zugeordnet, und es gibt keine separaten Kosten für den Transferpreiszuschlag. Die Profitcenter-Zuschlagskomponente kann nur über die Kalkulationsvariante der Konzernbewertung angezeigt werden. Abbildung 3.42 zeigt die Kalkulation mit der Kalkulationsvariante ZGRP. Elementesicht Nr. 9, die den Transferpreiszuschlag für Profitcenter anzeigt, ist ausgewählt.

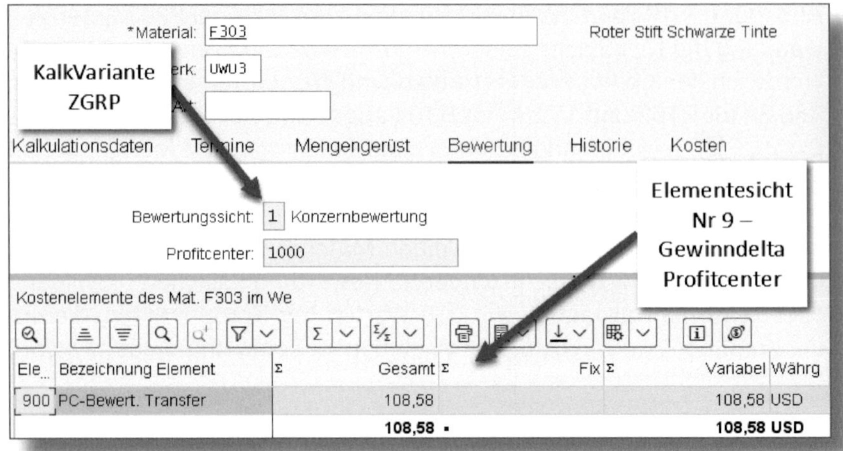

Abbildung 3.42: Konzernbewertung, Kalkulation für F303

! Kostenelement Transferpreiszuschlag

Das Kostenelement Sondertransferpreiszuschlag, das bei der Konzernkalkulation mit Profitcenter über den Deltagewinn definiert wurde, hat bei dieser Kalkulationsvariante keinen Wert. Bei der Durchführung einer Konzernbewertungskalkulation für dieses Material wird jedoch der Profitcenter-Transferpreiszuschlag berechnet und angezeigt.

3.4.4 Spezielle Einstellungen für tatsächliche Warenbewegungen

Echtbuchungen für Warenbewegungen und Produktionsabweichungsberechnungen in der Profitcenter-Sicht erfordern die Definition von speziellen Konten. Darüber hinaus werden auch für die Profitcenter-Bewertung spezielle Verrechnungskonten benötigt, damit die Unterschiede zwischen legaler und Profitcenter-Bewertung in gleicher Weise wie bei der Konzernbewertungssicht berücksichtigt werden können.

Definieren von Konten für interne Warenbewegungen

Bei Warenbewegungen zwischen Profitcentern sind bestimmte zusätzliche Buchungen erforderlich, um interne Erlöse, interne Kosten und Bestandsveränderungen zu berücksichtigen. Diese Konten werden über den IMG-Menüpfad UNTERNEHMENSCONTROLLING • PROFITCENTER-RECHNUNG • TRANSFERPREISE • EINSTELLUNGEN FÜR INTERNE WARENBEWEGUNGEN • KONTENFINDUNG FÜR INTERNE WARENBEWEGUNGEN DEFINIEREN oder über die Transaktion *OKEK* definiert.

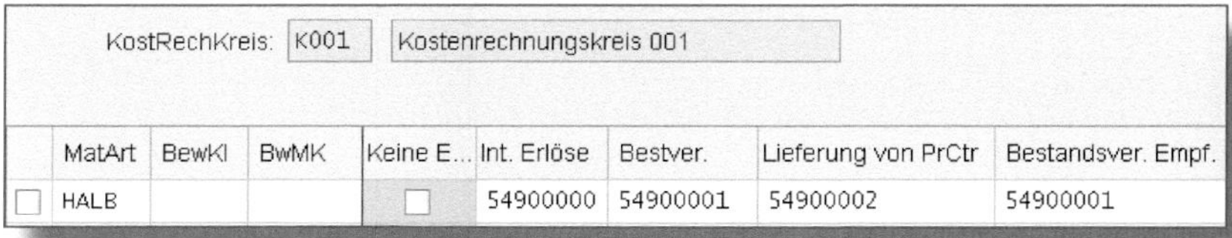
KostRechKreis: K001 Kostenrechnungskreis 001

	MatArt	BewKl	BwMK	Keine E...	Int. Erlöse	Bestver.	Lieferung von PrCtr	Bestandsver. Empf.
☐	HALB			☐	54900000	54900001	54900002	54900001

Abbildung 3.43: Interne Warenbewegungskontierungen

Abbildung 3.43 zeigt die Konfiguration. Hier werden die zusätzlichen Konten definiert, die für die Verarbeitung einer Warenbewegung von einem Profitcenter zu einem anderen erforderlich sind, basierend auf der Bewertungsklasse der Materialart und der Bewertungsmodifikationskonstante des Werks. Wenn ein Material im Sende-Profitcenter aus dem Bestand genommen wird, wird das Bestandskonto in der Profitcenter-Bewertungssicht entlastet. Der Ausgleich dazu ist ein spezielles Konto für »verkaufte Waren«, das unter BESTVER. definiert ist. Der Profitcenter-Erlös auf der sendenden Seite verwendet den Transferpreis, und das Konto für diese Buchung ist in der Spalte INT. ERLÖSE definiert. Auf der Empfängerseite werden die Kosten der Lieferung mit dem Transferpreiswert unter LIEFERUNG VON PRCTR gebucht. Der Bestand für die Profitcenter-Bewertungswährung wird dann mit dem Wert des Transferpreises belastet, und die Gegenbuchung dazu geht in das Bestandsveränderungskonto der empfangenden Seite, das unter BESTANDSVER. EMPF. definiert ist.

Definition von Konten für Produktionsabweichungen

Abweichungen können in Aufträgen auftreten, bei denen die Materialien das Profitcenter wechseln. Um Produktionsabweichungen nicht an das empfangende, sondern an das sendende Profitcenter abzurechnen, ist ein Sonderkonto erforderlich. Verwenden Sie zur Definition des Kontos den IMG-Menüpfad UNTERNEHMENSCONTROLLING • PROFITCENTER-RECHNUNG • TRANSFERPREISE • EINSTELLUNGEN FÜR INTERNE WARENBEWEGUNGEN • KONTENFINDUNG FÜR PROD.ABW. BEI LIEF. AN ANDERE PRCTR DEF. oder die Transaktion *3KEL*. Abbildung 3.44 zeigt die Kontoeinstellungen. Diese werden über die dem Material zugeordnete Bewertungsklasse gepflegt.

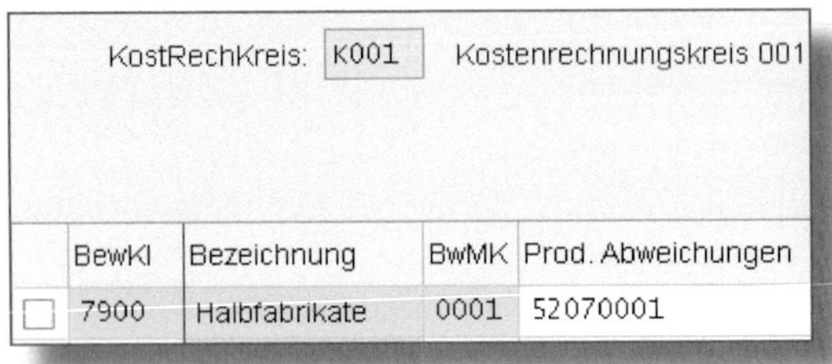

Abbildung 3.44: Kontoeinrichtung für Produktionsabweichungen

Definieren von Verrechnungskonten

Bei der Verwendung von parallelen Wertansätzen/Transferpreisen werden Forderungen und Verbindlichkeiten nur in der legalen Bewertungssicht gebucht, da die Zahlung in dieser Höhe erfolgt. Werden jedoch unterschiedliche Wertansätze für das Gegenkonto gebucht, muss die Differenz auf dem speziellen Verrechnungskonto gebucht werden, wenn sie im Konzernabschluss ausgewiesen werden soll. Pflegen Sie die Konten über den Menüpfad CONTROLLING • CONTROLLING ALLGEMEIN • PARALLELE WERTANSÄTZE/TRANSFERPREISE FÜHREN • DETAILSTEUERUNG • WERTANSATZVERRECHNUNGSKONTO DEFINIEREN oder über die Transaktion *8KEN*. Abbildung 3.45 zeigt die Definition. Die Kontonummer muss ein Konto vom Typ Gewinn- und Verlustrechnung (GuV) sein. Dies wird sowohl für die Konzern- als auch für die Profitcenter-Bewertungssicht benötigt, sofern definiert.

Gebucht in Bukrs: K104 National Pens

	PartGs	Name der Gesellschaft	Soll	GuV Konto	Kurztext	Haben	K. Haben	Kurztext
☐	K102	Universal Writing Utensils	40	52013000	Aufwand Umlag. HF/FE	50	52513000	Ertrag Umlag. HF/FE

Abbildung 3.45: Definition des Verrechnungskontos

Bewegungsarten von der Betrachtung ausschließen

Bestimmte Bewegungsarten müssen bei der Profitcenter-Bewertung nicht berücksichtigt werden. Ein Beispiel dafür ist, wenn ein Material verschrottet wird. Bei der Verschrottung eines Materials wird dieses Material aus dem Bestand entfernt, aber nicht an ein anderes Unternehmen übertragen. Dem empfangenden Kostenträger ist zwar ein Profitcenter zugeordnet, aber es gibt keinen Grund, für diese Art der Bewegung einen Transferpreis anzusetzen. Diese Bewegungsartenausschlüsse werden über den Menüpfad UNTERNEHMENSCONTROLLING • PROFITCENTER-RECHNUNG • TRANSFERPREISE • EINSTELLUNGEN FÜR INTERNE WARENBEWEGUNGEN • SONDERBEHANDLUNG FÜR INTERNE WARENBEWEGUNGEN DEFINIEREN oder über die Transaktion *OKEN* gepflegt. Abbildung 3.46 zeigt eine Teilliste von Warenbewegungen, die von der Berücksichtigung des Wertflusses zwischen Profitcentern ausgeschlossen sind. VORG bezieht sich auf einen bestimmten Vorgang, für die die Warenbewegung verwendet wird. Dieselbe Warenbewegung kann für unterschiedliche Zwecke verwendet werden, z. B. für den Wareneingang aus einer Bestellung oder den Wareneingang aus einem Fertigungsauftrag. BwA ist die Bewegungsart, die mit dem spezifischen Vorgang verbunden ist.

Sonderbehandlung

	Vorg	BwA	Bewegungsartentext
☐	RMWA	559	WA Korr. bew Sperrb
☐	RMWA	560	WR Korr. bew Sperrb
☐	RMWA	681	UL an abg. bew. BTB

Abbildung 3.46: Spezieller Umgang mit Warenbewegungen

4 Bewertung zu Istkosten

Die meisten Menschen verbinden den Begriff »Material-Ledger« mit der Istkalkulation. S und V sind die beiden verfügbaren Preissteuerungen für Materialien. S bedeutet, dass dem Material ein Standardpreis zugeordnet ist, der für die Bewertung von Beständen und Lagerbewegungen verwendet wird. V steht für den gleitenden Durchschnittspreis, der sich aus dem Wert errechnet, der dem Wareneingang zugeordnet ist und mit dem Wert, der sich bereits im Bestand befindet. Jede dieser Methoden ist problematisch, wenn es darum geht, den tatsächlichen Wert des Bestands widerzuspiegeln. Die SAP führte die Istkalkulation ein, um Beschaffungsabweichungen zu berücksichtigen und diese den Bestandswerten zuzuordnen, um die wahren Kosten jedes Materials genauer darzustellen.

4.1 Istkalkulationsszenario

Universal Writing Utensils möchte in einem seiner Buchungskreise den Istwert des Bestands und der Umsatzkosten verstehen. Die Werke UWU7 (Los Angeles) und UWU8 (Chicago), die beide in diesem Buchungskreis liegen, aktualisieren die Periodenbestandsbewertung während des Abschlusses, indem sie Differenzen verwenden, die in den Beschaffungs- und Produktionsprozessen für diese Periode entstanden sind. Die Bewertungen werden sowohl in Buchungskreis- als auch in Kostenrechnungskreiswährung fortgeschrieben.

4.2 Das Problem mit Standardpreisen

Die meisten Unternehmen haben jedem Material einen Standardpreis oder Kosten zugeordnet. Dazu gehören sowohl gekaufte als auch gefertigte Waren. Die Beschaffungskosten stimmen jedoch nicht immer mit dem Standardpreis überein, der dem Material zugeordnet ist. Wenn beispielsweise ein Kauf getätigt wird, können die tatsächlichen Kosten, die mit der Bestellung verbunden sind, vom Standardpreis abweichen. Bei einem Wareneingang muss die Differenz verbucht werden, und diese wird normalerweise auf ein Preisabweichungskonto gebucht. Diese Preisabweichungen werden bei der Bestandsbewertung nicht berücksichtigt. Abbildung 4.1 zeigt, was mit einem Wareneingang passiert, wenn der Standardpreis 10 EUR pro Stück und der Bestellpreis 11 EUR pro Stück beträgt. Da die Preissteuerung S (Standard) ist, wird die Lagerbewegung mit dem Standardpreis bewertet, und wenn 100 Stück empfangen werden, gehen 1.000 EUR in den Bestand ein. Der Bestellpreis beträgt jedoch 11 EUR pro Stück, also schuldet das Unternehmen dem Lieferanten 1.100 EUR. Die Differenz wird auf ein Abweichungskonto gezwungen und dort gebucht.

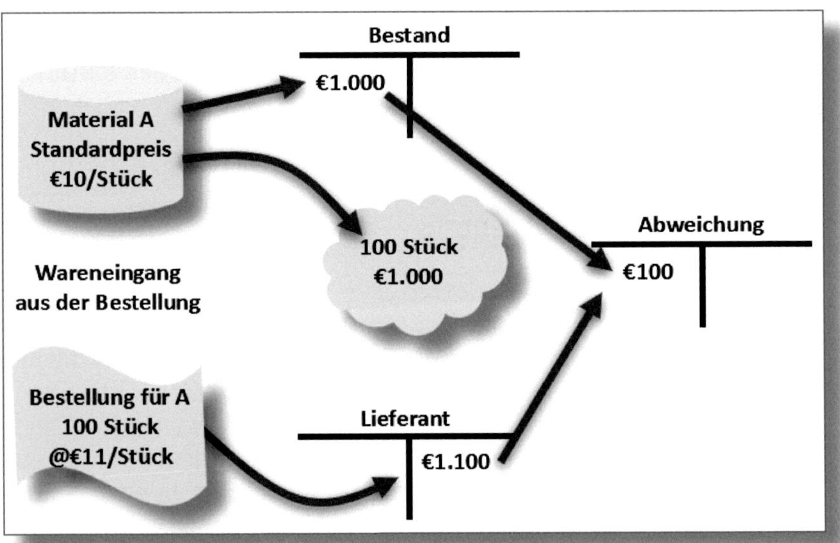

Abbildung 4.1: Materialeingang zum Standardpreis mit Abweichung

Bei gefertigten Materialien verhält es sich ähnlich. Um die Fertigung in SAP abzubilden, werden Fertigungs- und Prozessaufträge verwendet. Komponentenmaterialien werden in einem Auftrag ausgegeben, und Rückmeldungen werden verwendet, um dem Auftrag Fertigungsgemeinkosten zuzuordnen. Zusätzliche Kostenzuweisungen können am Periodenende vorgenommen werden. Die Kosten, die mit diesen Ereignissen verbunden sind, wirken sich als Belastung auf den Auftrag aus. Wenn das Produkt aus dem Auftrag empfangen wird, wird dem Auftrag ein Betrag gutgeschrieben, der sich aus der empfangenen Menge und dem Standardpreis des Produkts ergibt. Heben sich bei Auftragsabschluss die Belastungen und Entlastungen nicht gegenseitig auf, müssen die verbleibenden Kosten als Produktionsabweichung abgerechnet werden und sind nicht im Wert des erhaltenen Bestands enthalten.

In beiden Situationen spiegeln sich die wahren Kosten des Materials nicht im Bestandswert oder in einem mit dem Material verbundenen COGS-Wert wider. Dies führt zu einem großen Problem bei der Zuordnung der korrekten Bewertung, insbesondere in Ländern, in denen die Istwerte für den Bestand gemeldet werden müssen.

4.3 Das Problem mit gleitenden Durchschnittspreisen

Eine weitere Möglichkeit der Bestandsbewertung ist die Verwendung von gleitenden Durchschnittspreisen. Bei der Preissteuerung V (gleitender Durchschnitt) wird der Wert des Wareneingangs direkt auf das Bestandskonto gebucht. Der Gesamtwert im Bestand wird dann durch die Anzahl der Einheiten im Bestand geteilt, um den gleitenden Durchschnittspreis zu erhalten. Alle Warenausgänge aus dem Lager werden dann zu diesem gleitenden Durchschnittspreis bewertet. Abbildung 4.2 zeigt diesen Vorgang.

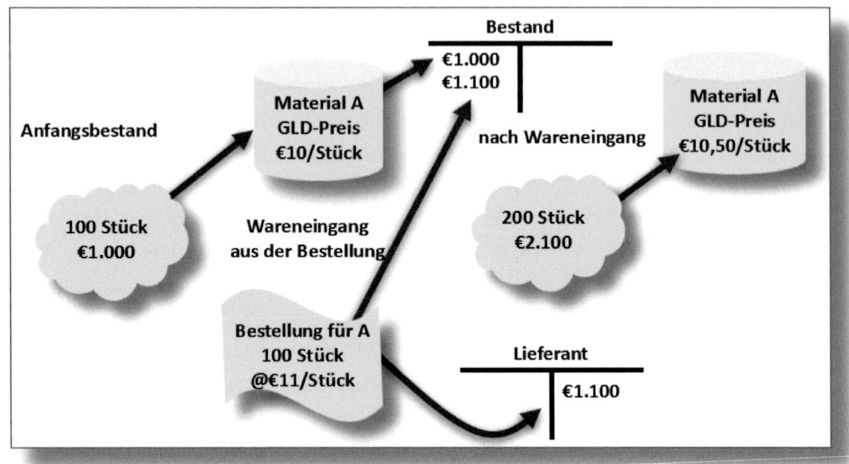

Abbildung 4.2: PO-Wareneingang mit gleitender Durchschnittspreissteuerung

Auf den ersten Blick scheint dies das Problem zu lösen, das durch die Bewertung nach Standardpreis (Steuerung S) entsteht. Quittungen von Lieferanten durchlaufen jedoch einen zweistufigen Prozess. Zuerst wird das Material mit dem Bestellpreis empfangen. Zu einem späteren Zeitpunkt trifft die Rechnung ein, und ein Rechnungseingang muss bearbeitet werden. Eventuelle Differenzen zwischen Bestell- und Rechnungspreis werden dann dem Bestandskonto zugeordnet und der gleitende Durchschnittspreis wird entsprechend angepasst. In der Zeit zwischen dem ersten Wareneingang (WE) und dem Rechnungseingang (RE) kann jedoch ein Anteil des Bestandes aus dem Lager ausgegeben werden. Wenn die verbleibende Menge im Bestand dann kleiner ist als die Menge für die Rechnung, tritt ein Problem auf. Dies wird als *Bestandsdeckung* bezeichnet. Da die Restmenge kleiner als die Rechnungsmenge ist, kann nur der Anteil der Differenz zwischen WE und RE, der sich auf die Bestandsdeckungsmenge bezieht, dem Bestand zugeordnet werden. Der Rest der Differenz muss auf ein Abweichungskonto gebucht werden. Geschieht dies nicht, wird der Gesamtwert des verbleibenden Inventars falsch angegeben. Im extremsten Fall bleibt kein Bestand übrig, um den Differenzwert zu buchen, und die gesamte Differenz muss auf das Abweichungskonto gebucht werden.

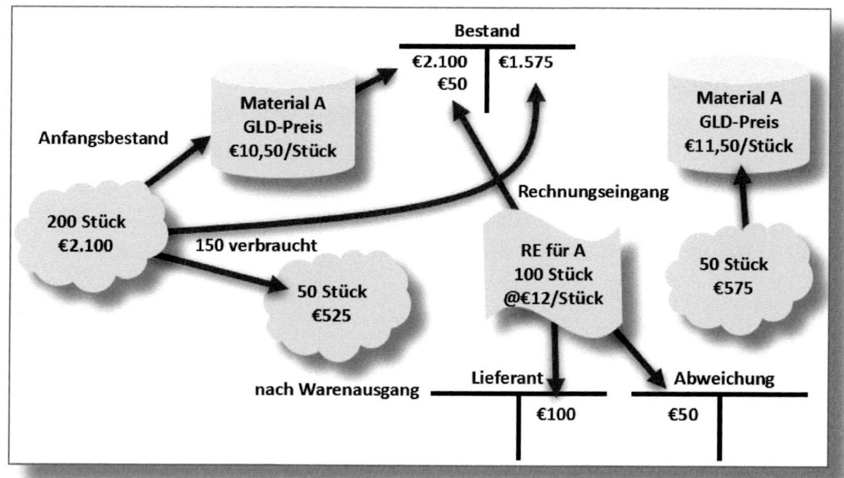

Abbildung 4.3: Rechnungseingang nach Materialausgabe

Abbildung 4.3 zeigt den Vorgang. Der Anfangsbestand vor RE beträgt 200 Einheiten mit einem Wert von 2.100 EUR. Der gleitende Durchschnittspreis beträgt daher 10,50 EUR pro Einheit. Es werden 150 Einheiten ausgegeben, sodass 50 Einheiten mit einem Gesamtwert von 525 EUR übrigbleiben. Der RE erfolgt für 100 Einheiten und generiert zusätzliche 100 EUR, die an den Lieferanten gezahlt und an den Bestand verteilt werden müssen. Wenn die gesamten 100 EUR dem Bestand zugewiesen würden, ergäbe sich eine Überbewertung der verbleibenden 50 Einheiten. Der Betrag muss anteilig auf die Restmenge angerechnet werden. Da noch 50 Einheiten vorhanden sind und die Differenz mit 100 Einheiten im RE verbunden ist, kann nur der Wert von 50 Einheiten (oder die Hälfte der Differenz) dem Bestand zugeordnet werden. 50 EUR werden zum Bestandswert addiert, und die restlichen 50 EUR werden auf das Abweichungskonto gebucht. Der Bestandswert beläuft sich nun auf 575 EUR, und der gleitende Durchschnittspreis wird entsprechend auf 11,50 EUR pro Einheit geändert.

Ein weiteres Problem ergibt sich, wenn der falsche Bestellpreis eingegeben wurde, was zu einer völlig falschen Bewertung führt. Der RE behebt dieses Problem, vorausgesetzt es wurde noch kein Bestand ausgegeben. Allerdings werden alle Bestände, die zwischen dem WE und dem RE der fehlerhaften Bestellung ausgegeben wurden, falsch bewertet. Die Verwendung des gleitenden Durchschnittspreises für Fertigerzeugnisse ist ebenfalls nicht zu empfehlen, da die Abweichungen in der Regel erst lange nach Abschluss des Auftrags berechnet werden und nicht direkt dem Bestand zugeordnet werden können. Aus diesen Gründen sollte der gleitende Durchschnittspreis mit äußerster Vorsicht angewendet werden, wenn Sie sich darauf verlassen möchten, dass er die tatsächlichen Kosten für ein Material darstellt.

4.4 Die Istkalkulationslösung

Die Istkalkulation bietet eine Antwort auf die Grenzen der beiden Preiskontrollmethoden. Die Differenzen werden über die gesamte Geschäftsperiode addiert und auf den kumulierten Bestand des Materials für die Periode angewendet. Der kumulierte Bestand ist die Summe des Anfangsbestands plus aller anderen Zugänge, die während der Periode aufgetreten sind. Der Verbrauch bzw. die Abgänge aus dem Lagerbestand werden in dieser Summe nicht berücksichtigt, sodass das Problem der Bestandsdeckung, das bei der Preissteuerung mit gleitendem Durchschnittspreis auftritt, viel weniger wahrscheinlich wird. Die Gesamtdifferenzen werden dann dem Endbestand, den Kosten der verkauften Waren und der Ware in Arbeit (WIP) zugeordnet.

Im Rahmen des Periodenabschlusses wird die Istkalkulation für die vorangegangene Geschäftsperiode bearbeitet. Die Bestandsbewegungen mit den zugehörigen Differenzen werden während dieser Zeit ausgewertet, um eine Gesamtpreisdifferenz für die Periode zu berechnen. Diese Preisdifferenz kann dann direkt dem Bestandskonto für dieses Material zugewiesen werden. Da die Bewertung des Materials in der Vorperiode geändert wird, wird die Preissteuerung für diese Periode auf V gesetzt, was bedeutet, dass sie nicht mehr mit der Plankalkulation übereinstimmt. Der aktualisierte Preis für diesen Zeitraum wird als Periodischer Verrechnungspreis (PVP) gespeichert. Der Standardpreis wird weiterhin separat gepflegt.

4.5 Konfiguration Istkalkulation

Die grundlegende Konfiguration des Material-Ledgers wird in den Abschnitten 1.1.1 und 1.1.2 behandelt. Die Material-Ledger-Konfiguration gliedert sich in vier Teile. Der erste Teil umfasst die allgemeine Konfiguration, die vor dem Einschalten des Material-Ledgers auf Werksebene erforderlich ist. Im zweiten Teil wird die Anlagenkonfiguration eingestellt, die beim Einschalten jeder Anlage erfolgt, wenn diese in Betrieb geht. Der dritte Teil enthält die gesamte Konfiguration der Kontenfindung, die für die verschiedenen Anwendungen der Istkalkulation benötigt wird. Sobald die Konfiguration in der Produktion installiert ist, müssen bestimmte Transaktionen ausgeführt werden, um das Material-Ledger und die Istkalkulation zu aktivieren. Dies erfolgt im vierten Teil.

4.5.1 Konfiguration für Warenbewegungen

Die Material-Ledger-Istkalkulation fasst relevante Bewegungsdaten für eine Geschäftsperiode nach folgenden Kategorien zusammen:

- Anfangsbestand
- Preisänderung
- Zugänge
- Sonstige Zugänge/Verbräuche
- Kumulierter Bestand
- Verbrauch
- Endbestand/aktueller Bestand

Die Kategorien werden bei der Erfassung von Preis- und Kursdifferenzen verwendet, um die tatsächlichen Kosten des Materials zu ermitteln. Die in den Kategorien ANFANGSBESTAND, PREISÄNDERUNG, ZUGÄNGE und SONSTIGE ZUGÄNGE/VERBRÄUCHE erfassten Daten beeinflussen die Bewertung des Materials und wirken sich bei der Durchführung der Istkalkulation auf den Istpreis des Materials aus. Die Kategorie VERBRAUCH hat keinen Einfluss auf die Neubewertung, da sie immer zum

Standardpreis bewertet wird. Da der Verbrauch keinen Einfluss auf den Preis hat, können dessen Auswirkungen auf die an die Verkaufsware weitergegebenen Abweichungen nur bestimmt werden, indem Bewegungsartengruppen für den Umgang mit bestimmten Verbräuchen definiert werden.

Wenn das System einen Istpreis für ein Material kalkuliert, sammelt es Daten aus bewertungsrelevanten Vorgängen wie Wareneingängen, Rechnungseingängen und der Abrechnung von Produktionsaufträgen. Diese Daten werden im Material-Ledger nach einem Materialfortschreibungsschema kategorisiert. Der jeweilige Bewegungstyp bestimmt, wie der Bewertungspreis beeinflusst wird. Die folgenden Kategorien sind verfügbar:

- ZU – Zugänge
- VN – Verbrauch
- VP – Sonstige Zugänge/Verbräuche

Ein Zugang wirkt sich immer auf den Bewertungspreis aus. Für Warenbewegungen im Zusammenhang mit dem Verbrauch kann eine von zwei Kategorien zugeordnet werden. Die Kategorie VN hat keine Auswirkungen auf die Bewertung des Materials. Wenn die Kategorie VP ausgewählt ist, dann wirkt sich die Bewegung auf die Bewertung des Materials aus.

Das System wird mit der einfachen ZU- und VN-Logik ausgeliefert. Die Istpreise werden auf der Grundlage des Istwerts des Anfangsbestands plus der Istwerte aller Zugänge (einschließlich Preisdifferenzen) während der Periode berechnet. Der Gesamtwert wird durch die kumulierte Menge geteilt, um den tatsächlichen Preis für die Periode zu erhalten. Dieses Verhalten wird in dem Materialfortschreibungsschema 0001 definiert, das dann einem Bewertungskreis zugeordnet wird.

Diese Standardlogik kann modifiziert werden, indem man bestimmte Bewegungstypen zusammenfasst und einem anderen Fortschreibungsschematyp zuordnet. So können z. B. Warenbewegungen, die normalerweise mit Verbräuchen verbunden sind, durch die Zuordnung zum Typ VP in die tatsächliche Bewertung einfließen. Die Buchungslogik zur Ermittlung des mit Verbrauchsdifferenzen fortgeschriebenen Kontos kann auch für bestimmte Bewegungstypen geändert werden. Die Konfigurationsaufgaben sind:

- Bewegungsartengruppen des Material-Ledgers definieren
- Bewegungsartengruppen des Material-Ledgers zuordnen
- Materialfortschreibungsschema definieren
- Materialfortschreibungsschema den Bewertungskreisen zuordnen

Definieren von Bewegungsartengruppen

Werden Verbräuche im Rahmen der Istkalkulation umbewertet, so wird die normale Kontobuchung über den Vorgangsschlüssel COC definiert. Diese Kontenfindung kann bedarfsorientiert für bestimmte Bewegungsarten geändert werden. Die Differenzen können z. B. bei Auslieferungen über die Bewegungsarten 601 und 602 direkt auf die COGS-Konten kontiert werden. Zunächst wird eine Bewegungsartengruppe erstellt, die das gewünschte Verhalten für die ausgewählten Bewegungsarten definiert. Um eine Bewegungsartengruppe anzulegen oder zu ändern, verwenden Sie den Menüpfad Controlling • Produktkosten-Controlling • Istkalkulation/Material-Ledger • Materialfortschreibung • Bewegungsartengruppen des Material-Ledgers definieren, oder die Transaktion *OMX7*.

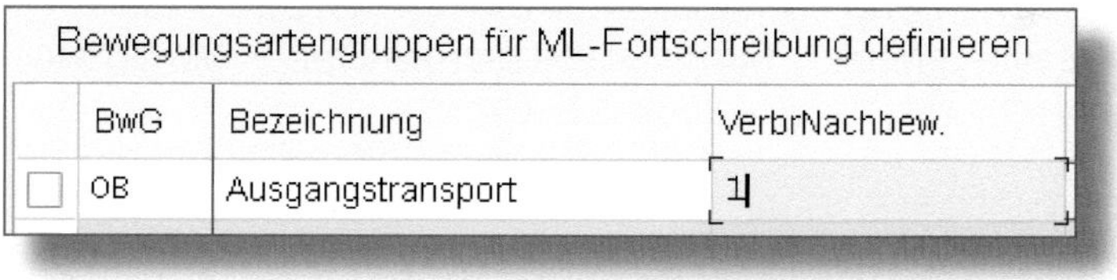

Bewegungsartengruppen für ML-Fortschreibung definieren

	BwG	Bezeichnung	VerbrNachbew.
☐	OB	Ausgangstransport	1

Abbildung 4.4: Bewegungsartengruppe OB

In Abbildung 4.4 ist die Gruppe OB für ausgehende Sendungen definiert. Das Feld VerbrNachbew. (Nachbewertung des Verbrauchs) definiert das Verhalten für die Fortschreibung der Verbrauchskonten bei der Buchung der Istkalkulationsergebnisse des Kalkulationslaufs. Für dieses Feld gibt es drei Auswahlmöglichkeiten:

- Leer oder 0 – keine Neubewertung.
- 1 – Neubewertung des Sachkontos. Verwenden Sie das in der Kontenfindung zum Vorgangsschlüssel GBB angegebene Istkonto für den Verbrauch mit dem entsprechenden Modifikator. Zum Beispiel aktualisiert die Bewegungsart 601 die für den Vorgangsschlüssel GBB definierten COGS-Konten mit dem Modifikator VAX. Bei der Buchung von Verbrauchsdifferenzen in der Istkalkulation wird dann dieses Konto für die Fortschreibung verwendet und nicht das dem Vorgangsschlüssel COC zugeordnete Konto.
- 2 – Auswertung von Sachkonto und CO-Kontierung. Die Kontenfindung wird wie bei Option 1 durchgeführt, wobei für die als Kostenarten definierten Konten zusätzlich die Buchung auf das CO-Kontierungsobjekt erfolgt.

Die Bewegungsartengruppe OB wird verwendet, um Verbräuche einem alternativen Verbrauchskonto zuzuordnen.

Zuordnen von Bewegungsartengruppen

Die Zuordnung von Bewegungsartengruppen zu bestimmten Bewegungsarten erfolgt dann über die Transaktion *OMX0* oder über den Menüpfad CONTROLLING • PRODUKTKOSTEN-CONTROLLING • ISTKALKULATION/MATERIAL-LEDGER • MATERIALFORTSCHREIBUNG • BEWEGUNGSARTENGRUPPEN DES MATERIAL-LEDGERS ZUORDNEN.

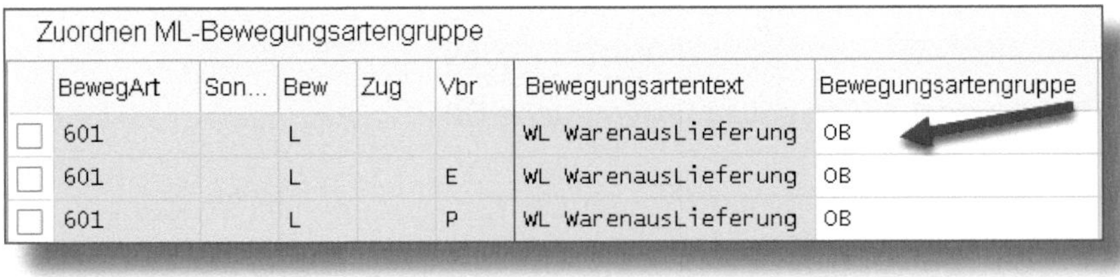

Zuordnen ML-Bewegungsartengruppe

	BewegArt	Son...	Bew	Zug	Vbr	Bewegungsartentext	Bewegungsartengruppe
☐	601		L			WL WarenausLieferung	OB
☐	601		L		E	WL WarenausLieferung	OB
☐	601		L		P	WL WarenausLieferung	OB

Abbildung 4.5: Bewegungsartengruppe den Bewegungsarten zuordnen

In Abbildung 4.5 ist die Gruppe OB der Bewegungsart 601 zugeordnet. Um eine ordnungsgemäße Abwicklung von Stornowarenbewegungen zu gewährleisten, muss die Bewegungsartengruppe auch der Stornobewegungsart zugeordnet sein. In diesem Fall ist die Stornobewegungsart 602.

Abbildung 4.6 zeigt einen Ausschnitt aus dem Materialpreisanalysebericht für ein Material, wobei der Berichtsabschnitt VERBRAUCH hervorgehoben wird. Der Bewegungsart 601 ist keine Bewegungsartengruppe zugeordnet. Bei der Erstellung der Warenausgangsbuchung für die Auslieferung wird die Bewegungsart lediglich der Standardkategorie VERBRAUCH zugeordnet.

Kategorie	TransMenge	MEinh Bew
Anfangsbestand	0	ST
> Zugänge	500	ST
Σ Kumulierter Bestand	500	ST
˅ Verbrauch	250,000	
˅ Verbrauch	250,000	
1000000111 WL WarenausLieferung 601	250,000	
> Endbestand	250	ST

Abbildung 4.6: Bewegungsartengruppe ist nicht Bewegungsart 601 zugewiesen

Vergleichen Sie Abbildung 4.6 mit Abbildung 4.7. Letztere zeigt, was passiert, wenn die Bewegungsartengruppe OB der Bewegungsart 601 zugeordnet wird. Der Pfeil zeigt auf eine Unterkategorie für das spezifische KONTO 50300000, das für die Buchung von Differenzen zum Verbrauch verwendet wird.

Kategorie	TransMenge	MEinh Bew
> Anfangsbestand	210	ST
Σ Kumulierter Bestand	210	ST
˅ Verbrauch	50,000	
˅ Verbrauch	50,000	
˅ Konto 50300000	50,000	
1000000137 WL WarenausLieferung 601	50,000	
> Endbestand	160	ST

Abbildung 4.7: Bewegungsartengruppe ist Bewegungsart 601 zugewiesen

Materialfortschreibungsschema

Die nächste Anforderung besteht darin, ein Materialfortschreibungsschema zu erstellen, das die Bewegungsartengruppe für die spezifischen Prozesstypen referenziert, die von der Bewegungsart verwendet werden. Tabelle 4.1 listet die verfügbaren Prozesstypen auf, die bestimmte Arten von Zugängen und Verbräuchen bezeichnen. Typen, die mit B beginnen, sind Eingänge, und solche, die mit V beginnen, sind Verbräuche. Die Kategorie B+ ist ein generischer Typ für alle Eingänge und V+ ist ein generischer Typ für alle Verbräuche.

Prozesstyp	Beschreibung
B+	Beschaffung
BB	Bestellung
BBK	Bestellung (Gruppe)
BBV	Beschaffung Bestandsveränderung
BF	Produktion
BKA	Kundenauftrag
BL	Lohnbearbeitung
BU	Bestandsverschiebung
BUBM	Materialumbuchung
BUBS	Umbuchung – Sonderbestand
V+	Verbrauch
VA	Anlage
VBK	Bestellung (Gruppe)
VEAU	Verbrauch bei einstufigen Aufträgen
VF	Produktion
VK	Kostenstelle
VKA	Kundenauftrag
VL	Lohnbearbeitung
VP	Projekt
VU	Bestandsverschiebung
VUBM	Materialumbuchung
VUBS	Umbuchung – Sonderbestand
VW	WIP-Produktion

Tabelle 4.1: Prozesstypen für das Fortschreibungsschema

SAP liefert eine Standardstruktur 0001 aus, wie in Abbildung 4.8 dargestellt, die alle Zugänge und alle Beschaffungen generisch behandelt. Zugänge wirken sich immer auf die Bewertung aus, Verbräuche hingegen nie.

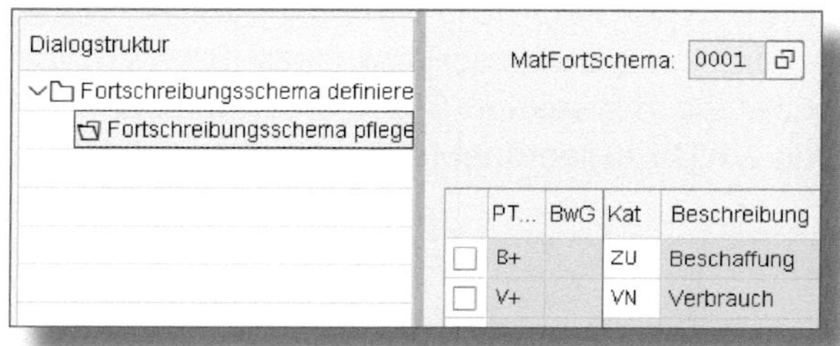

Abbildung 4.8: Standard-Fortschreibungsschema 0001

Die Bewegungsarten 201 und 202 sind mit dem Kostenstellenverbrauch verbunden, sodass der Kostenstellenverbrauchstyp VK für die Neuzuordnung zum Typ VP (andere Zugänge/Verbräuche) ausgewählt wird. Verwenden Sie dazu den Menüpfad CONTROLLING • PRODUKTKOSTEN-CONTROLLING • ISTKALKULATION/MATERIAL-LEDGER • MATERIALFORTSCHREIBUNG • FORTSCHREIBUNGSSCHEMA DEFINIEREN oder die Transaktion *OMX9*. Abbildung 4.9 zeigt ein neu angelegtes Fortschreibungsschema: CCTR. Beachten Sie, dass die Standard-Prozesstypen B+ und V+ automatisch zugewiesen werden. VK wird neu angelegt und ist der Bewegungsartengruppe RC und dem Prozesstyp VP zugeordnet. Der Prozesstyp V+ ist der Standard und der Untertyp VK unterscheidet sich nur, wenn die Bewegungsart der Bewegungsartengruppe RC zugeordnet ist.

Dialogstruktur
Fortschreibungsschema definiere
Fortschreibungsschema pflege
MatFortSchema: CCTR

PTyp	BwG	Kat	Beschreibung
B+		ZU	Beschaffung
V+		VN	Verbrauch
VK	RC	VP	Kostenstelle

Abbildung 4.9: Fortschreibungsschema CCTR

Materialfortschreibungsschema einem Bewertungskreis zuordnen

Die abschließende Konfiguration für Bewegungen besteht darin, das neue Fortschreibungsschema den Bewertungskreisen zuzuordnen, die es benötigen. Dies geschieht über den Menüpfad CONTROLLING • PRODUKTKOSTEN-CONTROLLING • ISTKALKULATION/MATERIAL-LEDGER • MATERIALFORTSCHREIBUNG • FORTSCHREIBUNGSSCHEMA EINEM BEWERTUNGSKREIS ZUORDNEN oder über die Transaktion *OMX8*. Das Schema CCTR ist dem Bewertungskreis UWU5 zugeordnet (siehe Abbildung 4.10).

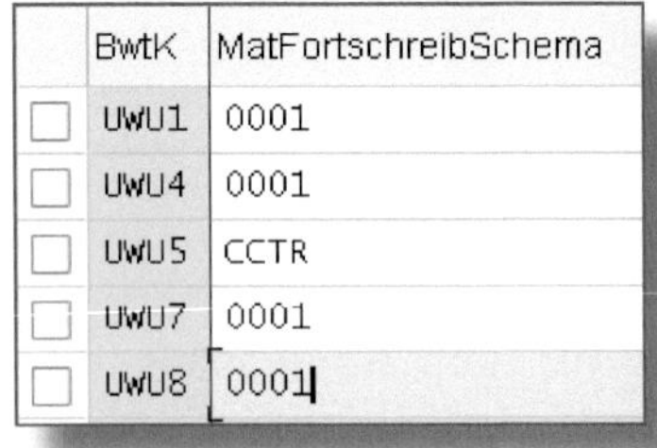

BwtK	MatFortschreibSchema
UWU1	0001
UWU4	0001
UWU5	CCTR
UWU7	0001
UWU8	0001

Abbildung 4.10: Zuweisung des Fortschreibungsschemas zum Bewertungskreis

4.5.2 Werkskonfiguration für die Istkalkulation

Die grundsätzliche Konfiguration des Werks/Bewertungskreises wird in Abschnitt 1.1.2 behandelt. Dazu gehört die Werksaktivierung für das Material-Ledger und die Zuordnung einer Material-Ledger-Art zum Bewertungskreis. Für Werke, die mit der Istkalkulation arbeiten, ist eine zusätzliche Konfiguration erforderlich.

Einstellung der Standardpreisermittlung für die Istkalkulation

In diesem Szenario ist die Istkalkulation für die Werke UWU7 und UWU8 derzeit nicht freigeschaltet, obwohl die Werke für das Material-Ledger aktiviert sind. Da sie für die Istkalkulation nicht aktiviert wurde, war die Standardpreisermittlung ursprünglich auf 2 (vorgangsbezogen) eingestellt. Da neu angelegte Materialien für die Istkalkulation vorbereitet werden sollen, muss diese Vorgabe auf 3 (ein-/mehrstufig) geändert werden. Dies erfolgt über die Transaktion *OMX1* oder den Menüpfad CONTROLLING • PRODUKTKOSTEN-CONTROLLING • ISTKALKULATION/MATERIAL-LEDGER • MATERIAL-LEDGER FÜR BEWERTUNGSKREISE AKTIVIEREN. Abbildung 4.11 zeigt die Änderungen für die Werke UWU7 und UWU8. Auch für neue Werke, die sofort für die Istkalkulation eingerichtet werden, müssen diese Einstellungen vorgenommen werden. Wenn bestimmte Materialien nicht für die Istkalkulation verwendet werden sollen, dann stellen Sie sicher, dass das Kontrollkästchen PREISERSTEUERUNG VERBINDLICH für dieses Werk nicht aktiviert ist. Dadurch kann die Preisermittlung beim erstmaligen Anlegen neuer Materialien geändert werden. Ist das Material einmal angelegt, kann die Preisermittlung nur durch Ausführen der Transaktion *CKMM* geändert werden. Da nur Materialien mit der Preissteuerung S für die Istkalkulation ausgewählt werden können, muss für alle Materialien mit der Preissteuerung V die PREISERMITTLUNG auf 2 gesetzt werden.

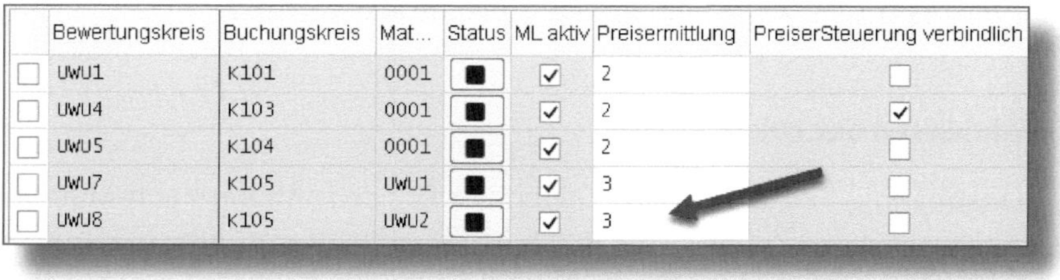

	Bewertungskreis	Buchungskreis	Mat...	Status	ML aktiv	Preisermittlung	PreiserSteuerung verbindlich
☐	UWU1	K101	0001	■	☑	2	☐
☐	UWU4	K103	0001	■	☑	2	☑
☐	UWU5	K104	0001	■	☑	2	☐
☐	UWU7	K105	UWU1	■	☑	3	☐
☐	UWU8	K105	UWU2	■	☑	3	☐

Abbildung 4.11: Preisermittlung 3 als Standard für ein Werk zuordnen

Dynamische Preisänderungen konfigurieren

Die Freigabe von Plankalkulationen zu Beginn einer Geschäftsperiode erfolgt nicht sofort mit dem Periodenwechsel. Es hängt davon ab, wann die Freigabe ausgeführt werden soll, und die Verarbeitung aller Materialien kann einige Minuten dauern. Warenbewegungen, die vor der Kalkulationsfreigabe durchgeführt werden, werden falsch bewertet. Um dieses Problem zu umgehen, erlaubt SAP die automatische Freigabe einer vorgemerkten Kalkulation bei der ersten Warenbewegung eines Materials in der Periode. Wenn vor S/4HANA eine Warenbewegung vor einer Kalkulationsfreigabe durchgeführt wurde, führte die Freigabe zu einem Fehler. Für die Freigabe solcher Kosten mitten in der Periode waren besondere Verfahren erforderlich.

Die Funktion der dynamischen Preisänderung ist werkspezifisch aktiviert und wird über den Menüpfad Controlling • Produktkosten-Controlling • Istkalkulation/Material-Ledger • Dynamische Preisänderungen einstellen definiert. Abbildung 4.12 zeigt die Konfiguration. Eine 1 in der Spalte Preisfreigabe bedeutet, dass die Preise dynamisch freigegeben werden, und ein Leerzeichen bedeutet, dass sie nicht freigegeben werden.

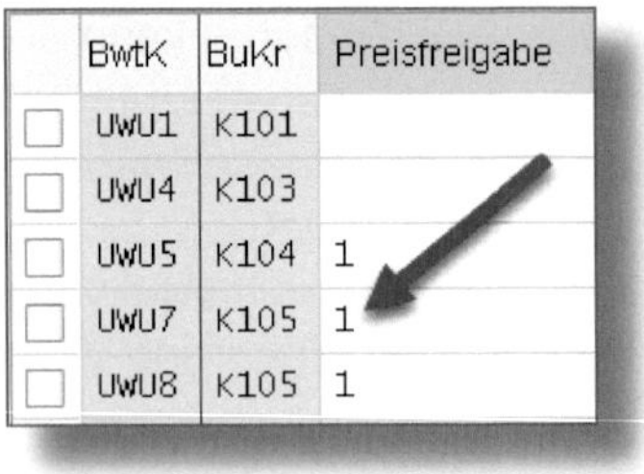

	BwtK	BuKr	Preisfreigabe
☐	UWU1	K101	
☐	UWU4	K103	
☐	UWU5	K104	1
☐	UWU7	K105	1
☐	UWU8	K105	1

Abbildung 4.12: Einstellungen dynamische Preisfreigabe

Aktivieren der Istkalkulation

Unabhängig von den Einstellungen zur Preisermittlung nach Material muss die Istkalkulation für jedes Werk aktiviert werden. Diese Konfiguration erfolgt über den Menüpfad Controlling • Produktkosten-Controlling • Istkalkulation/Material-Ledger • Istkalkulation • Istkalkulation Aktivieren. Klicken Sie auf das/die entsprechende(n) Kontrollkästchen unter Istkalk., um die Istkalkulation zu aktivieren (siehe Abbildung 4.13). Wenn ein Kontrollkästchen aktiviert ist, bedeutet dies, dass in diesem Werk die Istkalkulation verwendet wird. Die Spalte L.-Ist dient dazu, das Verbrauchsverhalten von Leistungsarten und Geschäftsprozessen im Ist-Mengengerüst zu definieren. Leistungsarten können am Periodenende umbewertet werden, um Abweichungen der Quellkostenstelle zu berücksichtigen. Ein Wert von 0 (oder leer) bedeutet, dass der Leistungsverbrauch nicht im Ist-Mengengerüst fortgeschrieben wird. Ein Wert von 1 bedeutet, dass der Leistungsverbrauch zwar fortgeschrieben wird, aber nicht in die Istpreisberechnung eingeht. Ein Wert von 2 zeigt an, dass der Leistungsverbrauch fortgeschrieben wird und auch in die Berechnung des Istpreises einbezogen wird. Wird »2« gewählt, bestimmt das Feld Kst.

ENTL., ob die Entlastung der Kostenstelle über den Istkalkulationslauf oder einen alternativen Bewertungslauf (AVR) erfolgt. Ein leeres Feld zeigt an, dass die Aktualisierung mit dem regulären Istkalkulationslauf erfolgt, und eine »1«, dass sie mit einem AVR durchgeführt wird.

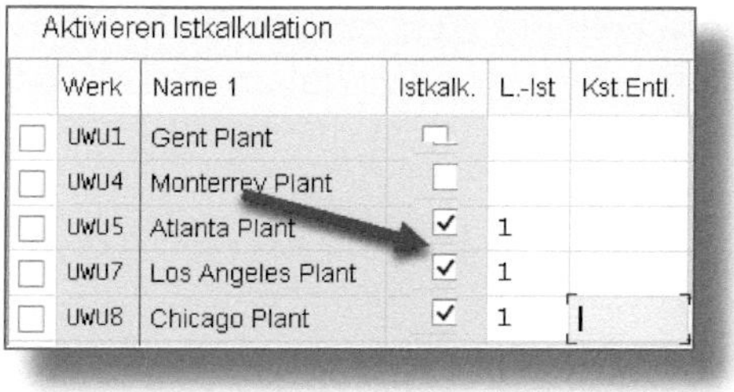

Aktivieren Istkalkulation

	Werk	Name 1	Istkalk.	L.-Ist	Kst.Entl.
☐	UWU1	Gent Plant	☐		
☐	UWU4	Monterrey Plant	☐		
☐	UWU5	Atlanta Plant	☑	1	
☐	UWU7	Los Angeles Plant	☑	1	
☐	UWU8	Chicago Plant	☑	1	

Abbildung 4.13: Aktivieren der Istkalkulation für ein Werk

Aktivieren der Istkostenschichtung

Die Istkostenschichtung dient dazu, die Ergebnisse der Istkalkulation anhand des hinterlegten Elementeschemas auf die einzelnen Kostenelemente aufzuteilen. Sie muss werkspezifisch aktiviert werden und erfolgt über den IMG-Menüpfad CONTROLLING • PRODUKTKOSTEN-CONTROLLING • ISTKALKULATION/MATERIAL-LEDGER • ISTKALKULATION • ISTSCHICHTUNG AKTIVIEREN (siehe Abbildung 4.14).

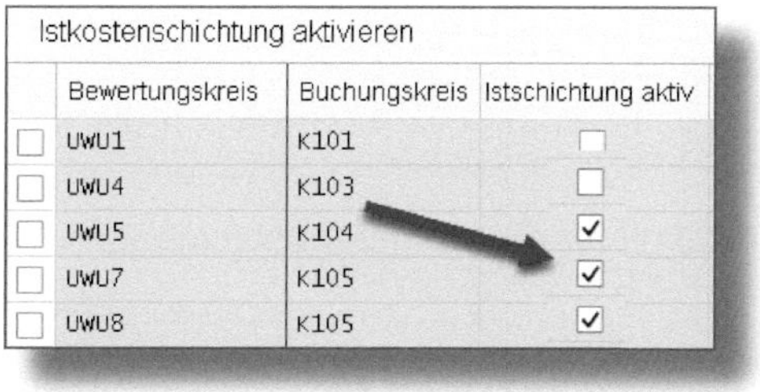

Istkostenschichtung aktivieren

	Bewertungskreis	Buchungskreis	Istschichtung aktiv
☐	UWU1	K101	☐
☐	UWU4	K103	☐
☐	UWU5	K104	☑
☐	UWU7	K105	☑
☐	UWU8	K105	☑

Abbildung 4.14: Aktivieren der Istkostenschichtung nach Werk

Zum Aktivieren klicken Sie auf die Kontrollkästchen unter ISTSCHICHTUNG AKTIV. Wenn dies im Rahmen der Erstkonfiguration vor der Produktivsetzung des Werks erfolgt, sind keine weiteren Maßnahmen erforderlich. Die Initialisierung der Istkostenschichtung erfolgt im Rahmen des Produktivstarts (Transaktion *CKMSTART*). Wenn das Werk jedoch im Rahmen der Istkalkulation auf die Verwendung der Istkostenschichtung umgestellt wird, muss die Transaktion *FCML4H_STARTUP* ausgeführt werden, um die Daten korrekt einzurichten. Näheres finden Sie im SAP-Hinweis 2577551[6]. War in dem Werk zuvor keine Istkostenschichtung aktiviert, muss FCML4H_STARTUP ausgeführt werden, um die fehlenden Daten der Kostenschichtung zu erzeugen (siehe Abbildung 4.15). Geben Sie die zu konvertierenden Werke ein und klicken Sie auf Ausführen.

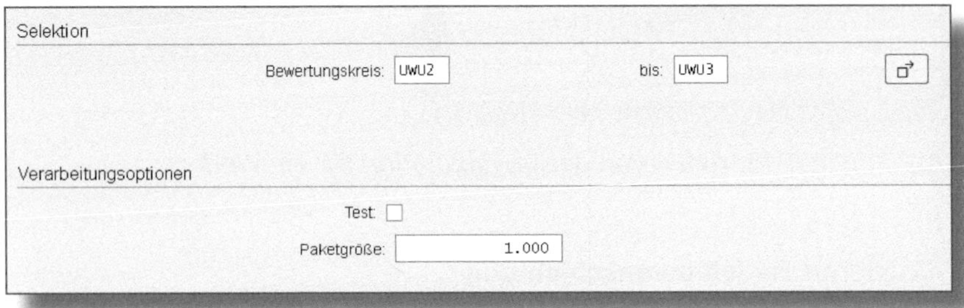

Abbildung 4.15: Transaktion FCML4H_STARTUP

Nachdem die richtigen Datenkonvertierungen vorgenommen wurden, zeigt die Transaktion das Protokoll an (siehe Abbildung 4.16).

M	Nachrichtenklasse	Me...	Meldungstext
I	FINS_ML_MIG	21	Bearbeitung von Bewertungskreis UWU2
E	FINS_ML_MIG	21	Bearbeitung von Bewertungskreis UWU3
I	FINS_ML_MIG	84	Insgesamt 2 Werk(e) gefunden und 2 erfolgreich aktualisiert

Abbildung 4.16: Umsetzungsprotokoll für die Istkostenschichtung

Aktivieren der Verteilung von Verbrauchsdifferenzen

Anpassungen der zyklischen Inventur werden oft an den Lagerbeständen von Materialien vorgenommen, die in Fertigungsaufträge rückgemeldet werden. Die *retrograde Entnahme* geht davon aus, dass die

[6] SAP-Hinweis 2577551: »Material Ledger Production Setup in S4HANA (Green Field Approach)«

Warenausgabe mit der für den Auftrag definierten Standardmenge erfolgt. Bestandsanpassungen sind bei Abweichungen zwischen der tatsächlich an die Aufträge ausgegebenen Menge und der Standardmenge erforderlich. Idealerweise sollten solche Differenzen den Aufträgen zugeordnet werden, um sicherzustellen, dass der Istwert eines jeden Auftrags berücksichtigt wird. Über die Verteilung der Verbrauchsdifferenzen werden die Differenzen der zyklischen Inventur direkt den Produkten zugeordnet, die mit den Produktionsaufträgen verbunden sind. Zusammen mit der erforderlichen Bewegungsartenpflege werden hier die Regeln für die Rückverteilung der Bestandsdifferenzen auf die Produktionsaufträge für Materialien, die diese Komponenten verbrauchen, festgelegt. Die Konfiguration erfolgt über den Menüpfad Controlling • Produktkosten-Controlling • Istkalkulation/Material-Ledger • Istkalkulation • Verteilung von Verbrauchsmengendifferenzen aktivieren (siehe Abbildung 4.17). Die Daten werden nach Werk, Lagerort und Sonderbestandskennzeichen gepflegt. Diese Funktionalität wird im Abschnitt 4.9.6 näher erläutert.

Verteilung von Verbrauchsdifferenzen: Aktivierungssteuerung

	Werk	Lagerort	SondBstd	Verteilung aktiv	Vorschlag Vt.Kz	Verteilungskz. verb.
☐				☐		☐

Abbildung 4.17: Aktivierung der Verteilung der Verbrauchsdifferenzen

Aktivieren von WIP zu Istkosten

WIP (Ware in Arbeit) ist der Wert der unvollständigen Fertigungsaufträge, basierend auf den für den Auftrag ausgegebenen Materialien und den dem Auftrag zugeordneten Leistungen aus den Produktionsrückmeldungen. Diese Kosten belasten den Auftrag, und diese Belastungen werden abgebaut, wenn das Produkt in den Bestand aufgenommen wird, was dann den Auftrag entlastet. Wenn am Ende der Geschäftsperiode ein oder mehrere unvollständige Produktionsaufträge einen WIP-Saldo aufweisen, kann ein tatsächlicher WIP-Wert anhand der mit den Komponenten verbundenen Differenzen berechnet werden. Dies geschieht im Rahmen des Abrechnungsschritts des Istkalkulationslaufs. Die kumulierten Differenzen können dann mit Hilfe des WIP-Bewertungskontos in der Bilanz fortgeschrieben werden. Die WIP-Nachbewertung kann nur erfolgen, wenn sie über die Konfiguration aktiviert ist, und zwar über den Menüpfad CONTROLLING • PRODUKTKOSTEN-CONTROLLING • ISTKALKULATION/MATERIAL-LEDGER • ISTKALKULATION • WIP ZU ISTKOSTEN AKTIVIEREN (siehe Abbildung 4.18).

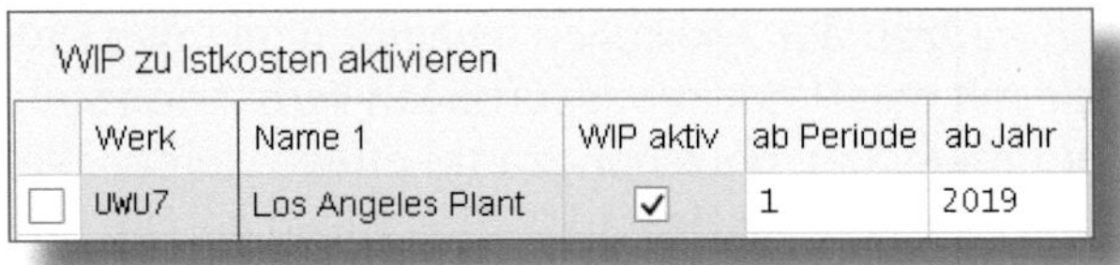
WIP zu Istkosten aktivieren

	Werk	Name 1	WIP aktiv	ab Periode	ab Jahr
☐	UWU7	Los Angeles Plant	☑	1	2019

Abbildung 4.18: Aktivieren von WIP zu Istkosten

Klicken Sie auf das Kontrollkästchen unter WIP AKTIV, um WIP zu Istkosten und nach Werk zu aktivieren. Diese Berechnung sollte nur zu Beginn einer Geschäftsperiode gestartet werden. Der Anfangszeitraum und das Jahr werden in den Feldern AB PERIODE und AB JAHR definiert.

4.5.3 Konfiguration der Kontenfindung

Die Differenzen, die in den verschiedenen Phasen des Istkalkulationslaufs ermittelt werden, werden auf bestimmte Konten gebucht, die im System definiert werden müssen. Diese Kontodefinitionen werden über den IMG-Menüpfad MATERIALWIRTSCHAFT • BEWERTUNG UND KONTIERUNG • KONTENFINDUNG • KONTENFINDUNG OHNE ASSISTENT • AUTOMATISCHE BUCHUNGEN EINRICHTEN oder über die Transaktion *OBYC* gepflegt. Die Kontenfindung wird über den Vorgangsschlüssel und über bis zu vier weitere Klassifizierungen, die dem Vorgangsschlüssel zugeordnet sind, gepflegt. Diese sind:

- Bewertungsmodifikationskonstante, die dem Werk zugeordnet ist
- Bewertungsklasse, die dem Material zugeordnet ist
- allgemeine Modifikationskonstante, die dem Vorgangsschlüssel zugeordnet ist
- Split der Soll- und Haben-Buchungen

Je nach dem spezifischen Vorgangsschlüssel sind eine oder mehrere dieser Optionen nicht verfügbar. Der Vorgangsschlüssel wird auf der Grundlage eines Verfahrens bestimmt, das durch die Kombination eines Buchungsstrings, der sich auf einen bestimmten Satz Low-Level-Code bezieht, und einer mit diesem Code verbundenen Schrittnummer definiert ist.

Buchungsstrings für Werte oder Wertestrings werden prozedurale Daten zugeordnet, die die dreistelligen Vorgangsschlüssel enthalten, die bei der Kontenfindung verwendet werden. Jedem Wertstring sind ein oder mehrere Schritte zugeordnet, die steuern, wie Warenbewegungen und entsprechende Kontobuchungen für eine bestimmte Aktivität verarbeitet werden. Während jeder Schritt von dem mit dem Wertestring verbundenen internen Code verarbeitet wird, verknüpft der Vorgangsschlüssel den Schritt mit bestimmten Daten, die in der Konfiguration gepflegt werden. Die Material-Ledger-Istkalkulationsstrings werden in der Tabelle `T169A` gepflegt und beginnen mit »ML«. Die Vorgangsschlüssel zeigen auf Konten, die für die Finanzbuchungen der Differenzen verwendet werden.

Einige dieser Verfahren suchen auch nach einer allgemeinen Modifikationskonstante, die dem Vorgangsschlüssel zugeordnet ist, um das für die Buchung verwendete Konto weiter zu differenzieren. Wenn die allgemeine Modifikationskonstante in der Konfiguration der Kontenfindung vorhanden ist, verwendet das System die Konten, die mit der Kombination aus Vorgangsschlüssel und Modifikator verbunden sind. Ist diese nicht vorhanden, werden die generischen Vorgangsschlüssel-Zuordnungen ohne den Modifikator verwendet.

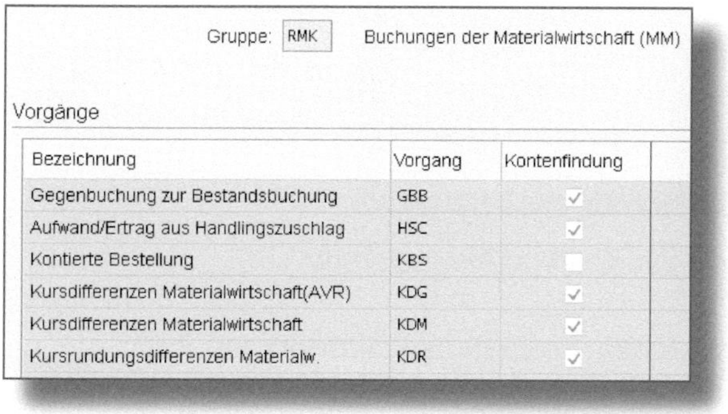

Gruppe: RMK Buchungen der Materialwirtschaft (MM)

Vorgänge

Bezeichnung	Vorgang	Kontenfindung
Gegenbuchung zur Bestandsbuchung	GBB	✓
Aufwand/Ertrag aus Handlingszuschlag	HSC	✓
Kontierte Bestellung	KBS	
Kursdifferenzen Materialwirtschaft(AVR)	KDG	✓
Kursdifferenzen Materialwirtschaft	KDM	✓
Kursrundungsdifferenzen Materialw.	KDR	✓

Abbildung 4.19: Verfahren zur Kontenfindung

Abbildung 4.19 zeigt einen Teil des Einstiegsfensters für die Pflege der Kontenfindung. In der Spalte VORGANG werden die durch den Vorgangsschlüssel definierten Vorgänge angezeigt. Doppelklicken Sie auf eine Zeile, um die Kontenfindung für diesen Vorgangsschlüssel zu definieren. Die Definition kann so einfach sein wie die Zuweisung eines einzigen Kontos für den Schlüssel. Abbildung 4.20 zeigt ein einzelnes Konto, das einem Vorgangsschlüssel zugeordnet ist. Dies wird durch die Regeln bestimmt, die dem Verfahren dieses Schlüssels zugeordnet sind.

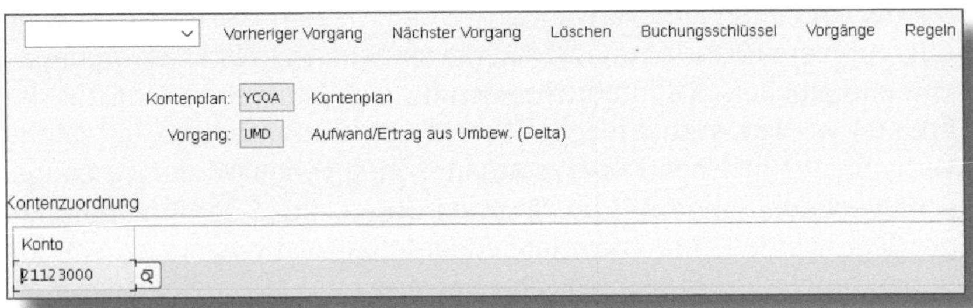

Abbildung 4.20: Einfache Definition zur Kontenfindung

Klicken Sie auf REGELN, um die für diesen Vorgangsschlüssel benötigten Details zu definieren. Abbildung 4.21 zeigt die Regeln, mit denen bestimmt wird, welches Konto gemäß der Konfiguration gebucht werden soll.

Kontenplan: YCOA Kontenplan
Vorgang: UMD Aufwand/Ertrag aus Umbew. (Delta)
Konten sind vorgegeben abhängig von
Soll/Haben:
Allg. Modifikation:
Bewertungsmodif.:
Bewertungsklasse:

Abbildung 4.21: Regeln zur Kontendifferenzierung

Wenn das Kontrollkästchen SOLL/HABEN aktiviert ist, kann ein separates Konto für Sollbuchungen im Gegensatz zu Habenbuchungen verwendet werden. Wenn das Kontrollkästchen ALLG. MODIFIKATION aktiviert ist, kann der Vorgangsschlüssel auch separate Kontierungen auf der Basis des allgemeinen Modifikatorschlüssels enthalten. Wenn das Kontrollkästchen BEWERTUNGSMODIF. aktiviert ist und das in der Buchung verwendete Werk mit einer bestimmten Gruppierungsdefinition des Bewertungskreises verbunden ist, sind unterschiedliche Konten möglich. Das Kontrollkästchen BEWERTUNGSKLASSE schließlich bezieht sich auf Buchungen, die auf der dem Material zugeordneten Bewertungsklasse basieren. Abbildung 4.22 zeigt eine komplexere Definition für den Vorgangsschlüssel GBB (GEGENBUCHUNG ZUR BESTANDSBUCHUNG).

Kontenplan: YCOA Kontenplan
Vorgang: GBB Gegenbuchung zur Bestandsbuchung

Kontenzuordnung

Bewertungsm...	Allg. Modifikat...	Bewertungskl...	Soll	Haben
0001	AUA	7900	55100000	55100000
0001	AUA	7920	55100000	55100000
0001	AUF	3000	55100000	55100000

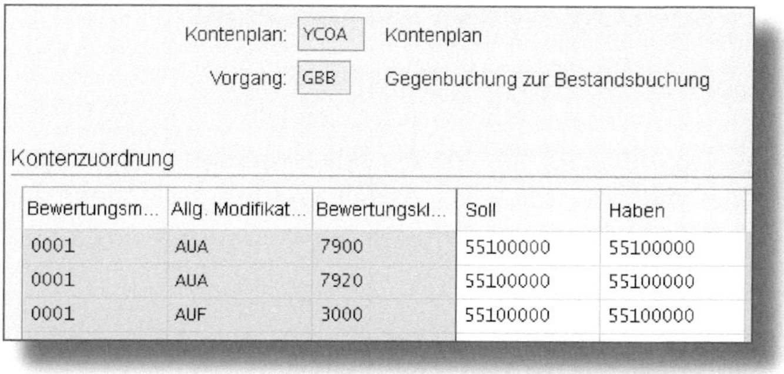

Abbildung 4.22: Komplexe Definition zur Kontenfindung

Abbildung 4.23 zeigt, dass alle vier Optionen für diesen Schlüssel ausgewählt sind, was zu den unter Abbildung 4.22 gezeigten Einstellungen führt.

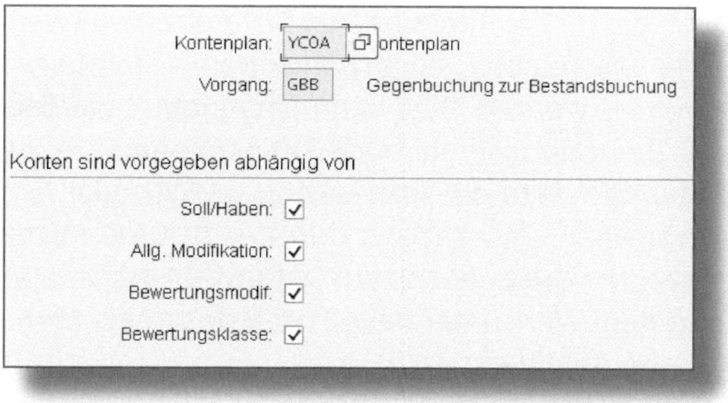

Kontenplan: YCOA Kontenplan
Vorgang: GBB Gegenbuchung zur Bestandsbuchung

Konten sind vorgegeben abhängig von

Soll/Haben: ☑
Allg. Modifikation: ☑
Bewertungsmodif: ☑
Bewertungsklasse: ☑

Abbildung 4.23: Regeln für Vorgangsschlüssel GBB

Jedem Vorgangsschlüssel müssen auch Buchungsschlüssel zugeordnet werden. Dies geschieht durch Anklicken von BUCHUNGSSCHLÜSSEL (oben im Fenster in Abbildung 4.20). Die für den Vorgangsschlüssel definierten Buchungsschlüssel werden in Abbildung 4.24 gezeigt.

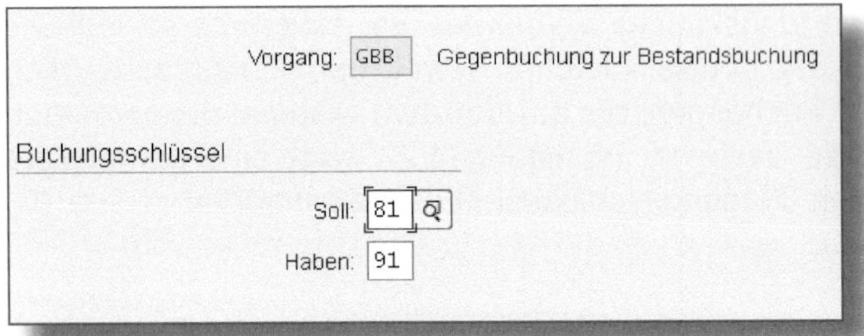

Abbildung 4.24: Zuordnung des Buchungsschlüssels

Planen Sie sorgfältig, wie jeder der von der Istkalkulation verwendeten Vorgangsschlüssel durch Konten dargestellt werden soll. Diese Buchungen geben einen Einblick, wie Differenzen im System verarbeitet werden.

Bewertungskreise zusammenfassen

Werden aufgrund von werk-/länderspezifischen Anforderungen unterschiedliche Kontenbuchungen benötigt, so muss die Kontenfindung die Bewertungsmodifikationskonstante (BEMODIFKONST) verwenden. In bestimmten Ländern gibt es spezielle Buchhaltungsanforderungen für die Bestandsbewertung. Für Werke, die sich in diesen Ländern befinden, können die Konten, die für die Buchung von Differenzen verwendet werden, von den Konten abweichen, die an den anderen Standorten des Unternehmens verwendet werden. Dies kann eingerichtet werden, indem jedem Werk eine Bewertungskreismodifikationskonstante zugewiesen wird. Verwenden Sie dazu die Transaktion *OMWD* oder den Menüpfad MATERIALWIRTSCHAFT • BEWERTUNG UND KONTIERUNG • KONTENFINDUNG • KONTENFINDUNG OHNE ASSISTENT • BEWERTUNGSKREISE GRUPPIEREN. Weisen Sie jedem Werk unter BEWMODIFKONST eine Modifikationskonstante zu (siehe Abbildung 4.25).

	BewertKrs	BuKr.	Name der Firma	Kontenplan	BewModifKonst
☐	UWU1	K101	Univ Writing Utensils BA	YCOA	0001
☐	UWU4	K103	Univ Writing Utensils Mex	YCOA	0001
☐	UWU5	K104	National Pens	YCOA	0001
☐	UWU7	K105	Univ Writing Utensils LLC	YCOA	0001
☐	UWU8	K105	Univ Writing Utensils LLC	YCOA	0001

Abbildung 4.25: Bewertungskreise zusammenfassen

! Hinzufügen einer neuen Bewertungskreismodifikationskonstante

Die Modifikationskonstante des Bewertungskreises wirkt sich nicht nur auf die Ermittlung des Material-Ledger-Kontos aus. Es ist darauf zu achten, dass alle Kontenfindungen, die eine Bewertungskreisgruppierung im Schlüssel enthalten, auch für neue Modifikationskonstanten gültig gemacht werden.

4.5.4 Vorgangsschlüssel für die Istkalkulation

Vorgangsschlüssel PRY

PRY ist der Schlüssel, der den Kosten- und Preisdifferenzen im Material-Ledger zugeordnet ist. Für diesen Schlüssel sind drei Modifikatoren verfügbar: PNL, PPL und PSL.

Der PRY-Schlüssel wird verwendet, um alle kumulierten Differenzen zu buchen. Es werden sowohl einstufige als auch mehrstufige Differenzen verarbeitet. Einstufige Differenzen sind solche, die direkt als Folge von Aktionen mit dem Material selbst auftreten, wie z. B. Einkaufspreisabweichungen, Transferabweichungen oder Verbrauchsabweichungen. Mehrstufige Differenzen sind solche, die mit einem untergeordneten Material verbunden sind und auf das nächsthöhere Material in der Lieferkette weitergegeben werden.

Das Verhalten des Vorgangsschlüssels PRY ohne Modifikator hängt davon ab, wie die Parameter des Schritts ABSCHLUSS BUCHEN des Istkalkulationslaufs bewertet werden. Das Kontrollkästchen MATERIAL UMBEWERTEN, dargestellt in Abbildung 4.26, bestimmt, ob das reguläre Bestandskonto für das Material oder ein spezielles Abgrenzungskonto mit den Differenzen aktualisiert wird. Wenn das Kontrollkästchen aktiviert ist, werden die Differenzen für das Material direkt auf das Konto gebucht, das mit dem Vorgangsschlüssel BSX (Bestandsbuchung) definiert ist. Die Gegenbuchung erfolgt auf das durch den Vorgangsschlüssel PRY angegebene Konto (kein Modifikator). Ist MATERIAL UMWERTEN nicht ausgewählt, wird die Differenz auf das Konto gebucht, das dem Vorgangsschlüssel LKW zugeordnet ist, wobei die Gegenbuchung auf das für PRY definierte Konto geht.

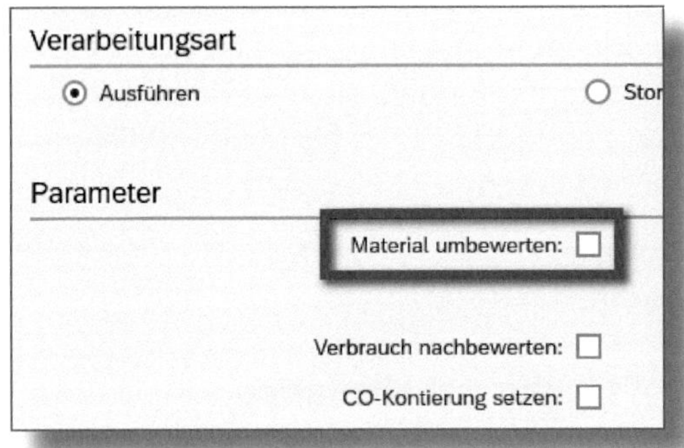

Abbildung 4.26: Parameter für die Abschlussbuchung bei der Istkalkulation

Ein weiterer Verwendungszweck von PRY ist die Berücksichtigung von einstufigen Preisdifferenzen im Zusammenhang mit Materialumbewertungen, die sich aus der Freigabe neuer Standardkosten ergeben. In diesem Fall ist die Gegenbuchung normalerweise mit dem Umbewertungs-Vorgangsschlüssel UMB verbunden. Im nachstehenden Unterabschnitt »Vorgangsschlüssel UMB« erfahren Sie, wie Sie eine andere Kontierung definieren, wenn Sie ein anderes Konto als das Standard-Umbewertungskonto verwenden müssen.

Vorgangs-/Ereignis-Schlüssel PRY mit Modifikator PNL

Der Modifikator PNL kommt zum Einsatz, um Konten zu definieren, die für Buchungsdifferenzen verwendet werden, die von einer Ebene zur nächsthöheren Ebene in der Lieferkette weitergegeben werden. Wenn Differenzen von einer niedrigeren Ebene auf eine höhere Ebene geschoben werden, wird diese Anpassung an dem Quellort gebucht, der mit dem verbrauchten Material verbunden ist. Wenn z. B. ein Material für einen Fertigungsauftrag ausgegeben wird, werden Differenzen, die mit diesem Komponentenmaterial verbunden sind, von der Komponente zum herzustellenden Material verschoben. Andere Fälle sind Material-zu-Material-Transfers und Transfers eines Materials von einem Werk zu einem anderen.

Die Differenz, die vom Quellmaterial übertragen (gutgeschrieben) wird, wird auf das durch PRY/PNL definierte Konto gebucht. Die Gegenbuchung für das empfangende Material erfolgt über die zum Vorgangsschlüssel PRY/PPL hinterlegten Kontoeinstellungen.

Vorgangsschlüssel PRY mit Modifikator PPL

Der Modifikator PPL wird verwendet, um Konten für Differenzen zu definieren, die aus einer niedrigeren Ebene gezogen werden. Dies ist der Ausgleich zur PRY/PNL-Kontodefinition. Für jedes Material, das Differenzen von einem untergeordneten Material erhält, werden diese Differenzen mit dem PPL-Modifikator auf das für den Schlüssel PRY definierte Konto gebucht.

Vorgangsschlüssel PRY mit Modifikator PSL

Differenzen für Materialien, die an einen Kunden versandt oder aus einem anderen Grund aus dem Lagerbestand herausgegeben werden, können letztendlich nicht auf den Bestand angerechnet werden. Stattdessen sind sie mit dem Verbrauch aus dem Bestand verbunden. Der Modifikator PSL wird verwendet, um Konten für Differenzen zu definieren, die auf den Verbrauch angewendet werden.

Wenn der Schritt »Abschluss buchen« der Istkalkulation eine Neubewertung des Verbrauchs zulässt (Einstellung VERBRAUCH NACHBEWERTEN, dargestellt in Abbildung 4.26), aktualisiert der Kalkulationslauf das für den Vorgangsschlüssel COC definierte Konto mit dem Differenzwert. Der Ausgleich dazu ist das entsprechende Konto, das für PRY/PSL definiert wurde.

! Vorgangs-/Ereignisschlüssel PRV und KDV

Die Vorgangsschlüssel PRV (mehrstufige Differenzen) und KDV (mehrstufige Kursdifferenzen) sind beide obsolet. Im Material-Ledger wird nicht mehr zwischen einstufigen und mehrstufigen Differenzbuchungen pro Konto unterschieden.

Vorgangsschlüssel COC

Wenn möglich, werden die Differenzen dem Bestand zugeordnet. Werden jedoch Materialien aus dem Bestand ausgegeben, z. B. bei Lieferungen an Kunden oder bei der Verschrottung, müssen auch die diesen Materialien zugeordneten Differenzen verarbeitet werden. Der Vorgangsschlüssel COC (Sonstiges Verbrauchsmaterial) wird für Buchungsdifferenzen im Zusammenhang mit der Ausgabe von Materialien aus dem Bestand verwendet. Diese Konfiguration definiert die Standard-Kontozuordnung für alle Verbrauchsbewegungsarten, einschließlich 201 (Ausgabe an eine Kostenstelle), 551 (Verschrottung) und 601 (Auslieferung), sowie für andere ähnliche Bewegungen. Für einige Bewegungsarten genügt die Verwendung eines allgemeinen Verbrauchsdifferenzkontos nicht immer den spezifischen Anforderungen. Ein Beispiel hierfür ist, wenn bei der Erstellung einer Auslieferung an einen Kunden Differenzen direkt einem oder mehreren für COGS definierten Konten zugeordnet werden. Die COC-Kontierung kann übersteuert werden, wenn einer Bewegungsart eine spezielle Bewegungsartengruppe zugeordnet ist. So wird z. B. durch die Zuordnung der Bewegungsartengruppe OB zu 601 in Abbildung 4.5 das Verhalten der Auslieferung dahingehend geändert, dass die Differenzen auf die zum Vorgangsschlüssel GBB/VAX definierten Konten gebucht werden. Dies wurde bereits in Abschnitt 4.5.1 behandelt. Die Gegenbuchung für diesen Schlüssel ist PRY mit Modifikator PSL. Wenn COC und PRY/PSL dieselben Konten zugeordnet sind, heben sich die Buchungen gegenseitig auf.

☛ Kontomodifikatoren für Materialbewegungen

Kontomodifikatoren, die mit Buchungen von Bewegungsarten verbunden sind, sind konfigurierbar, um eine weitere Trennung von Konten für verschiedene Situationen zu ermöglichen. Der VAX-Modifikator für den Vorgangsschlüssel GBB wird beispielsweise verwendet, um das Umsatzkostenkonto (COGS) anzugeben. Er ist in der Kontomodifikation für die Konfiguration von Bewegungsarten mehreren Bewegungsarten zugeordnet (verwenden Sie die Transaktion *OMWN* oder den Menüpfad MATERIALWIRTSCHAFT • BEWERTUNG UND KONTIERUNG • KONTENFINDUNG • KONTENFINDUNG OHNE ASSISTENT • KONTOMODIFIKATION FÜR BEWEGUNGSARTEN FESTLEGEN). Die Bewegungsart 601 wird für Sendungen an einen Kunden und die Bewegungsart 643 für innerbetriebliche Sendungen verwendet. Wie von SAP ausgeliefert, verwenden diese beiden Bewegungsarten den VAX-Modifikator, sodass die Buchungen über das gleiche COGS-Konto erfolgen. Um zwischen diesen beiden Buchungen zu unterscheiden, ändern Sie den VAX-Modifikator, der für den 643-Bewegungsarten-Vorgangsschlüssel GBB definiert ist, in eine andere dreistellige Kennung wie ICC (Intercompany COGS). Definieren Sie anschließend eine separate Kontenfindung für GBB/ICC über die Transaktion *OBYC* oder den Menüpfad MATERIALWIRTSCHAFT • BEWERTUNG UND KONTIERUNG • KONTENFINDUNG • KONTENFINDUNG OHNE ASSISTENT • AUTOMATISCHE BUCHUNGEN EINRICHTEN.

Vorgangsschlüssel UMB

Der Vorgangsschlüssel UMB (Gewinn/Verlust aus Umbewertung) definiert die Konten, die bei der Neubewertung des Bestands zum Zeitpunkt der Freigabe der Plankalkulation verwendet werden. Dies geschieht typischerweise zu Beginn einer Periode. Wenn die Istkalkulation für die Vorperiode durchgeführt wird, werden die in dieser

Periode aufgelaufenen Differenzen auf den Restbestand der Periode gebucht. Ein weiterer Finanzbeleg wird erstellt, um die Differenzen zu Beginn der aktuellen Periode zu stornieren, da die Bestandswerte mit dem Standardwert für diese Periode gepflegt werden. Wird dem Material zu Beginn der neuen Periode ein neuer Preis zugeordnet, der eine Umbewertungsbuchung mit dem Vorgangsschlüssel UMB auslöst, so wird dieser Wert beim Material-Ledger-Abschluss für die neue Periode mit demselben Vorgangsschlüssel storniert. Verbleibende Differenzen werden den durch den Vorgangsschlüssel PRY definierten Konten zugewiesen. Für viele Unternehmen ist dies nicht wünschenswert, da sie die Umbewertung aufgrund von Nachbuchungen auf einem anderen als dem für den Materialbuchabschluss verwendeten Konto nachverfolgen möchten. Der SAP-Hinweis 566791[7] beschreibt, wie die Zuordnung des Vorgangsschlüssels geändert werden kann. Hierfür muss ein neuer Vorgangsschlüssel definiert und die Tabelle `T169A` aktualisiert werden, um auf diesen neuen Schlüssel für die Wertestrings ML03 und ML04 zu zeigen.

Die Wertestrings für die Abschlussbuchungen des Material-Ledgers sind:

- ML03 – Material-Ledger-Abschlussbuchung mit Bewertung der Materialien
- ML04 – Material-Ledger-Abschlussbuchung ohne Bewertung der Materialien

Die Tabelle `T169A` steuert, welche Vorgangsschlüssel (`T169A-KTOSL`) für jeden Buchungsstring (`T169A-BUSTW`) verwendet werden. Für die Zuordnung zu den Wertestrings muss entweder ein unbenutzter Schlüssel oder ein neuer Vorgangsschlüssel angelegt werden. Der Hinweis schlägt die Verwendung eines neuen Schlüssels UMY vor. Dieser wird über den Menüpfad MATERIALWIRTSCHAFT • EINKAUF • KONDITIONEN • PREISFINDUNG FESTLEGEN • VORGANGSSCHLÜSSEL DEFINIEREN angelegt. Abbildung 4.27 zeigt die Definition des neuen UMY-Schlüssels.

[7] SAP-Hinweis 566791: »Umbewertungsbuchung für Materialbuchabschluss«

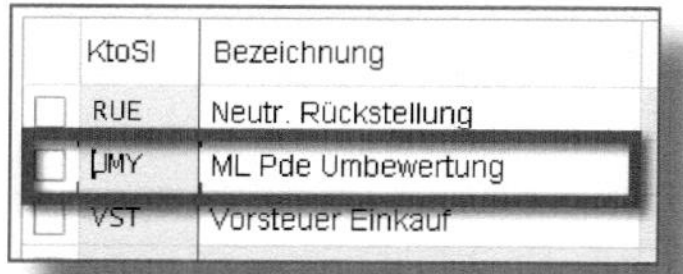

KtoSl	Bezeichnung
RUE	Neutr. Rückstellung
UMY	ML Pde Umbewertung
VST	Vorsteuer Einkauf

Abbildung 4.27: Neuen Vorgangsschlüssel definieren

UMY kann nun zur Definition der Kontenfindung verwendet werden (siehe Abbildung 4.28). In diesem Stadium hat UMY jedoch noch keine Verbindungen im Material-Ledger, um die Kontierungen zu verwenden.

Gruppe: RMK Buchungen der Materialwirtschaft (MM)

Vorgänge

Bezeichnung	Vorgang	Kontenfindung
Aufwand/Ertrag aus Umbewertung	UMB	✓
Aufwand/Ertrag aus Umbew. (Delta)	UMD	✓
ML Pde Umbewertung	UMY	✓
Ungeplante Bezugsnebenkosten	UPF	✓

Abbildung 4.28: Kontenfindung für neuen Schlüssel UMY

Diese Verbindungen werden durch Änderung der Einträge in der Tabelle `T169A` für die Wertestrings ML03 und ML04 erstellt. Ändern Sie das Feld für die Vorgangsschlüssel für die mit UMB definierten Zeilen auf den neuen Vorgangsschlüssel (siehe Abbildung 4.29). Dabei sollte äußerst vorsichtig vorgegangen werden, um sicherzustellen, dass nur diese beiden Felder in der Tabelle geändert werden. Hierfür muss die Tabelle manuell aktualisiert werden.

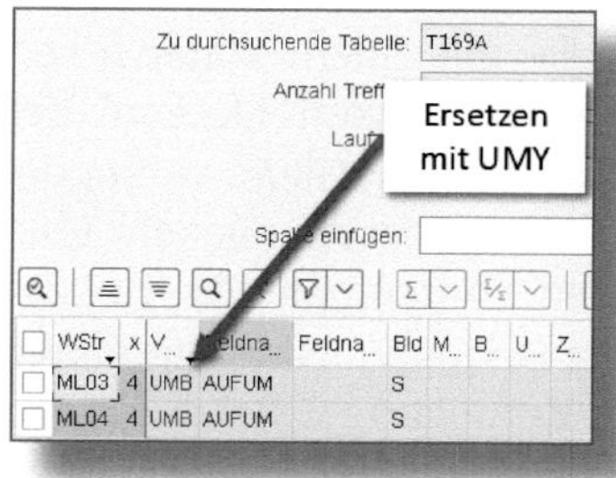

Abbildung 4.29: Aktualisieren der Tabelle T169A mit neuem Vorgangsschlüssel

Vorgangsschlüssel LKW

Der Schlüssel LKW definiert Abgrenzungskonten für Material-Ledger-Abrechnungseinträge. Er wird in der Istkalkulation verwendet, wenn der Bestand nicht neu bewertet werden soll. Es können auch andere Konten als die Standard-Bestandskonten für die Erfassung der Differenzen verwendet werden. Dieser Vorgangsschlüssel wird angewendet, wenn im Schritt ABSCHLUSS BUCHEN des Material-Ledger-Kalkulationslaufs MATERIAL UMBEWERTEN und VERBRAUCH NACHBEWERTEN nicht ausgewählt sind (siehe Abbildung 4.26). Es ersetzt dann das im Vorgangsschlüssel BSX definierte Bestandskonto für die Buchung der Differenzen. Die Gegenbuchungen verwenden den Schlüssel PRY.

Vorgangsschlüssel KDM

Beim Einkauf von Materialien in Fremdwährungen können Kursdifferenzen auftreten. Der Wechselkurs zum Zeitpunkt des Kaufs kann von dem abweichen, der in die Standardkosten für das gekaufte Material einkalkuliert wurde. Außerdem kann sich der Wechselkurs zum Zeitpunkt des Rechnungseingangs von dem für den Wareneingang verwendeten Kurs unterscheiden. Diese Differenzen werden mit Hilfe des Vorgangsschlüssels KDM erfasst. Das funktioniert ähnlich wie bei dem Vorgangsschlüssel PRY. Wenn den Konfigurationen kein Kontomodifikator zugeordnet ist, gilt diese Buchung für diejenigen Kursdifferenzen, die bei der Bearbeitung des Bestell-Wareneingangs oder des Rechnungseingangs direkt auf das Material zutreffen.

Vorgangsschlüssel KDM mit Modifikator PNL

Der PNL-Modifikator wird verwendet, um die mit einem Material verbundenen Kursdifferenzen zu buchen, wenn es vom Material der nächsten Ebene verbraucht wird. Die mit dem Wechselkurs verbundenen Differenzen werden von der aktuellen Ebene in die nächste Ebene verschoben und auf den dort definierten Konten gebucht. Bei der ersten Weitergabe der Differenzen wird die Gegenbuchung durch den KDM-Schlüssel ohne Modifikator definiert. Kumulierte Differenzen, die von diesem Niveau aus nach oben geschoben werden, werden dann mit dem Schlüssel KDM mit dem Modifikator PNL ausgeglichen.

Vorgangsschlüssel KDM mit Modifikator PSL

Wie der Vorgangsschlüssel PRY ist der PSL-Modifikator mit Differenzen verbunden, die zum Verbrauch geschoben werden. KDM bezieht sich in diesem Fall auf die kumulierten Differenzen im Zusammenhang mit Kursdifferenzen. Im Falle eines externen Verbrauchs wird die Gegenbuchung durch den Schlüssel GBB mit dem Modifikator VAX oder dem spezifischen Modifikator, der der Bewegungsart zugeordnet ist, definiert. Interne Verbrauchsdifferenzen werden über den COC-Vorgangsschlüssel verrechnet.

Vorgangsschlüssel PRL

Der PRL-Schlüssel wird verwendet, um die Konten zu identifizieren, die für Buchungsdifferenzen im Zusammenhang mit dem Ist- im Vergleich zum Plan-Leistungsartentarif vorgesehen sind. Wenn Ist-Leistungsartentarife ermittelt und diese Differenzen für die Verwendung in der Istkalkulation konfiguriert werden, werden die Buchungen auf die mit Vorgangsschlüssel PRL definierten Konten vorgenommen. Die Gegenbuchung wird über den Vorgangsschlüssel GBB mit dem Modifikator AUI (Nachbelastung des Istpreises von der Kostenstelle direkt an das Material) definiert. Für S/4HANA 1610 und später sollte dies, sofern die Bewertungsklasse als Teil der Kontenfindung definiert ist, leer gelassen werden, da die Bewertungsklasse als irrelevant für diesen Vorgang angesehen wird.

Vorgangsschlüssel WPM

Wenn die Istkalkulation so konfiguriert ist, dass WIP während des Istkalkulationslaufs mit kumulierten Differenzen umbewertet wird (siehe Abbildung 4.18), dann wird über den WPM-Schlüssel festgelegt, welche Konten für die Fortschreibung verwendet werden. Dies geschieht, wenn das Feld L.-IST bei aktivierter Istkalkulation auf 2 gesetzt ist (siehe Abschnitt 4.5.2 und Abbildung 4.13). Differenzen werden dann auf dieses Konto gebucht, wobei die Gegenbuchung auf das im Vorgangsschlüssel PRM definierte Konto erfolgt. Typischerweise sind die dem WPM zugeordneten Konten Bilanzkonten, und die Kombination aus dem Standard-WIP-Konto und dem WPM-definierten Konto ergibt den WIP-Wert unter Verwendung von Istpreisen.

Vorgangsschlüssel PRM

Die Gegenbuchungen, die mit dem Vorgangsschlüssel WPM verbunden sind, werden über den Schlüssel PRM (WIP-Differenzen ausbuchen) definiert.

Vorgangsschlüssel WPA

Dieser Schlüssel definiert die Konten für Ist-Leistungsartdifferenzen im Zusammenhang mit unvollständigen Produktionsaufträgen. Wenn Leistungsartendifferenzen für die Einbeziehung in die Istkalkulation konfiguriert sind (Feld L.-IST auf 2 gesetzt – siehe Abbildung 4.13), müssen diese Konten konfiguriert werden. Die Gegenkonten werden mit dem Vorgangsschlüssel PRA definiert.

Vorgangsschlüssel PRA

Der Ausgleich zu den mit dem Vorgangsschlüssel WPA verbundenen Buchungen wird über den Schlüssel PRA (WIP-Leistungsdifferenzen ausbuchen) definiert.

4.5.5 Aufgaben nach der Konfiguration

Abhängig von den Schritten, mit denen die Istkalkulation für eine Anlage aktiviert wird, müssen einige Nachkonfigurationsaufgaben durchgeführt werden. Dabei handelt es sich um Normalvorgänge, die nicht als Konfiguration betrachtet werden.

CKMSTART – Material-Ledger-Inbetriebnahme für eine Anlage

Wenn ein neues Werk angelegt wird, muss es nach Abschluss der Konfiguration im System produktiv gesetzt werden. Die Transaktion *CKMSTART* (oder die Fiori-App »Produktivstart Material-Ledger«) führt diese Aufgabe aus und wird in Abschnitt 1.1.3 behandelt. Im aktuellen Szenario wird ein Werk auf die Istkalkulation umgestellt. In diesem Fall muss CKMSTART nicht ein zweites Mal ausgeführt werden, da das Material-Ledger bereits aktiv ist.

CKMM – Update der Materialpreisermittlung

Wenn ein Werk, das bereits im Material-Ledger geführt wird wie im aktuellen Szenario, auf die Istkalkulation umgestellt wird, muss die Preisermittlung für die Materialien, die für die Istkalkulation selektiert sind, von 2 (vorgangsbezogen) auf 3 (ein-/mehrstufig) geändert werden. Dies kann nicht direkt in der Transaktion *MM02* für die Materialstammpflege erfolgen. Die Transaktion *CKMM* (oder die Fiori-App »Materialpreisermittlung ändern«) ist die einzige Möglichkeit, diese Änderung durchzuführen.

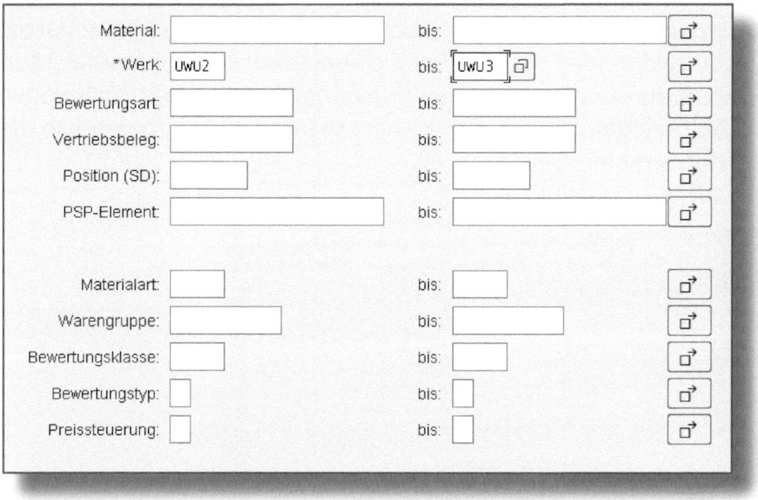

Abbildung 4.30: Transaktion CKMM – Materialauswahl

Abbildung 4.30 zeigt die Materialauswahlmöglichkeiten für die Transaktion. WERK ist ein Pflichtfeld. Es können weitere Optionen ausgewählt werden, um den Bereich der auszuwählenden Materialien einzugrenzen. In diesem Fall werden alle Materialien verarbeitet, die für die Werke UWU2 und UWU3 auf PREISSTEUERUNG S eingestellt sind.

Abbildung 4.31 zeigt die Auswahlmöglichkeiten für die Verarbeitung an. Der Abschnitt MATERIALBESTAND EINSCHRÄNKEN legt fest, ob LAGERMATERIAL oder SONDERBESTAND verarbeitet wird. Der Abschnitt PROGRAMMABGRENZUNGEN bestimmt die Änderungen, die am Materialstamm vorgenommen werden sollen. Die alten und neuen Preisermittlungen müssen zusammen mit der NEUEN PREISSTEUERUNG angegeben werden. Nur bei Materialien, bei denen PREISERMITTLUNG ALT auf 2 eingestellt ist, können auf eine PREISERMITTLUNG NEU von 3 geändert werden. Die NEUE PREISSTEUERUNG wird auf S gesetzt. Wenn die Preisermittlung auf 3 geändert wird, muss die neue Preissteuerung auf S gesetzt werden. Seien Sie vorsichtig bei Änderungen der Preisermittlung mit CKMM! Wenn die Preisermittlung versehentlich von 3 auf 2 gesetzt wird, geht die Historie der Istkalkulation verloren. Diese Änderung sollte nur für Materialien vorgenommen werden, die beim Anlegen fälschlicherweise auf die Preisermittlung 3 gesetzt wurden. Seien Sie außerdem vorsichtig bei der Auswahl der Materialien; Materialien, die für den gleitenden Durchschnitt eingestellt sind, können leicht in den Standardpreis geändert werden, wenn die falschen Materialien ausgewählt werden. Der Abschnitt ABLAUFSTEUERUNG steuert, wie die Transaktion ausgeführt wird.

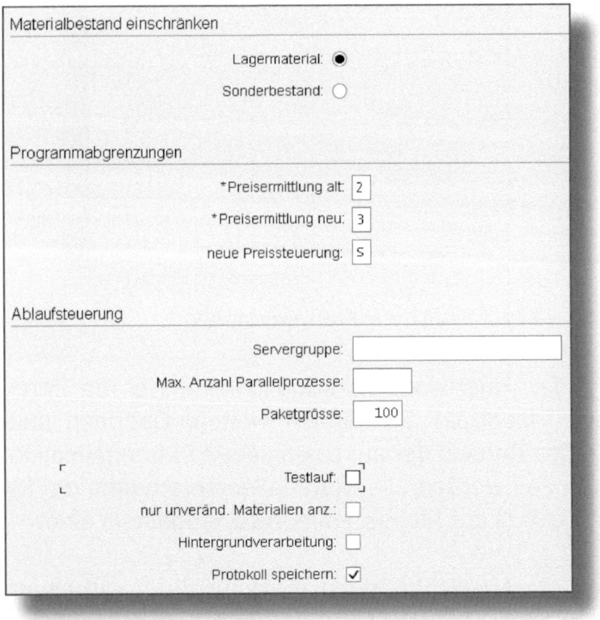

Abbildung 4.31: Transaktion CKMM – Verarbeitungsselektionen

Nachdem die ausgewählten Materialien verarbeitet sind, erscheint ein Bericht, der den Status aller geänderten Materialien anzeigt (siehe Abbildung 4.32).

Änderung der Materialpreisermittlung

von Preisermittlung 2
nach Preisermittlung 3
Neue Preissteuerung S

72 Datensätze in Tabelle MBEW geändert.
72 Datensätze in Tabelle CKMLHD geändert.
0 Datensätze davon Muttersegmente.

Stat...	BwtK	Material	Beleg	Pos	PSP-Elm	MatArt	BewKl	Materialkurztext
■	UWU3	R108				ROH	3000	Blauer Farbstoff
■	UWU3	R107				ROH	3000	Verdickungsmittel
■	UWU3	R110				ROH	3000	Schwarzer Farbstoff
■	UWU3	V500				VERP	3050	Stiftverpackung
■	UWU3	R103				ROH	3000	Kunststoffpulver - rot
■	UWU3	R104				ROH	3000	Kunststoffpulver - grün
■	UWU3	R105				ROH	3000	Schmiermittel
■	UWU3	R106				ROH	3000	Tensid
■	UWU3	R102				ROH	3000	Kunststoffpulver - weiß
■	UWU3	R101				ROH	3000	Messingblech
■	UWU3	R100				ROH	3000	Wolframcarbid Kugel

Abbildung 4.32: Bericht mit den im CKMM geänderten Materialien

CKMADJUST – Bilanzkonten in FI abstimmen

Diese Transaktion muss nur ausgeführt werden, wenn es ein Problem mit den Bestandswerten in der zweiten oder dritten Material-Ledger-Währung gibt. Dies tritt normalerweise nicht auf, da das Material-Ledger für S/4HANA beim Anlegen eines neuen Werks benötigt wird. Bei einer Konvertierung von SAP ERP ECC6 nach S/4HANA kann dies jedoch zu einem Problem werden. Näheres finden Sie im SAP-Hinweis 596558[8].

[8] SAP-Hinweis 596558: »Material-Ledger-Produktionsanlauf«

Wenn die Notwendigkeit besteht, diese Transaktion auszuführen, muss ein Bestandskorrekturkonto definiert werden, um die Buchungen in den Alternativwährungen auszugleichen. Es muss die folgenden Attribute aufweisen:

- GuV-Konto
- Kontowährung ist Buchungskreiswährung
- SALDEN NUR IN HAUSWÄHRUNG eingestellt
- NUR AUTOMATISCH BEBUCHBAR eingestellt
- VERWALTUNG OFFENER-POSTEN- deaktiviert
- kein Abstimmungskonto

Außerdem sollte dieses Bestandskorrekturkonto nicht zu den Standardbestandskonten gehören, da sonst Probleme bei der Abstimmung der Ledger entstehen.

4.6 Material-Ledger-Belege

In der laufenden Periode werden alle bewerteten Warenbewegungen für Materialien mit Preissteuerung S zum Standardwert verarbeitet. Einige Arten von Warenbewegungen können dazu führen, dass Preisabweichungen gebucht werden müssen. Wenn Sie z. B. einen Wareneingang aus einer Bestellung vornehmen, stimmt der in der Bestellung geforderte Wert möglicherweise nicht mit den Standardkosten des Materials überein. Der tatsächliche Wareneingang wird im Soll mit dem Standardpreis auf dem Bestandskonto gebucht und der Wert der Bestellposition im Haben auf dem WE/RE-Konto. Um die beiden Buchungen auszugleichen, wird die Differenz auf ein Abweichungskonto gebucht.

Das Material R101(MESSINGBLECH) im Werk UWU7 wird über die Bestellung 4500003611 beschafft (siehe Abbildung 4.33). Die markierte Zeile zeigt einen Wert von 565,90 USD pro 100 kg. Der Standardwert beträgt 600,00 USD pro 100 kg.

NB Normalbestellung | 4500003611 | Lieferant 1000220 Ink Supply | Belegdatu

Kopf

S...	Pos	K	P		Material	Kurztext	Bestellmenge	BME	T	Lieferdatum	Nettop...	Wä...	pro	BPM
	10				R100	Wolframcarbid Kugel	7.200	ST	D	31.10.2019	37,45	USD	100	ST
	20				R101	Messingblech	7.500	KG	D	31.10.2019	565,90	USD	100	KG
	30				R102	Kunststoffpulver - weiß	8.000	KG	D	31.10.2019	105,75	USD	100	KG

Abbildung 4.33: Bestellposition für Material R101

Abbildung 4.34 zeigt den Finanzbuchhaltungsbeleg für den Wareneingang, der mit der Bestellung verbunden ist. Position 4 zeigt das Bestandskonto 13100000, das um einen Betrag von 45.000,00 USD aktualisiert wurde (7.500 kg multipliziert mit 600 USD dividiert durch 100 kg). Die nächste Zeile zeigt die WE/RE-Buchung mit einem Betrag von -42.442,50 USD, was dem Bestellwert multipliziert mit der Menge entspricht. Auf dem Preisabweichungskonto 52541000 wird eine Differenz von -2.557,50 USD gebucht, da der Zugangswert den WE/RE-Wert nicht vollständig ausgleichen konnte.

Werk	Material	Vor	Pos	Konto	Bezeichnung	Betrag	Währg	Menge	BME
UWU7	R101	BSX	4	13100000	Bestand Rohstoffe	45.000,00	USD	7.500	KG
UWU7	R101	WRX	5	21120000	WE/RE	42.442,50-	USD	7.500-	KG
UWU7	R101	PRD	6	52541000	Ertrag Prdiff Fremd	2.557,50-	USD	7.500-	KG

Abbildung 4.34: Buchhaltungsbeleg für Wareneingang von R101

In der aktuellen Periode ist diese Abweichung nicht direkt mit dem Material verbunden. Dies geschieht erst im Rahmen des Istkalkulationslaufs, der nach Ablauf der aktuellen Periode durchgeführt wird. Gleichzeitig mit dem Finanzbuchhaltungsbeleg wird auch ein Materialbuchbeleg erstellt. In der Ansicht der Belege für eine Warenbewegung im Rechnungswesen kann der Material-Ledger-Beleg ausgewählt werden (siehe Abbildung 4.35).

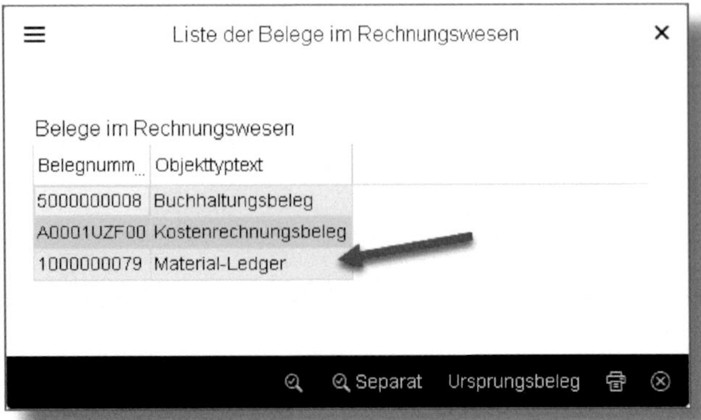
Liste der Belege im Rechnungswesen

Belege im Rechnungswesen

Belegnumm...	Objekttyptext
5000000008	Buchhaltungsbeleg
A0001UZF00	Kostenrechnungsbeleg
1000000079	Material-Ledger

Abbildung 4.35: Fenster zur Auswahl des Buchhaltungsbelegs

Doppelklicken Sie auf MATERIAL-LEDGER, um den Material-Ledger-Beleg zu sehen, der jede Position auflistet, die im Rahmen des Wareneingangs bearbeitet wurde (siehe Abbildung 4.36).

Material-Ledger Fortschreibung

Belegnummer 1000000079
Benutzer/in KING
Periode 010.2019
Währung/Bewertung Buchungskreiswährung USD

Pos...	Material	Materialkurztext	Werk	Mengenänd...	Einheit	Wertänderung	Währg	PA
1	R100	Wolframcarbid Kugel	UWU7	7.200	ST	2.880,00	USD	UP
2	R101	Messingblech	UWU7	7.500	KG	45.000,00	USD	UP
3	R102	Kunststoffpulver - weiß	UWU7	8.000	KG	9.600,00	USD	UP

Abbildung 4.36: Material-Ledger-Beleg

Doppelklicken Sie auf die Zeile für das Material R101, um die detaillierten Beleginformationen zu sehen. Die Registerkarte ZUGANG, dargestellt in Abbildung 4.37, enthält die verschiedenen Differenzen, die mit der Warenbewegung verbunden sind.

Der Istkalkulationslauf verarbeitet alle Material-Ledger-Belege der Periode und ordnet die gesammelten Differenzen dem Material zu. Diese

Unterschiede werden als einstufige Differenzen betrachtet und stehen in direktem Zusammenhang mit dem Material selbst.

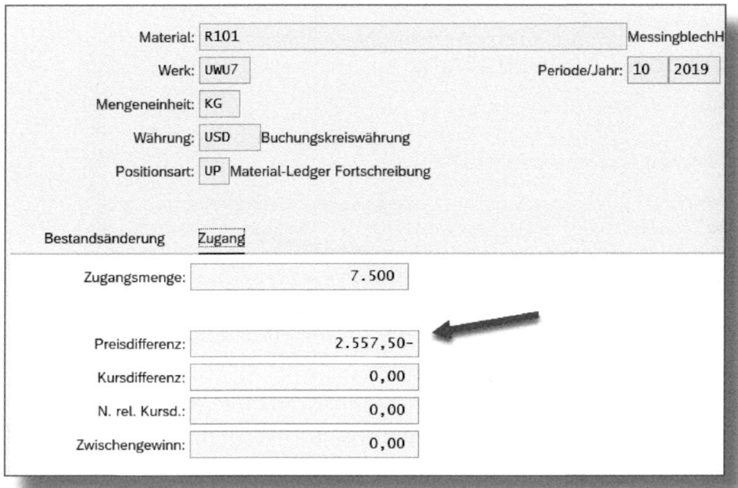

Abbildung 4.37: Material-Ledger-Belegzeilendetails

Nicht alle Unterschiede sind auf eine bestimmte Warenbewegung zurückzuführen. Für gekaufte Artikel gibt es normalerweise einen zweistufigen Prozess. Auf den Wareneingang folgt in der Regel ein Rechnungseingang zu einer späteren Zeit. Aus diesem Rechnungseingang können weitere Differenzen erzeugt werden, die aber nicht direkt mit dem ursprünglichen Wareneingang zusammenhängen. Ein weiteres Beispiel hierfür sind Abweichungen im Rahmen einer Produktionsauftragsabrechnung, wie unter Abbildung 4.38 dargestellt. Diese Differenzen werden direkt auf das Material angewendet, ohne mit einer Warenbewegung verbunden zu sein.

Bisherige Abrechnungen - abgerechnete Werte

Sender	Kurztext Sender	Empfänger	ΣWert/KW/Lg	Inform.
AUF 1002846	Tintenbehälter	MAT UWU7/H107	117,59	
			▪ **117,59**	

Abbildung 4.38: Abrechnungsabweichungen bei Fertigungsaufträgen

Im Rahmen der Auftragsabrechnung wird ein separater Material-Ledger-Beleg erstellt (siehe Abbildung 4.39). Beachten Sie, dass keine Bestands- oder Bewertungsänderung stattgefunden hat.

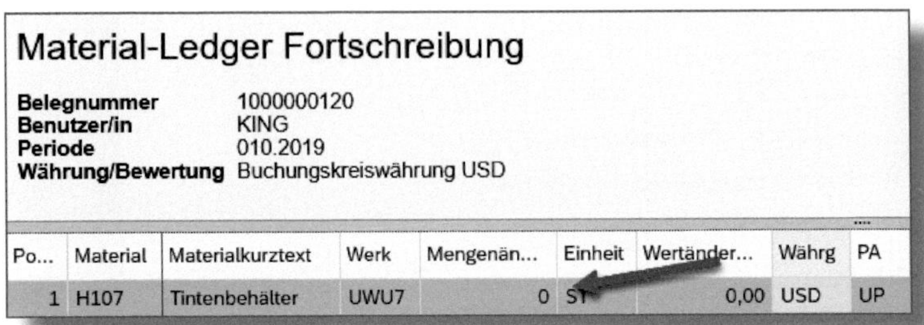

Material-Ledger Fortschreibung

Belegnummer 1000000120
Benutzer/in KING
Periode 010.2019
Währung/Bewertung Buchungskreiswährung USD

Po...	Material	Materialkurztext	Werk	Mengenän...	Einheit	Wertänder...	Währg	PA
1	H107	Tintenbehälter	UWU7	0	ST	0,00	USD	UP

Abbildung 4.39: Material-Ledger-Beleg für die Auftragsabrechnung

Durch Drilldown der Belegposition und Öffnen der Registerkarte ZUGANG (siehe Abbildung 4.40) wird die mit der Abrechnung verbundene Differenz angezeigt. Material-Ledger-Belege werden nicht nur für Warenbewegungen erstellt, sondern auch für Vorgänge, die dazu dienen, Differenzen einem Material zuzuordnen.

Material: H107 Tintenbehälter
Werk: UWU7 Periode/Jahr: 10 2019
Mengeneinheit: ST
Währung: USD Buchungskreiswährung
Positionsart: UP Material-Ledger Fortschreibung

Bestandsänderung Zugang

Zugangsmenge: 0

Preisdifferenz: 117,59
Kursdifferenz: 0,00
N. rel. Kursd.: 0,00
Zwischengewinn: 0,00

Abbildung 4.40: Details zum Material-Ledger-Beleg für die Auftragsabrechnung

Verwenden Sie die App »Material-Ledger-Belege anzeigen« (SAPGUI-Transaktion *CKMB*), um auf die Belege zuzugreifen. Wählen Sie einen bestimmten Beleg aus oder lassen Sie sich eine Liste von Belegen nach verschiedenen Kriterien wie Werk, Material, Belegart, Geschäftsperiode, Datum usw. anzeigen. Eine Liste von Material-Ledger-Belegen wird in Abbildung 4.41 angezeigt. Doppelklicken Sie auf eine bestimmte Zeile, um den Beleg aufzuschlüsseln.

ML-Vorgangsart	Jahr	Belegnummer	Benutzer	Erfasst am	Erfaßt um	Storno
Material-Ledger Abschluß	2019	2000000002	KING	07.11.2019	20:12:37	
Material-Ledger Fortschreibung		1000000133	KING		20:09:55	
		1000000132	KING		20:09:54	
		1000000131	KING			
		1000000130	KING		20:09:53	
		1000000129	KING			
		1000000128	KING			
		1000000127	KING		20:09:52	
		1000000126	KING			
		1000000125	KING		20:09:51	
Material-Ledger Abschluß		2000000001	KING		19:19:04	X
		2000000000	KING		18:57:50	
Material-Ledger Fortschreibung		1000000124	KING		15:17:47	
Preisänderung		3000000433	KING		15:17:46	
Material-Ledger Fortschreibung		1000000122	KING	31.10.2019	22:18:29	
		A0001UMA00	KING		22:18:28	

Abbildung 4.41: Liste der Material-Ledger-Belege

4.7 Ausführen des Kalkulationslaufs

Für die Berechnung der tatsächlichen Materialkosten ist ein spezieller Kalkulationslauf erforderlich. Dieser wird als Teil der Periodenabschlussaktivitäten für die vorherige Periode ausgeführt. Ziel des Kalkulationslaufs ist es, mit Abweichungen verbundene Differenzen zu kumulieren, die direkt dem Material zuzuordnen sind (einstufige Differenzen), einschließlich der Differenzen, die zu untergeordneten Komponenten eines bestimmten Materials gehören (mehrstufige Differenzen). Zu den einstufigen Differenzen gehören Einkaufspreisabweichungen, Materialtransferabweichungen und Fertigungsauftragsabweichungen. Mehrstufige Differenzen werden von den eingekauften Materialien der untersten Stufe über die gesamte Lieferkette kumuliert und anteilig dem Material der nächsten Stufe zugeordnet, bis die Endprodukte verarbeitet sind.

Der Kalkulationslauf wird als mehrstufiger Prozess ausgeführt. Nach dem Anlegen eines Kalkulationslaufs für die betreffende Periode sind fünf Schritte zu bearbeiten:

1. SELEKTION – Materialien werden für die Aufnahme in den Kalkulationslauf ausgewählt.
2. VORBEREITUNG – die ausgewählten Materialien werden auf Basis des Verbrauchs der untergeordneten Materialien in die übergeordneten Materialien in Kalkulationsstufen eingeordnet.
3. ABRECHNUNG – Differenzen werden den Materialien auf jeder Ebene zugeordnet.
4. ABSCHLUSS BUCHEN – die im Abrechnungsschritt ermittelten Differenzen werden auf der Basis der Istkalkulationskonfiguration auf bestimmte Hauptbuchkonten gebucht.
5. PREISE VORMERKEN – dies ist ein optionaler Schritt, bei dem die in den vorherigen Schritten ermittelten Istkosten als zukünftiger Standardpreis für jedes Material zugewiesen werden können.

4.7.1 Anlegen des Kalkulationslaufs

Die Verwaltung und Bearbeitung des Kalkulationslaufs erfolgt über die Fiori-App »Istkalkulationsläufe bearbeiten« oder über die Transaktion *CKMLCP*. Ein neuer Kalkulationslauf wird angelegt, indem Sie auf KALKULATIONSLAUF ANLEGEN klicken, wie in Abbildung 4.42 dargestellt. Das Feld APPLIKATION sollte auf ISTKALKULATION eingestellt sein.

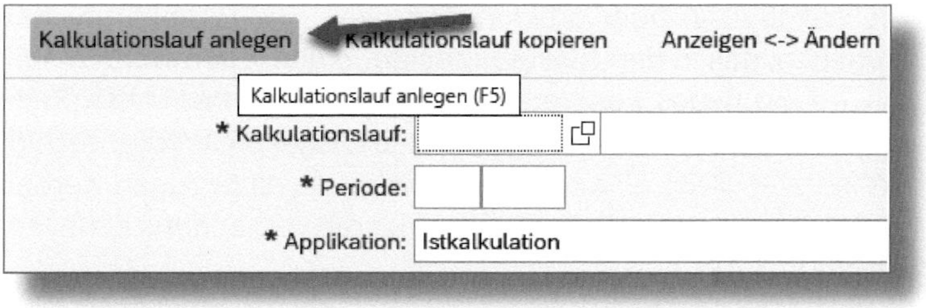

Abbildung 4.42: Kalkulationslauf anlegen unter »Istkalkulationsläufe bearbeiten«

Es erscheint ein separates Fenster zur Eingabe der Kennung des Kalkulationslaufs (siehe Abbildung 4.43). Eine Kalkulationslauf-Kennung besteht aus einem Namen (bis zu acht Zeichen lang) sowie einem Punkt und einem Jahr. Der gleiche Kalkulationslaufname kann für mehrere Perioden und Jahre verwendet werden. Dem Kalkulationslauf sollte auch ein beschreibender Name zugewiesen werden. Stellen Sie sicher, dass das Optionsfeld ISTKALKULATIONSLAUF für die Anwendung ausgewählt ist. Dies sollte bereits basierend auf der APPLIKATIONS-Zuordnung in Abbildung 4.42 voreingestellt sein.

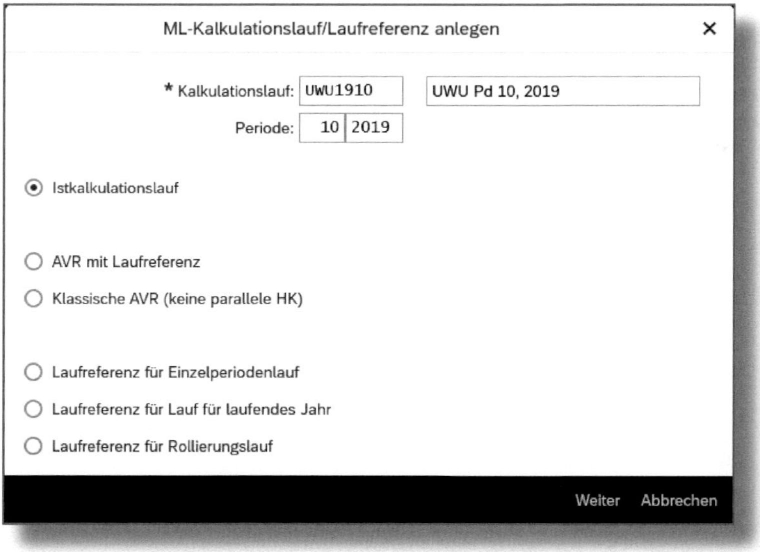

Abbildung 4.43: Selektionen für einen neuen Kalkulationslauf

Klicken Sie auf WEITER oder drücken Sie die [Enter]-Taste, um das Werk einzugeben, das in den Kalkulationslauf einbezogen werden soll. Daraufhin wird ein neues Fenster angezeigt, das auf der linken Seite eine Liste der in den Kalkulationslauf einbezogenen Werke anzeigt und auf der rechten Seite eine Liste der Werke, die einbezogen werden können. Bei einem neuen Kalkulationslauf ist die vorhandene Liste leer (siehe Abbildung 4.44).

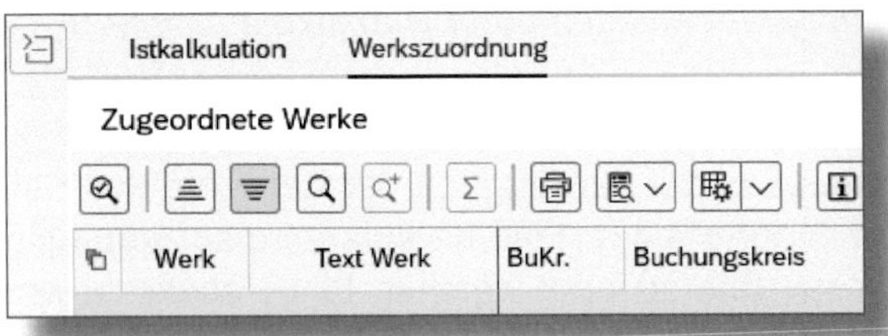

Abbildung 4.44: Werksliste vor Zuordnung

Wählen Sie die gewünschten Werke aus der verfügbaren Liste auf der rechten Seite aus (siehe Abbildung 4.45). Um alle verfügbaren Werke einzubeziehen, klicken Sie auf die Schaltfläche [«]. Um ein Werk einzeln auszuwählen, klicken Sie auf das Kontrollkästchen links neben dem Namen des jeweiligen Werks. Um mehrere Anlagen auszuwählen, drücken Sie die [⇧]-Taste oder die [Strg]-Taste, während Sie mit der Maus klicken. Klicken Sie anschließend auf die Schaltfläche [<], um das Werk zuzuordnen.

Verfügbare Werke

	Werk	Text Werk	BuKr.	Buchungskreis
☐	UWU5	Atlanta Plant	K104	National Pens
☑	UWU7	Los Angeles Plant	K105	Univ Writing Utensils LLC
☑	UWU8	Chicago Plant	K105	Univ Writing Utensils LLC

Abbildung 4.45: Werke, die in den Kalkulationslauf einbezogen werden können

Die Aufzählung der in den Kalkulationslauf einbezogenen Werke erscheint nun unter der Liste ZUGEORDNETE WERKE auf der linken Seite des Fensters (siehe Abbildung 4.46). Klicken Sie auf die Schaltfläche Sichern am unteren Rand des Bildschirms (hier nicht dargestellt), um den Kalkulationslauf zu speichern.

Abbildung 4.46: Werke, die dem Kalkulationslauf zugeordnet sind

Die Registerkarte Istkalkulation

Auf der Registerkarte ISTKALKULATION kann eine alternative Bewertungsmethode für den Kalkulationslauf ausgewählt werden, z. B. FIFO oder LIFO.

Nachdem die allgemeinen Informationen für den Kalkulationslauf gespeichert wurden, wird der Abschnitt VERARBEITUNG angezeigt. Abbildung 4.47 zeigt die fünf Schritte, aus denen sich der Kalkulationslauf zusammensetzt. Beachten Sie, dass es für jeden Schritt zwei Ergebnisabschnitte gibt. Der erste Bereich, bestehend aus der Spalte MATSTATUS und den folgenden drei Spalten, zeigt den Status der Materialien an. Der zweite Bereich, bestehend aus der Spalte LEISTSTAT. und den folgenden drei Spalten, zeigt den Bearbeitungsstatus der Leistungsarten an, wenn dies für den Kalkulationslauf aktiviert ist. In diesem Szenario wird die Leistungsfortschreibung nicht berücksichtigt, und dieser Abschnitt bleibt für jeden Schritt des Kalkulationslaufs leer.

Allgemeine Daten

Verarbeitung

Ablaufschritt	Erlaubnis	Gesperrt	Parameter	Ausführen	Protokoll	MatStatus	Erf.bearb.	Fehlerhaft	Noch offen	LeistStat.	Erf.bearb.	Fehlerhaft	Noch offen
Selektion							0	0	0		0	0	0
Vorbereitung		×					0	0	0		0	0	0
Abrechnung		×					0	0	0		0	0	0
Abschluss buchen		×					0	0	0		0	0	0
Preise vormerken							0	0	0		0	0	0

Abbildung 4.47: Verarbeitungsbereich vor der Materialauswahl

4.7.2 Schritt »Selektion«

Der erste Schritt im Kalkulationslauf ist die Selektion der zu verarbeitenden Materialien. Klicken Sie in der Zeile SELEKTION unter PARAMETER auf die Schaltfläche, um die Einstellungen für diesen Schritt festzulegen. Diese Parameter sind einfach und decken den Ablauf des Schritts ab (siehe Abbildung 4.48). Zu den VERARBEITUNGSOPTIONEN gehören HINTERGRUNDVERARBEITUNG und PROTOKOLL SPEICHERN (Speichern des vom Schritt erzeugten Protokolls). Die Hintergrundverarbeitung ist am besten geeignet, wenn viele Materialien ausgewählt werden. Der Abschnitt PARALLELVERARBEITUNG ermöglicht es, bei der Auswahl der Materialien eine bestimmte Servergruppe und Anzahl von Prozessen zu verwenden. Dies kann die Ausführungszeit dieses Schrittes erheblich beschleunigen. Erkundigen Sie sich bei den SAP-Basis-Administratoren, welche Werte hier zu verwenden sind. Klicken Sie auf die Schaltfläche Sichern, um die Parameter zu speichern.

Verarbeitungsoptionen

Hintergrundverarbeitung: ☐

Protokoll speichern: ☑

Parallelverarbeitung

Server-Gruppe:

Maximale Anzahl der Aufgaben:

Abbildung 4.48: Parameter des Selektionsschritts

Das System kehrt zu dem in Abbildung 4.47 gezeigten Abschnitt VERARBEITUNG zurück. Führen Sie den Schritt aus, indem Sie in der Zeile SELEKTION auf klicken. Das Ergebnis ist in Abbildung 4.49 dargestellt.

Ablaufschritt	Erlaubnis	Gesperrt	Parameter	Ausführen	Protokoll	MatStatus	Erf.bearb.	Fehlerhaft	Noch offen
Selektion					□	□	37	0	0
Vorbereitung		×				◆	0	0	37
Abrechnung		×				◆	0	0	37
Abschluss buchen		×				◆	0	0	37
Preise vormerken							0	0	0

Abbildung 4.49: Ergebnis des Selektionsschritts

Der Status des Schritts wird in der Spalte MATSTATUS angezeigt. Ein grünes Quadrat zeigt den erfolgreichen Abschluss an. Ein roter Kreis wird angezeigt, wenn ein oder mehrere Fehler bei der Ausführung dieses Schritts erkannt werden. Das Rautensymbol zeigt an, dass der Schritt noch nicht vollständig bearbeitet wurde. Die Spalte ERF.BEARB. zeigt die Anzahl der erfolgreich bearbeiteten Materialien an. Die Spalte FEHLERHAFT zeigt die Anzahl der Materialien an, bei denen die Bearbeitung fehlgeschlagen ist. Unter NOCH OFFEN sehen wir die Anzahl der noch zu bearbeitenden Materialien. Ein Symbol □ wird in der Spalte PROTOKOLL angezeigt, sobald der Schritt abgeschlossen ist. Klicken Sie darauf, um zur Liste der vom Selektionsschritt erzeugten Meldungen zu gelangen.

Prüfen des Fortschritts mit der Hintergrundverarbeitung

Normalerweise werden die Schritte für den Kalkulationslauf über die Hintergrundverarbeitung abgearbeitet. Die App zeigt den Fortschritt des Auftrags nicht im Vordergrund an. Um festzustellen, ob der Auftrag abgeschlossen ist, aktualisieren Sie den Bildschirm, indem Sie auf die Schaltfläche am unteren Rand des Abschnitts VERARBEITUNG klicken. Die Schaltfläche JOBÜBERSICHT zeigt auch den Fortschritt des Hintergrundjobs an.

4.7.3 Schritt »Vorbereitung«

Der Selektionsschritt ermittelt lediglich grob, welche Materialien in den Kalkulationslauf aufgenommen werden sollen. Der Vorbereitungsschritt definiert die Reihenfolge, in der die Materialien bearbeitet werden. Differenzen für eingekaufte Materialien werden auf halbfertige und fertige Materialien verschoben. Aufgelaufene Differenzen aus Halbfabrikaten werden auf Fertigfabrikate verschoben. Die Reihenfolge, in der diese Unterschiede verarbeitet werden, ist wichtig.

Dieser Schritt ist beim ersten Einrichten gesperrt und kann nicht verwendet werden. Dies wird durch das Symbol 🔒 in der Spalte ERLAUBNIS gekennzeichnet. Klicken Sie auf dieses Symbol, um sowohl diesen Schritt als auch den folgenden Abrechnungsschritt freizuschalten. Die Symbole für diese Schritte ändern sich dann zu 🔓 und zeigen an, dass sie ausgeführt werden können. Über den Status, der in der Spalte GESPERRT angezeigt wird, wird ebenfalls gesteuert, ob der Schritt ausgeführt werden kann. Wenn ✕ angezeigt wird, ist der Zeitraum nicht für Buchungen gesperrt und der Schritt kann ausgeführt werden. Wird ✓ angezeigt, dann ist die Periode für Buchungen geschlossen, wodurch der Schritt nicht ausgeführt werden kann. Dies ist ein wenig kontraintuitiv, da das rote X anzeigt, dass eine Verarbeitung stattfinden **kann**.

Klicken Sie in der Zeile VORBEREITUNG auf , um festzulegen, wie der Schritt ausgeführt werden soll. Die Einstellungen werden in Abbildung 4.50 angezeigt. Es gibt mehrere Bereiche, die bei der Definition der Parameter zu berücksichtigen sind:

- BEHANDLUNG BEREITS BEARBEITETER MATERIALIEN/LEISTUNGEN: Es kommt vor, dass Schritte erneut ausgeführt werden müssen, weil es in späteren Schritten des Kalkulationslaufs zu Problemen kommt. Beim erneuten Ausführen des Schritts müssen möglicherweise zusätzliche Materialien verarbeitet werden. Wenn das Optionsfeld NICHT VERARBEITEN ausgewählt ist, wird jedes Material, das zuvor mit diesem Schritt behandelt wurde, als korrekt angenommen und nicht erneut bearbeitet. Wenn ERNEUT VERARBEITEN ausgewählt ist, werden alle Materialien unabhängig von der vorherigen Verarbeitung bearbeitet.

- VERARBEITUNGSOPTIONEN: Wählen Sie HINTERGRUNDVERARBEITUNG und PROTOKOLL SPEICHERN (den Speicherstatus des Schrittprotokolls).
- PARALLELVERARBEITUNG: Wenn eine Parallelverarbeitung erforderlich ist, wählen Sie die SERVER-GRUPPE aus dem Dropdown-Menü aus und geben Sie die MAXIMALE ANZAHL DER AUFGABEN ein.
- NUR AUSGEWÄHLTE MATERIALIEN/LEISTUNGEN BEARBEITEN: Im Vorbereitungsschritt kann eingeschränkt werden, welche Materialien und Leistungen in diesem Schritt des Kalkulationslaufs berücksichtigt werden.
- STATUSPRÜFUNG FÜR VORHERIGE PERIODE: Einem Material werden unterschiedliche Status zugewiesen, je nachdem, was in der Periode und während des Kalkulationslaufs mit ihm passiert ist. Diese Status steuern das Verhalten des Materials im Kalkulationslauf. Zum Beispiel werden Materialien, die während der Periode keine Warenbewegungen verzeichneten, anders behandelt als solche, die Bewegungen hatten. Der Status wird auch aktualisiert, wenn bestimmte Schritte des Kalkulationslaufs für ein Material durchgeführt wurden. Der vom Kalkulationslauf gesetzte Endstatus ist ABSCHLUSSBUCHUNGEN ERFOLGT. Dies zeigt an, dass die Istkalkulation für das Material abgeschlossen ist und die ordnungsgemäßen buchhalterischen Buchungen durchgeführt wurden. Der offene Bestand für die nächste Periode berücksichtigt die Differenzen aus der Vorperiode. Dieser Status wird manchmal nicht gesetzt, weil bei der Verarbeitung Fehler aufgetreten sind oder wenn das Material beim letzten Kalkulationslauf gar nicht bearbeitet wurde. Damit dieses Material im nächsten Kalkulationslauf berücksichtigt werden kann, muss der Status ABSCHLUSSBUCHUNGEN ERFOLGT für die Vorperiode gesetzt sein. Ist dies nicht der Fall, wird das Material nicht in den Vorbereitungsschritt des aktuellen Kalkulationslaufs einbezogen. Wählen Sie OFFENEN STATUS FÜR VORHERIGE PERIODE ZULASSEN, um zu erzwingen, dass dieses Material einbezogen wird, unabhängig vom vorherigen Abschlussstatus. Dies kann während der ersten Periode nach Freigabe der Istkalkulation für ein Werk notwendig sein.

Außerdem können einige Fehler für die Vorperiode nicht behoben werden, das Material muss aber trotzdem im aktuellen Kalkulationslauf berücksichtigt werden. In diesem Fall werden die Differenzen der Vorperiode nicht in den Anfangsbestand einbezogen.

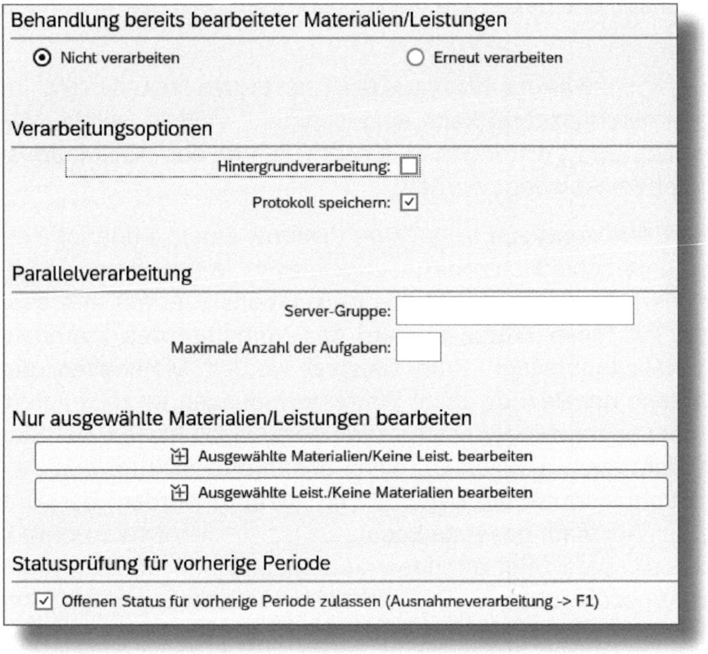

Abbildung 4.50: Parameter des Vorbereitungsschritts

Wenn nur bestimmte Materialien oder Leistungen bearbeitet werden sollen, klicken Sie auf AUSGEWÄHLTE MATERIALIEN/KEINE LEIST. BEARBEITEN oder AUSGEWÄHLTE LEIST./KEINE MATERIALIEN BEARBEITEN, um zusätzliche Parameter zu öffnen. Abbildung 4.51 zeigt die möglichen Materialselektionen. Um diese zu entfernen, klicken Sie auf FILTER FÜR MATERIALIEN ENTFERNEN.

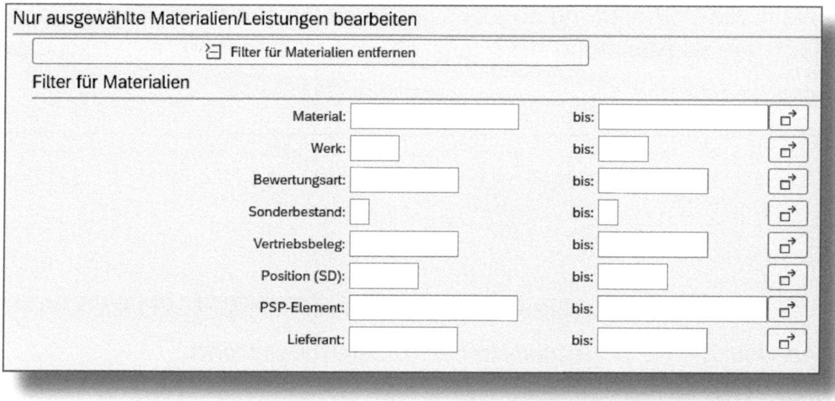

Nur ausgewählte Materialien/Leistungen bearbeiten

Filter für Materialien entfernen

Filter für Materialien

Material: bis:
Werk: bis:
Bewertungsart: bis:
Sonderbestand: bis:
Vertriebsbeleg: bis:
Position (SD): bis:
PSP-Element: bis:
Lieferant: bis:

Abbildung 4.51: Zusätzliche Parameter für die Materialselektion

Speichern Sie die Parameter, indem Sie auf Sichern klicken. Führen Sie den Schritt aus, indem Sie auf klicken. Das System richtet dann die Kalkulationsstufen und die Reihenfolge, in der die Materialien bearbeitet werden sollen, ein. Abbildung 4.52 zeigt die Übersicht über die Ebenen, die im Rahmen dieses Schritts erstellt wurden. Dies wird angezeigt, wenn der Schritt im Vordergrund ausgeführt wird.

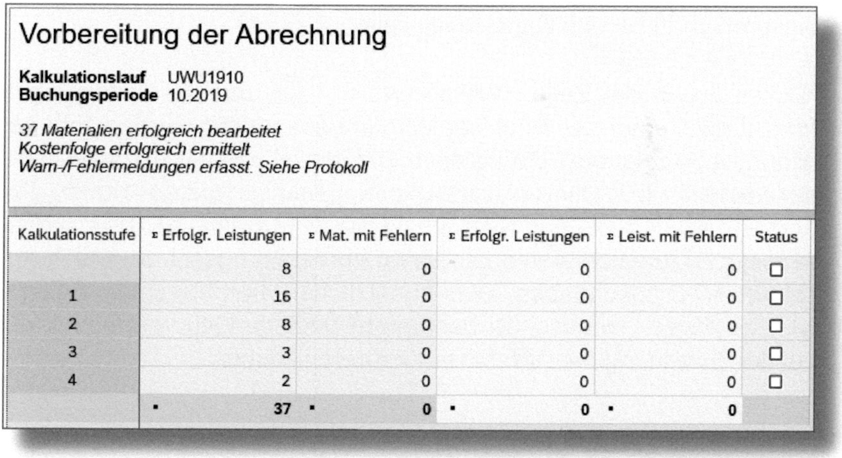

Vorbereitung der Abrechnung

Kalkulationslauf UWU1910
Buchungsperiode 10.2019

37 Materialien erfolgreich bearbeitet
Kostenfolge erfolgreich ermittelt
Warn-/Fehlermeldungen erfasst. Siehe Protokoll

Kalkulationsstufe	Σ Erfolgr. Leistungen	Σ Mat. mit Fehlern	Σ Erfolgr. Leistungen	Σ Leist. mit Fehlern	Status
	8	0	0	0	☐
1	16	0	0	0	☐
2	8	0	0	0	☐
3	3	0	0	0	☐
4	2	0	0	0	☐
	▪ **37**	▪ **0**	▪ **0**	▪ **0**	

Abbildung 4.52: Ergebnisse des Vorbereitungsschritts

Wenn die Vorbereitung abgeschlossen ist, erscheint der Kalkulationslauf, wie in Abbildung 4.53 gezeigt, und ist bereit für den nächsten Schritt.

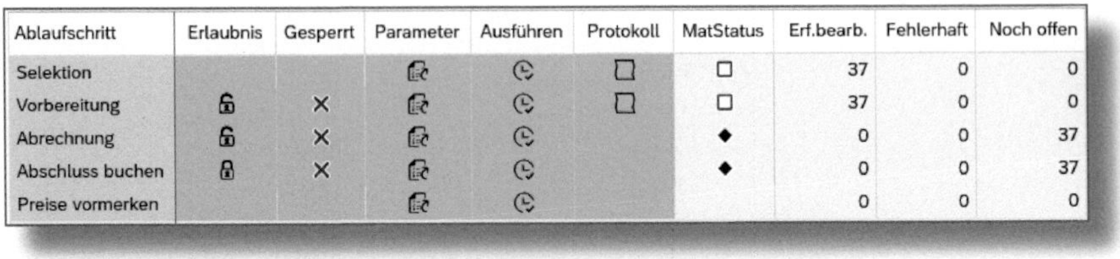

Ablaufschritt	Erlaubnis	Gesperrt	Parameter	Ausführen	Protokoll	MatStatus	Erf.bearb.	Fehlerhaft	Noch offen
Selektion					□	□	37	0	0
Vorbereitung		×			□	□	37	0	0
Abrechnung		×				◆	0	0	37
Abschluss buchen		×				◆	0	0	37
Preise vormerken							0	0	0

Abbildung 4.53: Abgeschlossener Vorbereitungsschritt

4.7.4 Schritt »Abrechnung«

Der Abrechnungsschritt erzeugt die Material-Ledger-Belege, mit denen die Differenzen im Hauptbuch beim Abschlussschritt gebucht werden. Ausgehend von der untersten Ebene, die im vorherigen Schritt festgelegt wurde, ermittelt das System, wie die Kosten durch die Materialien fließen. Die Berechtigung zur Ausführung dieses Schritts wird mit der Erlaubnis im Vorbereitungsschritt festgelegt. Das Symbol sollte diesem Schritt bereits zugewiesen sein.

Klicken Sie in der Zeile ABRECHNUNG auf , um die Bedingungen festzulegen, unter denen dieser Vorgang ausgeführt werden soll. Abbildung 4.54 zeigt die Parameter an. Die Bereiche BEHANDLUNG BEREITS BEARBEITETER MATERIALIEN/LEISTUNGEN, VERARBEITUNGSOPTIONEN, PARALLELVERARBEITUNG und NUR AUSGEWÄHLTE MATERIALIEN/LEISTUNGEN BEARBEITEN funktionieren analog zum Vorbereitungsschritt, wie in Abschnitt 4.7.3 beschrieben. Zwei zusätzliche Parametersätze steuern, wie der Abrechnungsschritt bestimmte Bedingungen verarbeitet, die bei der Zuordnung der Differenzen auftreten können.

Behandlung bereits bearbeiteter Materialien/Leistungen

(•) Nicht verarbeiten ( ) Erneut verarbeiten

Bestandsdeckungsprüfung

Keine Bestandsdeckungsprüfung: ☐

Automatische Fehlerbehandlung

☑ Negativer Preis: Alternative Preisstrategie

☑ Keine Konvergenz mit Zyklus: Kritische Verbind. aufschneiden

Verarbeitungsoptionen

Hintergrundverarbeitung: ☐

Protokoll speichern: ☑

Parallelverarbeitung

Server-Gruppe:

Maximale Anzahl der Aufgaben:

Nur ausgewählte Materialien/Leistungen bearbeiten

Ausgewählte Materialien/Keine Leist. bearbeiten

Ausgewählte Leist./Keine Materialien bearbeiten

Abbildung 4.54: Parameter für den Abrechnungsschritt

Unter BESTANDSDECKUNGSPRÜFUNG gibt es ein Kontrollkästchen für KEINE BESTANDSDECKUNGSPRÜFUNG. Wenn der Kalkulationslauf die Material-Istkosten der Vorperiode ermittelt und speichert, wird die Preissteuerung für diese Periode auf V (gleitender Durchschnitt) gesetzt. Dies liegt daran, dass die Bewertung nicht mehr den Standardpreis des Materials darstellt. Die Regeln zur Verarbeitung von Differenzen bei der Ermittlung der Istkosten der Vorperiode verlangen, dass die Differenzen auf Basis der kumulierten Menge des Materials in der Periode zugeordnet werden. Übersteigt die mit den Differenzen verbundene Menge diejenige der kumulierten Menge des Bestandes in der Periode, so können die Differenzen dem Material nicht mehr vollständig zugeordnet werden. Dies ist ähnlich wie bei der Zuordnung von Abweichungen zu einem gleitenden Durchschnittspreismaterial. Da jedoch bei Materialien mit gleitendem Durchschnittspreis die Menge des aktuellen Bestands verwendet werden muss, um zu bestimmen, ob die Differenzen den Bestandskonten oder den Abweichungskonten zugeordnet werden, ist dieses Szenario viel wahrscheinlicher als bei der Betrachtung des kumulierten Bestands für die Periode.

Bestandsdeckung in der Istkalkulation

In der Istkalkulation gibt es Situationen, in denen die Bestandsdeckung zum Tragen kommt. Ein Rohmaterial wird in Periode 1 eingekauft und teilweise oder vollständig verbraucht. Für dieses Material gab es in Periode 1 keinen anderen Bestand. In Periode 2 wird der Rechnungseingang bearbeitet, und es werden weitere Differenzen zum Material gebucht. Der Rechnungseingang erfolgte über den ursprünglichen Bestellbetrag für das Material, aber es gibt nicht genügend kumulierten Bestand, um die Differenzen zu decken. Ein weiteres Material wird in Periode 1 gefertigt und versandt, sodass kein Restbestand verbleibt. Die Produktionsaufträge werden erst in Periode 3 abgerechnet. Die bei dieser Abrechnung ermittelten Abweichungen können dem Material nicht zugeordnet werden, da kein Restbestand vorhanden ist.

Die Standardeinstellung hierfür ist, dass beim Ausführen des Abrechnungsschritts eine Bestandsdeckungsprüfung durchgeführt wird. Das bedeutet, dass einige Differenzen nicht einem Material zugeordnet sind. Diese Differenzen können nicht an die nächste Ebene weitergegeben werden und gehen in der Betrachtung verloren. Sie erhalten den Status NICHT VERTEILT. Dem Material wird im Bericht Materialpreisanalyse eine spezielle Zeile zugeordnet, in der der Wert der nicht verteilten Differenzen angezeigt wird. Das Material in Abbildung 4.55 hatte keinen kumulierten Bestand für die Periode. In der Zeile SONSTIGE ZUGÄNGE/VERBRÄUCHE wurden dem Material jedoch 150,00 EUR an Differenzen zugeordnet. Da für diesen Kalkulationslauf die Option KEINE BESTANDSDECKUNGSPRÜFUNG nicht ausgewählt wurde, wurden diese Preisdifferenzen als NICHT VERTEILT kategorisiert und bei der Ermittlung der Istkosten nicht berücksichtigt.

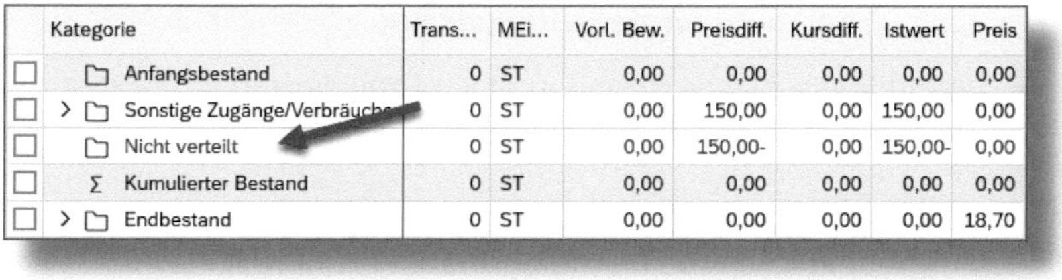

	Kategorie	Trans...	MEi...	Vorl. Bew.	Preisdiff.	Kursdiff.	Istwert	Preis
☐	Anfangsbestand	0	ST	0,00	0,00	0,00	0,00	0,00
☐	> Sonstige Zugänge/Verbräuche	0	ST	0,00	150,00	0,00	150,00	0,00
☐	Nicht verteilt	0	ST	0,00	150,00-	0,00	150,00-	0,00
☐	Σ Kumulierter Bestand	0	ST	0,00	0,00	0,00	0,00	0,00
☐	> Endbestand	0	ST	0,00	0,00	0,00	0,00	18,70

Abbildung 4.55: Materialpreisanalyse mit nicht verteilten Differenzen

Oft ist der kumulierte Bestand größer als null, aber kleiner als die Menge, für die die Differenz gilt. In diesem Fall wird nur der Teil der Differenzen beibehalten, der mit dem kumulierten Bestand zusammenhängt, und der Rest wird als NICHT VERTEILT kategorisiert. Wenn die Option KEINE BESTANDSDECKUNGSPRÜFUNG selektiert ist, werden die Differenzen unabhängig vom kumulierten Lagerbestand des Materials zugeordnet.

Im Bereich AUTOMATISCHE FEHLERBEHANDLUNG gibt es zwei Parametereinstellungen: NEGATIVER PREIS: ALTERNATIVE PREISSTRATEGIE und KEINE KONVERGENZ MIT ZYKLUS: KRITISCHE VERBIND. AUFSCHNEIDEN. Die erste Einstellung steuert, wie das System mit einer Situation umgeht, in der die kumulierten Differenzen zu einem negativen Materialpreis führen. Diese Situation ist nicht zulässig. Wenn dieser Parameter nicht ausgewählt ist, wird das Material im Falle eines negativen Werts nicht kalkuliert. Es wird daher empfohlen, dieses Kontrollkästchen immer zu aktivieren. In diesem Fall bemüht sich das System, eine alternative Methode zu ermitteln, um dem Material Istkosten zuzuordnen. Das System versucht, den Preis nach der folgenden Strategie zu berechnen:

- Es werden nur die Gesamtzugänge einer Periode berücksichtigt, nicht der kumulierte Bestand.
- Wenn daraus kein Preis ermittelt werden kann, verwendet das System die Bewertung des Anfangsbestands, sofern die Menge größer als null ist.

- Wenn keine der beiden Optionen erfolgreich ist, verwendet das System den gleitenden Durchschnittspreis der vorherigen Periode, unter der Annahme, dass das Material den Status ABSCHLUSS BUCHEN für diese Periode hat.
- Wenn keine dieser Optionen einen Preis liefern kann, wird der Standardpreis aus dem Materialstamm verwendet.

Eine Meldung gibt an, welcher Preis für das Material verwendet wurde. Die Preisdifferenzen werden der Kategorie NICHT VERTEILT zugewiesen.

Die Einstellung KEINE KONVERGENZ MIT ZYKLUS: KRITISCHE VERBIND. AUFSCHNEIDEN legt fest, wie das System mit Situationen in Preisermittlungszyklen umgeht, die im Rahmen des Abrechnungsprozesses nicht konvergieren. Handelt es sich bei einem Material um eine rekursive Komponente in einer Stückliste, ist dieses Material auf irgendeiner Ebene der Lieferkette eine Komponente seiner selbst. Zum Beispiel wird Material A zur Herstellung von Material B verwendet, das wiederum zur Herstellung von Material C verwendet wird. Material C wird dann als Komponente bei der Herstellung von A verwendet. Unterschiede werden von A zu B zu C und dann zurück zu A weitergegeben. Der Wert der endgültigen Differenzen, die an A zurückgegeben werden, muss an einem bestimmten Punkt konvergieren, oder der Zyklus wird endlos fortgesetzt. Um eine endlose Verarbeitungsschleife zu verhindern, aktivieren Sie das Kontrollkästchen KEINE KONVERGENZ MIT ZYKLUS: KRITISCHE VERBIND. AUFSCHNEIDEN, wodurch der Zyklus an einem vom System festgelegten Punkt abgeschnitten werden kann. Eventuell verbleibende Differenzen beim Trennen der Verbindungen werden der Kategorie NICHT ZUGEORDNET zugewiesen und sind nicht in den tatsächlichen Kosten enthalten.

Nachdem die Parameter eingestellt wurden, kann der Abrechnungsschritt durch Klicken auf in der Zeile ABRECHNUNG ausgeführt werden. Abbildung 4.56 zeigt, wie der Bildschirm nach erfolgreichem Abschluss dieses Schritts aussieht.

Ablaufschritt	Erlaubnis	Gesperrt	Parameter	Ausführen	Protokoll	MatStatus	Erf.bearb.	Fehlerhaft	Noch offen
Selektion					□	□	37	0	0
Vorbereitung		×			□	□	37	0	0
Abrechnung		×			□	□	37	0	0
Abschluss buchen		×				◆	0	0	37
Preise vormerken							0	0	0

Abbildung 4.56: Abgeschlossener Abrechnungsschritt

Zu diesem Zeitpunkt sind die Material-Ledger-Belege für die Zuordnung der Differenzen erstellt, und die Ergebnisse für ein Material können im Bericht Materialpreisanalyse (auch über die Transaktion *CKM3* oder *CKM3N*) eingesehen werden.

Klicken Sie auf □ für diesen Schritt, um zu prüfen, ob während der Verarbeitung Meldungen erzeugt wurden. Abbildung 4.57 zeigt das Protokoll für diesen Schritt. Die ersten beiden Informationsmeldungen zeigen an, dass für das Material H104 im Werk UWU7 eine alternative Preisstrategie angewendet wurde. Prüfen Sie, ob es schwere Fehler gibt, die dazu geführt haben, dass für einige Materialien keine Istkosten gefunden wurden. Wenn diese behoben werden können, können frühere Schritte des Kalkulationslaufs erneut ausgeführt werden, um die Kosten einzubeziehen.

Protokoll vom 07.11.2019

Informationen 4
Warnungen
Fehler
Summe 4

Ex...	ArGe...	MsgNr	An...	Meldungstext	Material
□	C+	137	1	Als Preis muß der S-Preis der lauf. Periode genommen werden (Währung 10)	H104
□	C+	137	1	Als Preis muß der S-Preis der lauf. Periode genommen werden (Währung 30)	H104
□	ML4HRU	002	1	Anzahl der eingefügten MLDOCCCS-Sätze: 526	
□	ML4HRU	003	1	Anzahl der fortgeschriebenen MLDOC-Sätze: 230	
□			• 4		
□			• • 4		

Abbildung 4.57: Protokoll aus dem Abrechnungsschritt

4.7.5 Schritt »Abschluss buchen«

Bei der Ausführung dieses Schritts werden Differenzen in das Hauptbuch gebucht. Die Parametereinstellungen legen fest, welche Konten auf der Grundlage der Materialwirtschaftskontenfindung aktualisiert werden. Dies geschieht mit der Transaktion *OBYC*, die in Abschnitt 4.5.3 behandelt wurde. Abbildung 4.58 zeigt die Parameter für den Schritt »Abschluss buchen«; das Fenster ist in die folgenden Bereiche unterteilt:

- VERARBEITUNGSART: Wählen Sie entweder AUSFÜHREN oder STORNIEREN. AUSFÜHREN wird verwendet, wenn die Hauptbuchkonten mit den Differenzen aktualisiert werden sollen. STORNIEREN wird gewählt, wenn es Probleme mit dem Abschlussschritt gegeben hat oder wenn in der Vorperiode zusätzliche Differenzen zurückgebucht wurden. Die vorherige Buchung wird storniert und der Status ABSCHLUSS BUCHEN wird zurückgesetzt. Die vorherigen Schritte können dann erneut ausgeführt werden, um die Änderungen zu verarbeiten.
- PARAMETER: In diesem Abschnitt wird festgelegt, welche Buchungen als Teil des Abschlussvorgangs durchgeführt werden sollen. Wenn das Kontrollkästchen MATERIAL UMBEWERTEN aktiviert ist, werden die Differenzen auf die Bestandskonten gebucht. Ist dieses Kontrollkästchen nicht aktiviert, werden die Differenzen auf die mit Vorgangsschlüssel LKW definierten Abgrenzungskonten gebucht. Die Gegenbuchungen für diese beiden Optionen werden durch den Vorgangsschlüssel PRY und seine Modifikatoren definiert. Wählen Sie VERBRAUCH NACHBEWERTEN, um die Differenzen auf die Verbrauchskonten zu buchen. Wenn dies nicht ausgewählt ist, werden die Differenzen bei der Buchung der Ergebnisse nicht auf den Verbrauch angewendet. CO-KONTIERUNG SETZEN legt fest, wie Umbewertungen von Verbrauchsbuchungen vorgenommen werden. Bestimmte Bewegungsarten können so konfiguriert werden, dass bei der Definition und Zuordnung von Bewegungsartengruppen ein entsprechendes CO-Objekt aktualisiert wird (siehe Abschnitt 4.5.1). Ist dies nicht ausgewählt, werden entsprechende CO-Objektzuordnungen nicht bearbeitet.

Verarbeitungsart

(•) Ausführen ( ) Stornieren

Parameter

Material umbewerten: [x]

Verbrauch nachbewerten: [x]

CO-Kontierung setzen: [ ]

Verarbeitungsoptionen

Hintergrundverarbeitung: [ ]

Testlauf: [ ]

Protokoll speichern: [x]

Anzahl Materialien im ML-Beleg:

Parallelverarbeitung

Server-Gruppe:

Maximale Anzahl der Aufgaben:

Nur ausgewählte Materialien/Leistungen bearbeiten

Ausgewählte Materialien/Keine Leist. bearbeiten

Ausgewählte Leist./Keine Materialien bearbeiten

Abbildung 4.58: Parameter für den Schritt »Abschluss buchen«

- VERARBEITUNGSOPTIONEN: Dieser Bereich enthält Kontrollkästchen für die Standardparameter HINTERGRUNDVERARBEITUNG, TESTLAUF und PROTOKOLL SPEICHERN. Außerdem enthält er ein Feld (ANZAHL MATERIALIEN IM ML-BELEG), in das Sie die Anzahl der Materialien eingeben können, die in einen abschließenden Material-Ledger-Beleg aufgenommen werden können. Um den Standardwert (in der Regel 128) zu übernehmen, lassen Sie dieses Feld einfach leer. Wenn bei diesem Schritt ein Buchungsfehler festgestellt wird, wird keines der Materialien für diesen Beleg gebucht, was dann eine erneute Abrechnung für die jeweiligen Materialien erfordert. Wählen Sie in diesem Fall bei der Wiederverarbeitung der Materialien, die nicht den Status ABSCHLUSSBUCHUNG ABGESCHLOSSEN (70) erhalten haben, eine wesentlich niedrigere Zahl.

- PARALLELVERARBEITUNG: Die Einstellungen in diesem Abschnitt ermöglichen die Verwendung von parallelen Prozessoren, um die Ausführung zu beschleunigen. Wählen Sie die Servergruppe und die Anzahl der zu erstellenden Prozesse.
- NUR AUSGEWÄHLTE MATERIALIEN/LEISTUNGEN BEARBEITEN: Wie in anderen Schritten auch, können die zu bearbeitenden Materialien und Leistungen für die Abschlussbuchungen ausgewählt werden.

Speichern Sie die Einstellungen, indem Sie auf die Schaltfläche Sichern klicken.

Klicken Sie auf in der Zeile ABSCHLUSS BUCHEN, um den Schritt mit den gespeicherten Parametern auszuführen. Das System liest dann die gespeicherten Material-Ledger-Belege aus dem vorherigen Schritt durch, um die Kontenbuchungen für die Differenzen zu verarbeiten.

Die Kontenbuchungen erfolgen gemäß den für die jeweiligen Vorgangsschlüssel konfigurierten Einstellungen zur Kontenfindung. Zur Aktualisierung der Konten für jede Verarbeitungsart werden bestimmte Schlüssel verwendet. Werden Differenzen von einem Material zum nächsthöheren in der Lieferkette verschoben, werden die Kontenbuchungen durch die in Tabelle 4.2 aufgeführten Vorgangsschlüssel gesteuert. Differenzen, die aus untergeordneten Materialien nach oben verschoben werden, werden mit den Materialschlüsseln des Eingangs gebucht, und die entsprechende Gegenbuchung für das empfangende Material verwendet den in der Ausgabe angegebenen Ausgabeschlüssel.

Materialvorgangsschlüssel Eingabe	Materialvorgangsschlüssel Ausgabe
PRY	PRY
KDM	KDM
PRL (Leistungsdifferenzen)	PRY
PRM (WIP-Differenzen)	PRY
PRA (WIP-Leistungsdifferenzen)	PRY

Tabelle 4.2: Vorgangsschlüssel – untergeordnetes Material zu Material

Wenn die Nachbewertung von Leistungen so konfiguriert wurde, dass eine Istkalkulation für das Werk möglich ist (d. h., der Parameter L.-IST ist auf 2 gesetzt, wie in Abbildung 4.13 in Abschnitt 4.5.2 gezeigt), werden die Differenzen dem Material zugewiesen, das diese Leistungen in Anspruch genommen hat. Tabelle 4.3 zeigt die für die Übertragung verwendeten Schlüssel.

Kostenstellen-Vorgangsschlüssel	Materialvorgangsschlüssel Ausgabe
GBB/AUI	PRL

Tabelle 4.3: Vorgangsschlüssel – einstufige Differenzen Leistung

Die Buchungen für den verbleibenden Bestand werden auf der Grundlage der für den Schritt »Abschluss buchen« ausgewählten Parameter vorgenommen. Bei der Neubewertung der Bestände werden die dem Material zugeordneten Differenzen auf das entsprechende Bestandskonto geschoben. Wenn keine Neubewertung vorgenommen wird, werden die Buchungen auf dem Abgrenzungskonto vorgenommen. Tabelle 4.4 zeigt die Vorgangsschlüssel, die für diese Buchungen verwendet werden.

Verarbeitungsart	Materialschlüssel	Bestandsschlüssel
Bestand umbewerten	PRY	BSX
Bestand umbewerten	KDM	BSX
Keine Umbewertung	PRY	LKW
Keine Umbewertung	KDM	LKW

Tabelle 4.4: Vorgangsschlüssel – Neubewertung des Bestands

Wenn für ein Material in der Periode eine Bestandsumbewertung stattgefunden hat, wird diese über den Vorgangsschlüssel UMB mit dem Offset-Materialschlüssel PRY storniert. Abbildung 4.59 zeigt die Abschlussbuchung für das Material F301 im Werk UWU7. Während der Periode wurden neue Standardkosten für dieses Material freigegeben, was zu einer Preisdifferenz im Zusammenhang mit dem Anfangsbestand für diese Periode führte. Dies wird mit dem Offset, der dem Schlüssel PRY zugeordnet ist, zusammen mit den Startbestandsdifferenzen (BSX) storniert. In Abschnitt 4.5.4, Unterabschnitt »Vorgangsschlüssel UMB«, finden Sie weitere Informationen darüber, wie dies auf einen anderen Vorgangsschlüssel gerichtet werden kann.

P...	Werk	Material	Vor	Konto	Bezeichnung	Betrag...	HWähr	Text
121	UWU7	F301	BSX	13400000	Best fertige Ware	300,02	USD	BESTD: Debit/credit material
122	UWU7	F301	PRY	52543[illegible]	Ertrag Prdiff PRY	304,79-	USD	EBPRD: Write off price differences
123	UWU7	F301	UMB	52033000	Aufwand Umbew Eigen	4,77	USD	AUFUM: Write off of revaluation amounts
						0,00	**USD**	

Abbildung 4.59: Stornierung der Bestandsumbewertung

Wenn die Option VERBRAUCH NACHBEWERTEN für den Schritt »Abschluss buchen« ausgewählt ist, wird der Verbrauch auf der Grundlage der Art des Verbrauchs nachbewertet. Tabelle 4.5 zeigt die Liste der verwendeten Schlüssel. Die Verbrauchsart »Ursprung« bezieht sich auf den Verbrauch, der bei der Ausgabe von Materialien für den Versand an einen Kunden (COGS) oder bei konzerninternen Transporten verwendet wird. »Sammelkonto« bezieht sich auf den Verbrauch im Zusammenhang mit Bewegungen, bei denen Materialien aus verschiedenen Gründen aus dem Lagerbestand ausgegeben werden, z. B. für die Verschrottung. Das Standard-Verbrauchskonto stellt das Konto dar, das für die Buchung des Verbrauchs im Zusammenhang mit einer Bewegungsart verwendet wird, die einer bestimmten Bewegungsartengruppe zugeordnet ist. Siehe vorherigen Abschnitt 4.5.1 für weitere Details.

Verbrauchsart	Materialschlüssel	Verbrauchsschlüssel
Ursprung	PRY	Std.-Verbrauchskonto
Ursprung	KDM	Std.-Verbrauchskonto
Sammelkonto	PRY	COC
Sammelkonto	KDM	COC

Tabelle 4.5: Vorgangsschlüssel – Nachbewertung des Verbrauchs

Wenn das System so konfiguriert ist, dass WIP neu bewertet wird, werden die Differenzen in Abhängigkeit davon gebucht, ob WIP gebildet, aufgelöst oder reduziert wird. Beim Aufbau von WIP werden Differenzen aus den Komponenten und Vorgängen gemäß den mit diesen Differenzen verknüpften Standardschlüsseln dorthin geschoben. Der

Offset wird durch die speziellen WIP-bezogenen Vorgangsschlüssel bestimmt. Die ersten drei Positionen, die unter Tabelle 4.6 aufgeführt sind, beziehen sich auf Differenzen, die von den Komponenten nach oben geschoben werden, um den WIP neu zu bewerten. Die letzten beiden Punkte fallen in eine Periode, in der die WIP abgebaut wird. In diesem Fall werden die WIP-Differenzen aus der Vorperiode zu Differenzen, die sich direkt auf den Materialbestand beziehen.

WIP-Stadium	Differenzschlüssel	Offsetschlüssel
Aufbauend	PRY	WPM
Aufbauend	KDM	WPM
Aufbauend	PRL	WPA
Reduzierend	WPM	PRM
Reduzierend	WPA	PRA

Tabelle 4.6: Vorgangsschlüssel – Neubewertung von WIP

Weitere Informationen finden Sie im SAP-Hinweis 2558888[9].

Klicken Sie auf die Schaltfläche in der Zeile ABSCHLUSS BUCHEN, um den Schritt auszuführen. Nach Abschluss erscheint der Bildschirm VERARBEITUNG, wie in Abbildung 4.60 dargestellt.

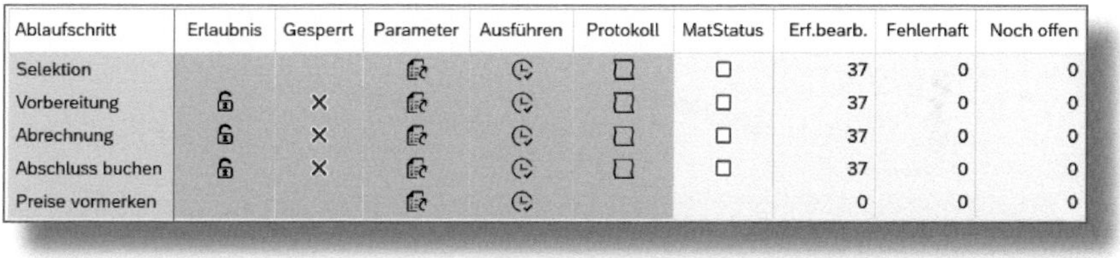

Ablaufschritt	Erlaubnis	Gesperrt	Parameter	Ausführen	Protokoll	MatStatus	Erf.bearb.	Fehlerhaft	Noch offen
Selektion							37	0	0
Vorbereitung		×					37	0	0
Abrechnung		×					37	0	0
Abschluss buchen		×					37	0	0
Preise vormerken							0	0	0

Abbildung 4.60: Abgeschlossener Schritt »Abschluss buchen«

Klicken Sie auf für diesen Schritt, um das Protokoll zu prüfen. Wenn Fehler generiert werden, die behoben werden können, kann der Schritt »Abschluss buchen« rückgängig gemacht werden, wobei frühere

[9] SAP-Hinweis 2558888: »S/4HANA 1610: Abschlussbuchungslogik im Material-Ledger/Neue Istkalkulation«. Dieser Hinweis gilt auch für die späteren Versionen von S/4HANA.

Schritte nach Bedarf ausgeführt werden, um sicherzustellen, dass die Differenzen in der gesamten Lieferkette richtig behandelt werden.

Vor der Ausführung des Schritts »Abschluss buchen« entsprechen die Preise der Vorperiode den Standardpreisen. Abbildung 4.61 zeigt einen Teil der Registerkarte BUCHHALTUNG 1 des Materialstamms für F301, vor dem Abschluss. Die Registerkarte der Vorperiode (PERIODE 010,2019) ist ausgewählt. Der Standardpreis wird zur Bewertung des Bestands verwendet und die Preissteuerung (PREISSTRG.) ist auf S eingestellt.

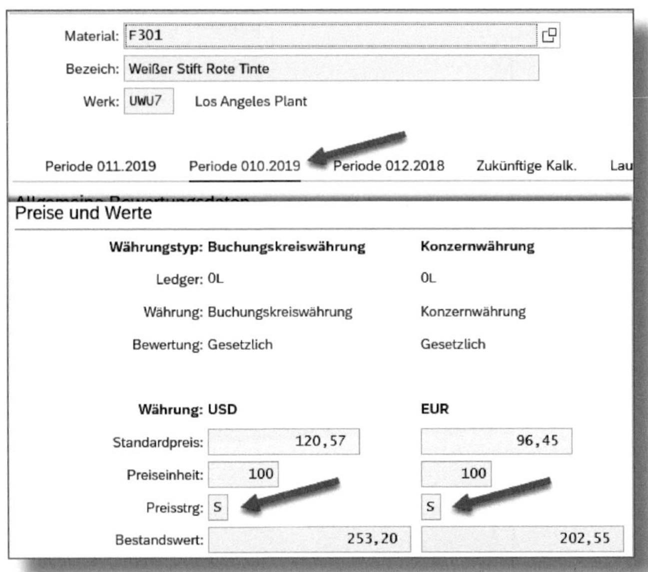

Abbildung 4.61: Materialpreise der Vorperiode vor Abschluss

Nach dem Abschluss zeigt dasselbe Material nun einen Stückpreis an, der anhand der beim Abschluss gebuchten Differenzen berechnet wurde (siehe Abbildung 4.62). Da sich der Preis gegenüber dem Standard geändert hat, wird die Preissteuerung zum gleitenden Durchschnitt und auf V gesetzt. Der Bestandswert spiegelt nun den Preis pro Einheit wider.

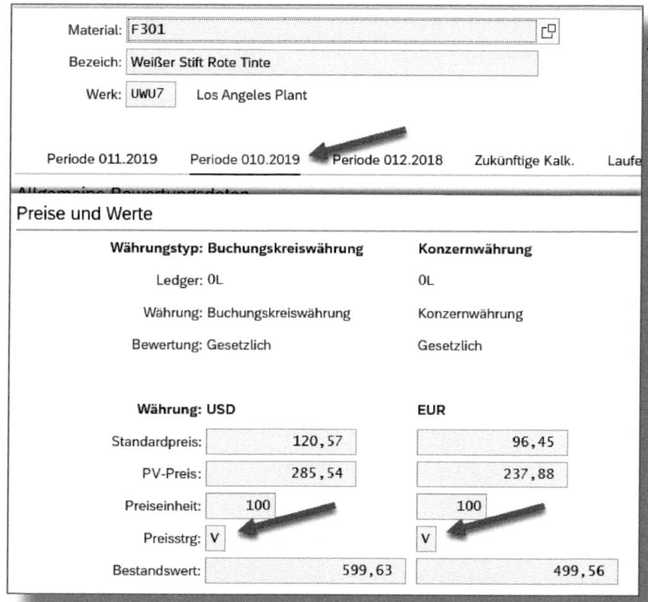

Abbildung 4.62: Materialpreise der Vorperiode nach Abschluss

Klicken Sie auf die Schaltfläche ERGEBNISSE am unteren Rand des Bereichs VERARBEITUNG, um den Status des Kalkulationslaufs nach Material oder Leistung aufzulisten. Abbildung 4.63 stellt einen Teil des Berichts dar, der angezeigt wird, wenn alle Materialien ausgewählt wurden. Dargestellt werden unter anderem die Kalkulationsstufe und der Status der einzelnen Kalkulationslaufschritte. Details zu einem bestimmten Material können durch Doppelklick auf das Material im Bericht angezeigt werden.

Objektliste für Kalkulationslauf UWU1910 010 2019 ACRU

Werk	Material	Stufe	Zyklus Nr	Vorb.	Abrechnung	AbschlBuch
UWU7	F300	4		X	X	X
	F301	4		X	X	X
	H100	2		X	X	X
	H101	2		X	X	X
	H102	2		X	X	X

Abbildung 4.63: Liste der vom Kalkulationslauf bearbeiteten Objekte

Dadurch wird der Bericht »Materialpreisanalyse« aufgerufen, der in Abbildung 4.64 dargestellt ist.

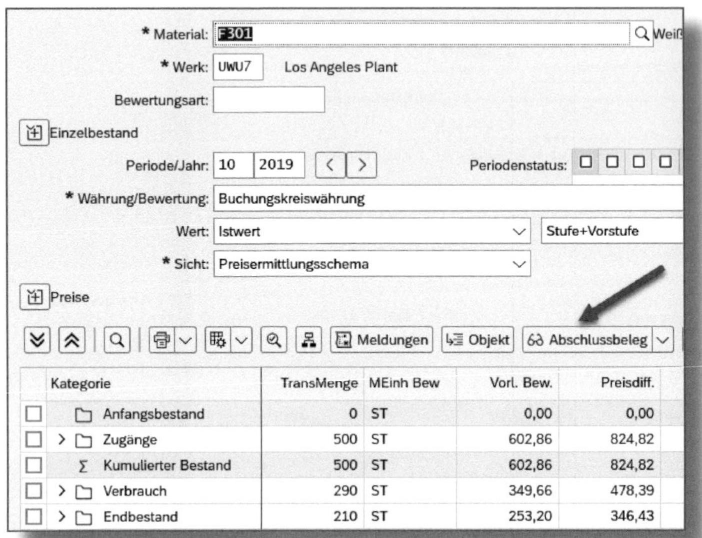

	Kategorie	TransMenge	MEinh Bew	Vorl. Bew.	Preisdiff.
☐	Anfangsbestand	0	ST	0,00	0,00
☐	> Zugänge	500	ST	602,86	824,82
☐	Σ Kumulierter Bestand	500	ST	602,86	824,82
☐	> Verbrauch	290	ST	349,66	478,39
☐	> Endbestand	210	ST	253,20	346,43

Abbildung 4.64: Materialpreisanalysebericht nach Abschluss

Klicken Sie auf die Schaltfläche ABSCHLUSSBELEG, um den Material-Ledger-Abschlussbeleg zu sehen, der unter Abbildung 4.65 angezeigt wird. Hier wird der Material-Ledger-Beleg angezeigt, der durch den Schritt »Abschluss buchen« erzeugt wurde und das ausgewählte Material enthält.

Klicken Sie auf RW-BELEGE... am oberen Bildschirmrand, um die Ist-Buchungen, die im Rahmen des Abschlusses vorgenommen wurden, aufzuschlüsseln. Es werden mehrere Rechnungswesenbelege unterschiedlicher Arten erzeugt. Wählen Sie den Beleg aus, den Sie anzeigen möchten (siehe Abbildung 4.66). Beachten Sie, dass zwei Hauptbuchbelege (BUCHHALTUNGSBELEG unter OBJEKTTYPTEXT) erstellt wurden.

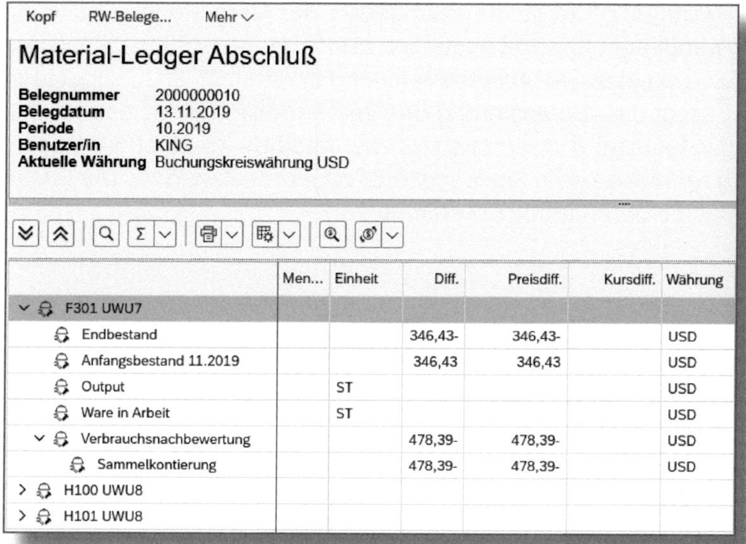

Abbildung 4.65: Abschlussbeleg

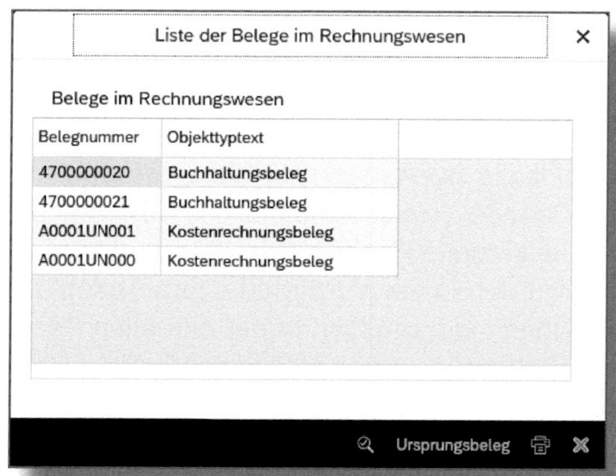

Abbildung 4.66: Auswahl der Abschlussbuchhaltungsbelege

Beleg 4700000020 zeigt die Buchungen der Vorperiode. Abbildung 4.67 verwendet ein Report-Layout, um den Vorgangsschlüssel und den speziellen Text, den SAP für jede Buchung bereitstellt, anzuzeigen. Position 15 stellt die Aktualisierung des Bestandskontos dar, das für den Vorgangsschlüssel BSX definiert wurde. Position 16 zeigt die Gegenbuchung für diesen dem Schlüssel PRY zugeordneten Wert. Die Spalte TEXT zeigt die durchgeführte Leistung an.

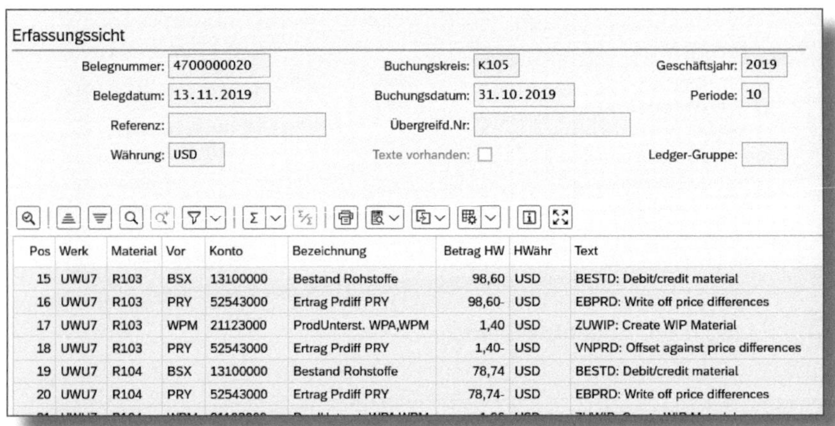

Erfassungssicht

Belegnummer: 4700000020 | Buchungskreis: K105 | Geschäftsjahr: 2019
Belegdatum: 13.11.2019 | Buchungsdatum: 31.10.2019 | Periode: 10
Referenz: | Übergreifd.Nr:
Währung: USD | Texte vorhanden: ☐ | Ledger-Gruppe:

Pos	Werk	Material	Vor	Konto	Bezeichnung	Betrag HW	HWähr	Text
15	UWU7	R103	BSX	13100000	Bestand Rohstoffe	98,60	USD	BESTD: Debit/credit material
16	UWU7	R103	PRY	52543000	Ertrag Prdiff PRY	98,60-	USD	EBPRD: Write off price differences
17	UWU7	R103	WPM	21123000	ProdUnterst. WPA,WPM	1,40	USD	ZUWIP: Create WIP Material
18	UWU7	R103	PRY	52543000	Ertrag Prdiff PRY	1,40-	USD	VNPRD: Offset against price differences
19	UWU7	R104	BSX	13100000	Bestand Rohstoffe	78,74	USD	BESTD: Debit/credit material
20	UWU7	R104	PRY	52543000	Ertrag Prdiff PRY	78,74-	USD	EBPRD: Write off price differences

Abbildung 4.67: Abschlussbuchhaltungsbeleg für die Vorperiode

Der Beleg 4700000021 enthält die Buchungen für die Eröffnung des Bestands in der aktuellen Periode (siehe Abbildung 4.68). Die Bestandsbewertung muss für die aktuelle Periode zum Standard zurückkehren. Die Differenzen, die mit den in der Vorperiode zum Abschluss gebuchten Beständen verbunden sind, müssen in der aktuellen Periode storniert werden, um die Bewertung der Anfangsbestände wieder auf den Standardwert zu bringen. Die Positionen 7 und 8 des Belegs zeigen diese Stornierung für das Material.

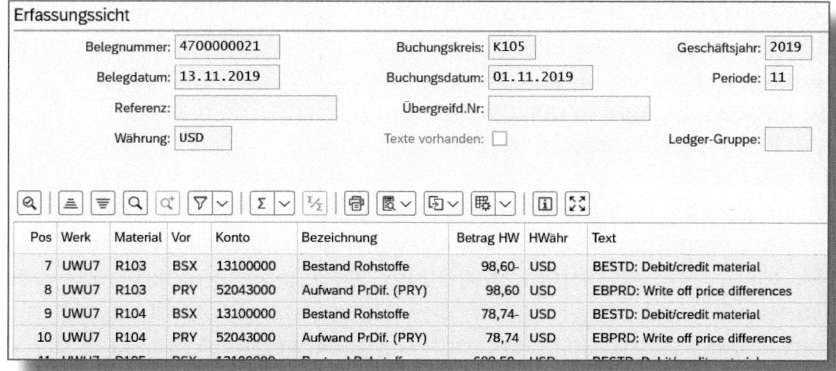

Erfassungssicht

Belegnummer: 4700000021 | Buchungskreis: K105 | Geschäftsjahr: 2019

Belegdatum: 13.11.2019 | Buchungsdatum: 01.11.2019 | Periode: 11

Referenz: | Übergreifd.Nr:

Währung: USD | Texte vorhanden: | Ledger-Gruppe:

Pos	Werk	Material	Vor	Konto	Bezeichnung	Betrag HW	HWähr	Text
7	UWU7	R103	BSX	13100000	Bestand Rohstoffe	98,60-	USD	BESTD: Debit/credit material
8	UWU7	R103	PRY	52043000	Aufwand PrDif. (PRY)	98,60	USD	EBPRD: Write off price differences
9	UWU7	R104	BSX	13100000	Bestand Rohstoffe	78,74-	USD	BESTD: Debit/credit material
10	UWU7	R104	PRY	52043000	Aufwand PrDif. (PRY)	78,74	USD	EBPRD: Write off price differences

Abbildung 4.68: Abschlussbuchhaltungsbeleg für die aktuelle Periode

Abgrenzungsbuchungen vs. Bestandsbuchungen

Differenzen werden nur dann auf dem durch den Vorgangsschlüssel BSX dargestellten Bestandskonto fortgeschrieben, wenn die Option MATERIAL UMBEWERTEN als einer der Abschlussbuchungsparameter ausgewählt ist. Ist dies nicht der Fall, verwenden die Buchhaltungsbelege für den Abschluss den Vorgangsschlüssel LKW zur Ermittlung der Konten. Die Bestandswerte werden in diesem Fall nicht aktualisiert.

4.7.6 Schritt »Preise vormerken«

Der letzte Schritt im Istkalkulationslauf ist ein optionaler Schritt und sollte nur ausgeführt werden, wenn die Istkosten zum zukünftigen Standardpreis gemacht werden sollen. Diese Funktion bringt Nachteile mit sich, da sich die Preise normalerweise nur zu Beginn einer Geschäftsperiode ändern. Da der Kalkulationslauf in der Periode nach der Istkostenermittlung durchgeführt wird, ist der erste verfügbare

Zeitpunkt dafür die Periode nach der aktuellen. Der Kalkulationslauf in diesem Beispiel errechnet die Istkosten in Periode 10. Das bedeutet, dass er in Periode 11 ausgeführt wurde. Daher können die Kosten erst in Periode 12, also in der zweiten Periode nach der Kostenermittlung, zur Freigabe vorgemerkt werden.

Abbildung 4.69 zeigt die Parameter für diesen Schritt. Unter GÜLTIGKEIT DER VORMERKUNG gibt es zwei Auswahlmöglichkeiten. Neben DATUM MANUELL kann ein bestimmtes Datum eingegeben werden; wenn dies verwendet wird, besteht jedoch die Gefahr, dass der Standardpreis mitten in der Periode geändert wird. Normalerweise ist FOLGEPERIODENBEGINN ausgewählt.

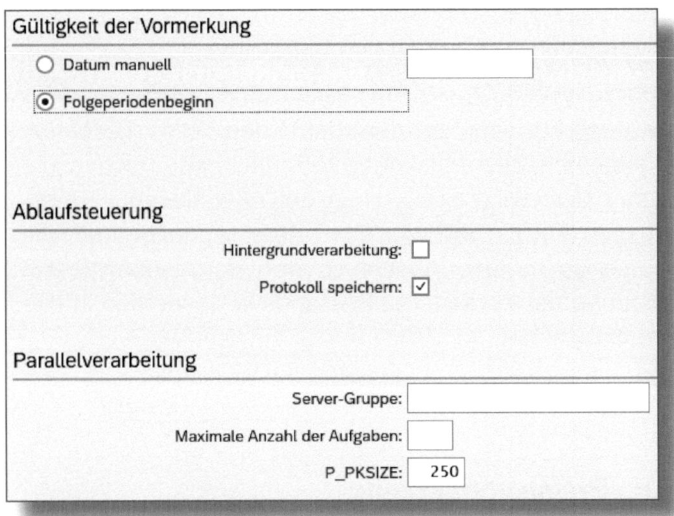

Abbildung 4.69: Parameter des Vormerkungsschritts

Wenn dieser Schritt ausgeführt wird, werden die in der Registerkarte BUCHHALTUNG 1 des Materialstamms ausgewiesenen Preise in der Registerkarte für die aktuelle Periode fortgeschrieben. Abbildung 4.70 zeigt die zukünftigen Preise und das Datum, an dem diese Preise aktiv werden.

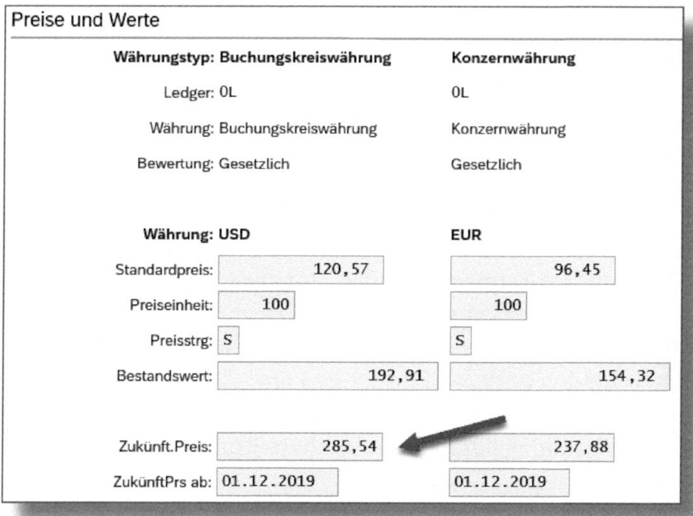

Preise und Werte

Währungstyp:	Buchungskreiswährung	Konzernwährung
Ledger:	0L	0L
Währung:	Buchungskreiswährung	Konzernwährung
Bewertung:	Gesetzlich	Gesetzlich
Währung:	USD	EUR
Standardpreis:	120,57	96,45
Preiseinheit:	100	100
Preisstrg:	S	S
Bestandswert:	192,91	154,32
Zukünft.Preis:	285,54	237,88
ZukünftPrs ab:	01.12.2019	01.12.2019

Abbildung 4.70: Vorgemerkter zukünftiger Preis

4.8 Ergebnisanalyse

4.8.1 Materialpreisanalyse

Die App »Materialpreisanalyse« wurde erstmals in Abschnitt 2.5.1 vorgestellt, um die gesamte Historie der bewerteten Materialbelege für Materialien zu analysieren, die nicht für die Istkalkulation eingerichtet sind. Der Bericht, der für Materialien mit Preisermittlung 2 (vorgangsbezogen) verwendet wird, ist der Bericht Preisentwicklung. Dieser kann auch für Materialien mit der Preisermittlung 3 (ein-/mehrstufig) aufgerufen werden und liefert einige zusätzliche Informationen, die während des Istkalkulationslaufs gesammelt wurden. Der Standardreport für diese Materialien ist jedoch das Preisermittlungsschema. Dieses gibt Aufschluss über die Differenzen, die einem bestimmten Material zugeordnet wurden, und bietet eine Möglichkeit nachzuvollziehen, woher diese Differenzen stammen und wie sie den tatsächlichen Preis für das Material beeinflussen.

Dieser Bericht ist aus vielen verschiedenen Quellen zugänglich. Der direkte Weg führt über die App »Materialpreisanalyse« (Transaktion *CKM3* oder *CKM3N*). Dieser Bericht kann auch angezeigt werden, indem Sie auf die Schaltfläche MATERIALPREISANALYSE auf der Registerkarte BUCHHALTUNG 1 des Materialstamms klicken (siehe Abbildung 2.29 oben). Er ist auch als Aufrissoption in vielen der Material-Ledger-Berichte verfügbar. Bei der Verwendung der Fiori-App oder der Transaktion müssen zunächst das Material und das Werk eingegeben werden. Dies geschieht im Kopfbereich des Fensters. Darunter befindet sich außerdem ein Berichtsabschnitt, der je nach Auswahl entweder die PREISENTWICKLUNG oder das PREISERMITTLUNGSSCHEMA anzeigt. Links neben den beiden anderen Bereichen kann ein drittes Unterfenster eingeblendet werden, in dem das BEWERTETE MENGENGERÜST angezeigt wird. Dies zeigt die vollständig aufgelöste Kostenstruktur für das Material.

Header

Der Kopfbereich des Reports, dargestellt in Abbildung 4.71, dient der Zuweisung der Parameter für den Report. Im Bereich ❶ werden das MATERIAL, das WERK und die BEWERTUNGSART (bei getrennter Bewertung) eingegeben. KUNDENEINZEL-/PROJEKTBESTAND kann aufgeklappt werden, um zusätzliche Informationen zur Bewertung des Kundenauftrags (E-Bestand) oder Projekts (Q-Bestand) einzugeben. Siehe Abschnitt 2.5.1 für eine weitere Erklärung.

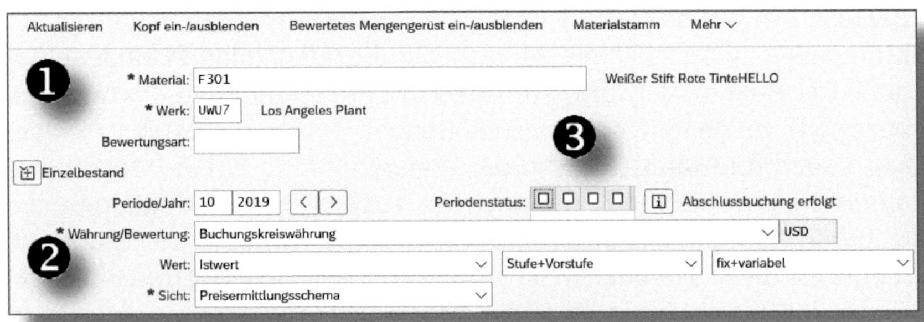

Abbildung 4.71: Unterfenster Kopf Materialpreisanalyse

Die Reporteinstellungen werden im Bereich ❷ definiert. Sie umfassen die Geschäftsperiode für den Bericht, den Material-Ledger-Währungstyp, der zur Anzeige der Berichtswerte verwendet wird, und die Art des anzuzeigenden Berichts (SICHT). Die Schaltflächen [<] und [>] neben der Option PERIODE/JAHR werden verwendet, um die vorherige oder nächste Geschäftsperiode für die Berichterstattung auszuwählen. Wenn SICHT auf PREISERMITTLUNGSSCHEMA gesetzt ist, werden die WERT-Optionen angezeigt. Die erste Dropdown-Auswahl definiert, welche Werte für die Felder der Kostenschichtung angezeigt werden sollen. Dabei gibt es folgende Auswahlmöglichkeiten: ISTWERT, PREISDIFFERENZEN, KURSDIFFERENZEN und VORLÄUFIGE BEWERTUNG. Die VORLÄUFIGE BEWERTUNG zeigt die Werte aus der Materialplankalkulation an.

Wenn die Istkostenschichtung aktiviert ist, können die Werte, die den einzelnen Kostenelementen zugeordnet sind, im Bericht angezeigt werden. In der zweiten Dropdown-Liste stehen drei Optionen zur Verfügung, um die Darstellung der Kostenelementwerte zu bestimmen. STUFE+VORSTUFE zeigt den vollen Wert jeder Kostenkomponente. STUFE zeigt nur die Werte, die mit den Kosten verbunden sind, die dem Material selbst direkt zugeordnet sind. Die VORSTUFE ist der Wert jedes Kostenelements für die Gesamtkomponenten des Materials, ohne Berücksichtigung der dem Material direkt zugeordneten Kosten.

Die dritte Dropdown-Liste enthält Optionen, um festzulegen, ob für jede Kostenkomponente nur die fixen Kosten, nur die variablen Kosten oder die Summe der fixen und variablen Kosten angezeigt werden. Rechts daneben befindet sich das Kontrollkästchen ALLE KOSTENELEMENTE ANZEIGEN (siehe Abbildung 4.72). Normalerweise werden nur Kostenelemente, die mit der Bestandsbewertung zusammenhängen, in den Bericht aufgenommen. Klicken Sie auf das Kontrollkästchen, um den Beitrag für alle Kostenelemente zu sehen.

Abbildung 4.72: Auswahl zur Anzeige aller Kostenelemente

Bereich ❸ in Abbildung 4.71 zeigt den aktualisierten Material-Ledger-Status für den Istkalkulationslauf. Der Periodenstatus ist mit Ampelsymbolen versehen, die den Fortschritt der Istkalkulation anzeigen. Von links nach rechts stehen die Symbole für: Für Abrechnung relevant, Vorbereitung abgeschlossen, Abrechnung abgeschlossen und Abschlussbuchung erfolgt.

Um den Kopfbereich auszublenden, klicken Sie auf Kopf ein-/ausblenden am oberen Rand des Fensters. Dadurch wird zusätzlicher Platz für den Berichtsteil geschaffen. Klicken Sie erneut auf die Schaltfläche, um das Unterfenster für den Kopf wiederherzustellen.

Preisermittlungsschema

Das Preisermittlungsschema organisiert die Daten aus materialbuchrelevanten Vorgängen, um zu zeigen, wie die Istkosten für die Periode abgeleitet wurden. Es ist in zwei Hauptabschnitte unterteilt. In Abbildung 4.73 ist im Bereich ❶ der kumulierte Bestand zusammengefasst. Dies ist die Summe des Anfangsbestandes plus Warenzugänge plus alle Differenzen, die mit diesen Zugängen verbunden sind. Bereich ❷ zeigt den Verbrauch und den Endbestand. Diesen werden die Differenzen auf Basis der Ergebnisse der Berechnung der mit dem kumulierten Bestand verbundenen Differenzen zugewiesen.

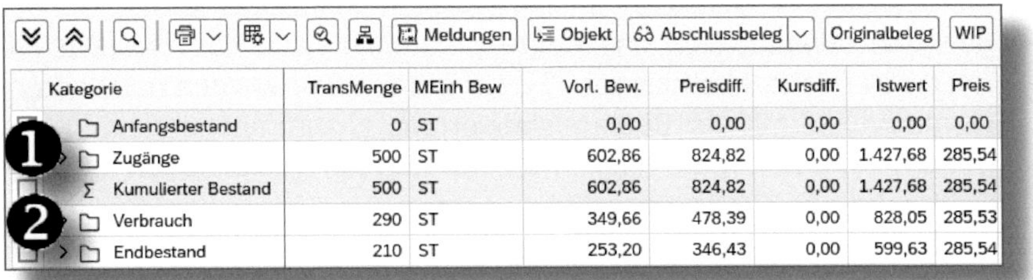

Meldungen | Objekt | Abschlussbeleg | Originalbeleg | WIP

Kategorie	TransMenge	MEinh Bew	Vorl. Bew.	Preisdiff.	Kursdiff.	Istwert	Preis
Anfangsbestand	0	ST	0,00	0,00	0,00	0,00	0,00
❶ Zugänge	500	ST	602,86	824,82	0,00	1.427,68	285,54
Σ Kumulierter Bestand	500	ST	602,86	824,82	0,00	1.427,68	285,54
❷ Verbrauch	290	ST	349,66	478,39	0,00	828,05	285,53
Endbestand	210	ST	253,20	346,43	0,00	599,63	285,54

Abbildung 4.73: Übersicht Preisermittlungsschema

Die Ordner in Abbildung 4.73 stellen Bewertungskategorien und Differenzen dar. Zu den Ordnern, die dem kumulierten Bestand zugeordnet sind, gehören:

- Anfangsbestand: Dies ist die Menge des Bestands zu Beginn der Periode, einschließlich aller Differenzen, die beim Abschluss aus der vorherigen Periode übertragen wurden.
- Nachbewertung: Dies ist der Betrag, der mit einer Neubewertung des Bestands aufgrund einer wesentlichen Preisänderung in der Periode verbunden ist.
- Zugänge: Dies enthält die einzelnen Materialeingänge für die Periode aus allen Quellen.
- Sonstige Zugänge/Verbräuche: Dies umfasst Warenbewegungen, die mit Zugängen oder Verbräuchen verbunden sind, die bei der Definition des Materialfortschreibungsschemas neu kategorisiert wurden (wie in Abschnitt 4.5.1 beschrieben).

Details für jede dieser Kategorien können durch Klicken auf das Symbol > links neben dem Ordnersymbol angezeigt werden. Abbildung 4.74 zeigt ein Beispiel für Details des Anfangsbestands und der Nachbewertung. Der Anfangsbestand umfasst sowohl die Menge der zu Standardkosten bewerteten Vorräte als auch die aus dem Endbestand der Vorperiode ermittelte Preisdifferenz, die in die aktuelle Periode vorgetragen wird. Preisänderungen, die während der Periode aufgetreten sind, werden unter Nachbewertung aufgeführt.

	Kategorie	Men...	MEin...	Vorl. Bew.	Preisdiff.	Kursdiff.	Istwert	Preis
☐	∨ Anfangsbestand	210	ST	253,20	346,43	0,00	599,63	285,54
☐	Anfangsbestand	210	ST	253,20	0,00	0,00	253,20	120,57
☐	Abrechnung Vorperiode	0	ST	0,00	346,43	0,00	346,43	0,00
☐	∨ Nachbewertung	0	ST	4,77	4,77-	0,00	0,00	0,00
☐	∨ Preisänderung	0	ST	4,77	4,77-	0,00	0,00	0,00
☐	3000000441 Materialpreisänderung	0	ST	4,77	4,77-	0,00	0,00	0,00

Abbildung 4.74: Anfangsbestand und Nachbewertung

Alle Materialeingänge aus Bestellungen, Fertigungsaufträgen und anderen Quellen sind unter dem Ordner Zugänge einsehbar (siehe Abbildung 4.75). Zugänge sind in Unterkategorien wie Fertigung oder Bestellung unterteilt. Innerhalb jeder Unterkategorie werden die einzelnen Zugänge, Differenzen im Zusammenhang mit einstufigen Abweichungen und Differenzen, die von niedrigeren Ebenen in der Lieferkette nach oben verschoben werden, berücksichtigt. Letztere werden durch das Symbol ➡ gekennzeichnet.

	Kategorie	Men...	MEi...	Vorl. Bew.	Preisdiff.	Kursd...	Istwert	Preis
☐	Anfangsbestand	0	ST	0,00	0,00	0,00	0,00	0,00
☐	˅ Zugänge	500	ST	602,86	824,82	0,00	1.427,68	285,54
☐	˅ Fertigung	500	ST	602,86	824,82	0,00	1.427,68	285,54
☐	➡ H107/UWU7	0	ST	0,00	242,81	0,00	242,81	0,00
☐	➡ H101/UWU7	0	ST	0,00	1,67	0,00	1,67	0,00
☐	➡ H103/UWU7	0	ST	0,00	9,49-	0,00	9,49-	0,00
☐	1000000133 Auftragsabrechnung 1002852	0	ST	0,00	340,99	0,00	340,99	0,00
☐	1000000132 Auftragsabrechnung 1002851	0	ST	0,00	248,84	0,00	248,84	0,00
☐	1000000110 WE zum Auftrag 1002852/1	250	ST	301,43	0,00	0,00	301,43	120,57
☐	1000000107 WE zum Auftrag 1002851/1	250	ST	301,43	0,00	0,00	301,43	120,57

Abbildung 4.75: Detail Materialzugänge

Die Zeile KUMULIERTER BESTAND, dargestellt in Abbildung 4.73, ist die Summe aller Werte in den darüber liegenden Kategorien. Der Schritt ABRECHNUNG des Istkalkulationslaufs berücksichtigt zusätzliche Differenzen, die in der Summe eingeschlossen werden sollen. Die sich ergebenden Differenzen werden dann auf den Verbrauch und den Endbestand angewendet. Abbildung 4.76 zeigt Details zu den Verbrauchsdifferenzen im Zusammenhang mit Materialausgabebewegungen aus dem Bestand für die Periode. Differenzen werden für die VERBRAUCHSNACHBEWERTUNG unter Verwendung des tatsächlichen Preiswerts für den KUMULIERTEN BESTAND berechnet. Der tatsächliche Preis für den Verbrauch ist die verbrauchte Menge multipliziert mit dem tatsächlichen Preiswert. Die Differenz zwischen diesem Wert und dem Standardwert für die Menge wird zum Wert der VERBRAUCHSNACHBEWERTUNG.

	Kategorie	Men...	MEi...	Vorl. Bew.	Preisdiff.	Kursd...	Istwert	Preis
☐	˅ Verbrauch	290	ST	349,66	478,39	0,00	828,05	285,53
☐	˅ Verbrauch	250	ST	301,43	412,41	0,00	713,84	285,54
☐	➡ Verbrauchsnachbewertung	0	ST	0,00	412,41	0,00	412,41	0,00
☐	1000000111 WL WarenausLieferung 601	250	ST	301,43	0,00	0,00	301,43	120,57
☐	˅ Kostenstelle	40	ST	48,23	65,98	0,00	114,21	285,53
☐	➡ Verbrauchsnachbewertung	0	ST	0,00	65,98	0,00	65,98	0,00
☐	1000000122 WA für Kostenstelle 200299	15	ST	18,09	0,00	0,00	18,09	120,60
☐	1000000121 WA Verschrottung 200299	25	ST	30,14	0,00	0,00	30,14	120,56

Abbildung 4.76: Detail Verbrauch

Der Bestand am Ende der Periode wird ebenfalls mit Differenzen auf Basis der verbleibenden Menge belegt. Abbildung 4.77 enthält den endgültigen Endbestand zum Standardpreis plus die mit der Abrechnung verbundenen Differenzen. Diese Differenzen werden ebenfalls auf den Anfangsbestand der nächsten Periode vorgetragen.

Kategorie	Men...	MEi...	Vorl. Bew.	Preisdiff.	Kursd...	Istwert	Preis
Endbestand	210	ST	253,20	346,43	0,00	599,63	285,54
Endbestand	210	ST	253,20	0,00	0,00	253,20	120,57
Abrechnung	0	ST	0,00	346,43	0,00	346,43	0,00

Abbildung 4.77: Detail Endbestand

Wenn die Istkostenschichtung aktiviert ist, werden auch Werte für die einzelnen Kostenelemente angezeigt. Abbildung 4.78 zeigt den vollen Istwert des Kostenelements an, wie es die Einstellungen im Kopfbereich vorgeben. Die Werte der Kostenelemente können auch als Standardwerte (VORLÄUFIGE BEWERTUNG), als die für jedes Kostenelement ermittelten Differenzen (PREISDIFFERENZEN) oder als die mit dem Wechselkurs verbundenen Differenzen (KURSDIFFERENZEN) angezeigt werden.

Kategorie	Direktmate	Tinte	Verpackung	Arbeit	Versorgung	Fremdauftr	Ersatzteil	Abschrei...
Anfangsbestand	0,00	0,00	0,00	0,00	0,00	0,00	0,00	0,00
Zugänge	438,73	34,05	0,00	707,02	79,72	0,00	87,62	80,54
Fertigung	438,73	34,05	0,00	707,02	79,72	0,00	87,62	80,54
H107/UWU7	193,28	0,00	0,00	26,11	4,56	0,00	5,05	13,81
H101/UWU7	0,07-	2,00	0,00	0,57-	0,08	0,00	0,02-	0,18
H103/UWU7	0,82	0,00	0,00	7,35-	1,08-	0,00	1,61-	0,27-
1000000133 Auftragsabrechnung 1002852	0,01-	0,01	0,00	256,17	31,28	0,00	34,82	18,72
1000000132 Auftragsabrechnung 1002851	0,01-	5,66	0,00	183,60	21,96	0,00	24,96	12,68
1000000110 WE zum Auftrag 1002852/1	122,36	13,19	0,00	124,53	11,46	0,00	12,21	17,71
1000000107 WE zum Auftrag 1002851/1	122,36	13,19	0,00	124,53	11,46	0,00	12,21	17,71
Kumulierter Bestand	438,73	34,05	0,00	707,02	79,72	0,00	87,62	80,54
Verbrauch	254,46	19,75	0,00	410,07	46,24	0,00	50,82	46,71
Endbestand	184,27	14,30	0,00	296,95	33,48	0,00	36,80	33,83

Abbildung 4.78: Istkostenelemente

Mit einem Doppelklick auf eine Detailposition gelangen Sie in den zugehörigen Material-Ledger-Beleg. Von dort aus können weitere Informationen zu Buchhaltungsbelegen und Quellbelegen gefunden werden. Dies wurde in Abschnitt 2.5.1 ausführlich behandelt.

Zusätzliche Informationen können durch Klicken auf die Schaltflächen am oberen Rand des in Abbildung 4.73 dargestellten Screenshots aufgerufen werden:

- Meldungen: Hier werden die Meldungen aufgelistet, die mit dem Kalkulationslauf verbunden sind.
- Objekt: Hier können Sie zu den Stammdaten für das Objekt springen, das für diese Zeile verarbeitet wird, z. B. zum Produktionsauftrag für einen Wareneingang, der mit diesem Produktionsauftrag verbunden ist.
- Abschlussbeleg: Damit wird der Material-Ledger-Abschlussbeleg für das Material angezeigt. Von hier aus sind weitere Drilldowns verfügbar, um auf die Buchhaltungsbelege und Quellobjekte zuzugreifen.
- Originalbeleg: Hier wird der Beleg angezeigt, der sich direkt auf das ausgewählte Element bezieht. Dabei kann es sich um einen Materialbeleg für eine Warenbewegung oder einen Abrechnungsbeleg für eine Abweichungsabrechnung handeln.
- WIP: Hier werden die Werte im Bericht angezeigt, die mit dem Abbau des WIP verbunden sind, wenn ein Auftrag, der zuvor WIP-Werte hatte, abgerechnet wird.

Bewertetes Mengengerüst

Das bewertete Mengengerüst zeigt die vollständig aufgelöste Stückliste zur Bestandsfortschreibung für das Material. Klicken Sie auf Bewertetes Mengengerüst ein-/ausblenden (oben in Abbildung 4.71 dargestellt), um diese Ansicht links neben dem Hauptfenster einzublenden. Abbildung 4.79 zeigt ein Beispiel. Die Differenzbeiträge können auf jeder Ebene betrachtet werden, um ein klareres Bild von der Quelle der Abweichungen zu erhalten. Klicken Sie erneut auf Bewertetes Mengengerüst ein-/ausblenden, um den Bericht auszublenden. Die SAPGUI-Transaktion *CKMQLS* kann ebenfalls zur Ausführung dieses Reports verwendet werden.

Bewertetes Mengengerüst (mehrstufig)	Men...	Ein...	Vorl. Bew.	Diff.	Istwert	Preis	Wä...	Objekt	Pro
F301 UWU7	500	ST	602,86	824,82	1.427,68	285,54	USD	F301 UWU7	100
Rest(Fertigung)	500	ST	602,86	824,82	1.427,68	285,54	USD	Rest(Fertigung)	100
H101 UWU7	12,750	L	38,18	1,67	39,85	312,55	USD	H101 UWU7	100
Rest(Fertigung)	12,750	L	38,19	1,66	39,85	312,55	USD	Rest(Fertigung)	100
H299 UWU7	0,273-	L	0,06-	0,00	0,06-	23,00	USD	H299 UWU7	100
R105 UWU7	2,295	L	1,72	0,11	1,84	80,00	USD	R105 UWU7	100
R106 UWU7	4,033	L	1,01	0,20	1,21	30,00	USD	R106 UWU7	100
R107 UWU7	2,368	L	0,83	0,12	0,95	40,00	USD	R107 UWU7	100
R109 UWU7	12,786	L	31,97	1,92-	30,05	235,00	USD	R109 UWU7	100
Rüststunde	0,002	STD	0,12	0,00	0,12	586,25	USD	KL 200101/SETUP	10
Maschinenstunde	0,073	STD	3,28	0,00	3,28	45,00	USD	KL 200101/MACHHR	1
Arbeitsstunde	0,109	STD	2,48	0,00	2,48	22,75	USD	KL 200101/LABRHR	1
H103 UWU7	500	ST	97,50	9,49-	88,01	17,60	USD	H103 UWU7	100
Rest(Fertigung)	500	ST	97,50	9,49-	88,01	17,60	USD	Rest(Fertigung)	100
R102 UWU7	6,500	KG	7,80	0,22	8,02	123,34	USD	R102 UWU7	100

Abbildung 4.79: Bewertetes Mengengerüst

4.8.2 Periodenstatus

Jedem Material ist ein Material-Ledger-Status zugeordnet, damit das System bei der Berechnung der Istpreise feststellen kann, welche Art der Bearbeitung erforderlich ist. Einige der Status werden im Laufe der Periode, andere auf der Grundlage des im Istkalkulationslauf durchgeführten Schritts vergeben. Es gibt folgende Periodenstatus:

- 01 – NEU ANGELEGT: Dies ist ein neu angelegtes Material, bevor Warenbewegungen stattgefunden haben.
- 05 – PERIODE OHNE BESTAND ERÖFFNET: Das Material hatte zu Beginn der Periode keinen Lagerbestand.
- 10 – PERIODE ERÖFFNET: Die Periode wurde eröffnet, aber es haben keine Warenbewegungen stattgefunden.
- 20 – PREISÄNDERUNG ERFOLGT: Der Standardpreis des Materials wurde geändert, aber es haben noch keine Warenbewegungen stattgefunden.

- 30 – MENGEN UND WERTE ERFASST: Für das Material haben Warenbewegungen stattgefunden.
- 31 – WERTE ERFASST: Bestandswerte haben sich ohne Änderung der Bestandsmenge geändert.
- 40 – PREIS EINSTUFIG ERMITTELT: Bei der Abrechnung des Istkalkulationslaufs wurden einstufige Differenzen auf den Materialpreis angewendet.
- 50 – PREIS MEHRSTUFIG ERMITTELT: Bei der Abrechnung im Istkalkulationslauf wurden mehrstufige Differenzen auf den Materialpreis angewendet.
- 60 – ABSCHLUSSBUCHUNG STORNIERT: Der Schritt »Abschluss buchen« wurde zunächst ausgeführt und später wieder rückgängig gemacht.
- 70 – ABSCHLUSSBUCHUNG ERFOLGT: Der Schritt »Abschluss buchen« wurde mit einer Aktualisierung des Materialpreises ausgeführt.

Die Status 40 bis 70 werden erst im Rahmen des Istkalkulationslaufs vergeben. Die App »Periodenstatus« (Transaktion *S_ALR_87013180*) listet die Materialien für ein Werk und eine Periode nach Status auf. Abbildung 4.80 zeigt den Bericht für alle Materialien im Werk UWU7 in Periode 010.2019, zusammengefasst nach Materialart und Status. Führen Sie den Bericht nach dem Abschluss aus, um festzustellen, ob alle Materialien ordnungsgemäß bearbeitet wurden. Es sollten keine Materialien mehr vorhanden sein, die nicht den Status ABSCHLUSSBUCHUNG ERFOLGT (70), PERIODE OHNE BESTAND GEÖFFNET (05) oder NEUE OBJEKTE (01) haben. Alle anderen Status weisen darauf hin, dass die Materialien im Istkalkulationslauf nicht korrekt verarbeitet wurden. Doppelklicken Sie auf ein Material, um zum Bericht »Materialpreisanalyse« zu wechseln.

Werk UWU7
Periode 010.2019

Materialart	Material	Bewertungsart	Bezeichnung	Σ	Anzahl
FERT				•	7
HALB				•	1
VERP				•	2
Periodenstatus: Periode ohne Bestand eröffnet				• •	**10**
FERT				•	2
HALB				•	8
ROH				•	11
Periodenstatus: Abschlußbuchung erfolgt				• •	**21**
				• • •	**31**

Abbildung 4.80: Bericht Periodenstatus

4.8.3 Materialkosten und Bestandswerte

Die App »Materialkosten und Bestandswerte« (Transaktion *S_ALR_87013181*) bietet eine Momentaufnahme der tatsächlichen Preise und Bestandswerte für ein bestimmtes Material nach Zeitraum. Abbildung 4.81 zeigt den Preisverlauf für das Material F301 im Werk UWU7.

Material F301, Weißer Stift Rote TinteHELLO
Werk UWU7 Los Angeles Plant
Basismengeneinheit ST Stück
Preisermittlung Ein-/mehrstufig
Währung/Bewertung USD Buchungskreiswährung

Jahr	Periode	Preisstrg	Per. VPreis	Standardpreis	Abw. absolut	Abweichung %
2019	12	S	0,00	123,55	123,55-	100,00-
	11	V	149,41	123,55	25,86	20,93
	10	V	285,54	120,57	164,97	136,83
	9	S	0,00	83,13	83,13-	100,00-
2018	12	S	0,00	83,13	83,13-	100,00-

Abbildung 4.81: Materialkosten und Bestandswerte für F301

4.8.4 Bericht »Preise und Bestandswerte«

Der Bericht »Preise und Bestandswerte« (Transaktion *S_P99_41000062*) zeigt die Preisänderungsergebnisse der Istkalkulation. Abbildung 4.82 stellt eine Version des Berichts dar, sortiert nach der prozentualen Abweichung zwischen dem Standardpreis und dem berechneten PVP für die Periode. Die Bestandsbewertung wird ebenfalls aufgeführt, um die Auswirkungen des aktualisierten PVP zu zeigen.

Werk UWU7
Periode 010.2019
Währung/Bewertung USD Buchungskreiswährung

Material	Standardpreis	Per. VPreis	Währg	Abweichung %
F300	117,27	288,69	USD	146,18
F301	120,57	285,54	USD	136,83
H106	53,35	96,84	USD	81,52
H107	69,81	118,37	USD	69,56
H100	156,04	202,47	USD	29,76
R100	40,00	50,12	USD	25,30
R106	25,00	30,00	USD	20,00

Abbildung 4.82: Bericht zu Preisen und Bestandswerten

4.8.5 Höchster Bestandswert

Die App »Höchster Bestandswert« (Transaktion *CKMTOPSTOCKVAL*) listet die Materialbestands-Istwerte für eine bestimmte Periode auf. Abbildung 4.83 zeigt den Bericht, sortiert vom höchsten zum niedrigsten Wert.

Material	Werk	Materialkurztext	Gesamtwert	Währg	Gesamtb...	BME
R101	UWU7	Messingblech	155.487,00	USD	25.914,500	KG
R101	UWU8	Messingblech	116.915,97	USD	21.816,750	KG
R109	UWU8	Roter Farbstoff	40.800,00	USD	16.000	L
R109	UWU7	Roter Farbstoff	35.650,00	USD	14.260	L
R102	UWU8	Kunststoffpulver - weiß	24.677,81	USD	19.624,500	KG
R108	UWU7	Blauer Farbstoff	24.402,00	USD	16.268	L
R102	UWU7	Kunststoffpulver - weiß	23.816,40	USD	19.847	KG

Abbildung 4.83: Bericht über die höchsten Bestandswerte

4.8.6 WIP zu Istkosten anzeigen

Die App »WIP zu Istkosten« (Transaktion *COMLWIPDISP*) wird verwendet, um die WIP nach Material und Produktionsauftrag anzusehen – zusammen mit allen Differenzen, die ihr zugewiesen wurden. Dieser Bericht ist nur sinnvoll, wenn das System für die Neubewertung von WIP konfiguriert ist (siehe Abschnitt 4.5.2 für die Konfiguration). Der unter Abbildung 4.84 gezeigte Bericht zeigt sowohl die Standard-WIP, wie sie für jeden Auftrag berechnet wurde, als auch die Preisdifferenzen, die mit der WIP für diese Periode verbunden wurden.

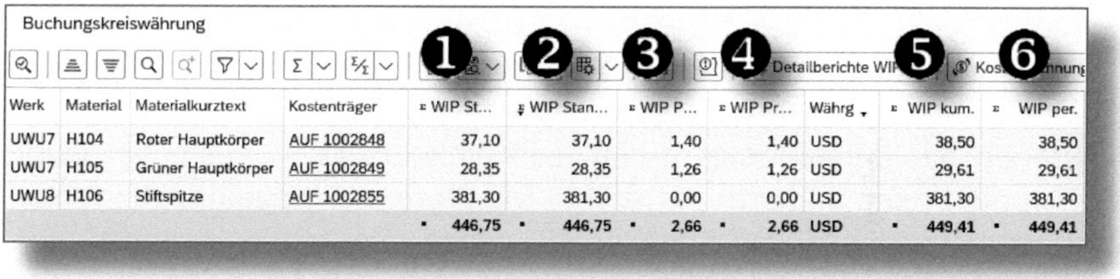

Buchungskreiswährung

❶ ❷ ❸ ❹ Detailberichte WIP ❺ Kos…nung ❻

Werk	Material	Materialkurztext	Kostenträger	WIP St...	WIP Stan...	WIP P...	WIP Pr...	Währg	WIP kum.	WIP per.
UWU7	H104	Roter Hauptkörper	AUF 1002848	37,10	37,10	1,40	1,40	USD	38,50	38,50
UWU7	H105	Grüner Hauptkörper	AUF 1002849	28,35	28,35	1,26	1,26	USD	29,61	29,61
UWU8	H106	Stiftspitze	AUF 1002855	381,30	381,30	0,00	0,00	USD	381,30	381,30
				• 446,75	• 446,75	• 2,66	• 2,66	USD	• 449,41	• 449,41

Abbildung 4.84: Bericht für WIP mit Istpreisen

Die relevanten Spalten im Bericht sind:

- Spalte ❶ – Summe WIP zum Standard
- Spalte ❷ – WIP-Veränderung für die Periode zum Standard
- Spalte ❸ – Differenzen, die der gesamten WIP zugeordnet sind
- Spalte ❹ – Differenzen, die der WIP-Änderung zugeordnet sind
- Spalte ❺ – WIP zu Istkosten
- Spalte ❻ – WIP-Änderung zu Istkosten

! Nur Aufträge mit WIP anzeigen

Achten Sie bei der Eingabe in der Menüauswahl für den Bericht »WIP zu Istkosten« darauf, dass das Kontrollkästchen AUFTRÄGE MIT WIP = 0 AUSBLENDEN aktiviert ist. Nur Aufträge mit WIP oder WIP-Abbau am Ende der Periode werden im Bericht angezeigt.

4.8.7 Analyse des Leistungsverbrauchs

Der Bericht »Leistungsverbrauchsanalyse« ist ähnlich wie der Bericht »Materialpreisanalyse«. Differenzen im Zusammenhang mit Leistungsarten, die bei der Berechnung des Isttarifs für die Periode erzeugt wurden, werden für jedes Material angezeigt, das diese Leistung während der Periode verbraucht hat. Differenzen werden nur dann in den Istpreis eines Materials einbezogen, wenn bei der Freigabe des Werks für die Istkalkulation das Feld L.-IST auf 2 gesetzt ist (siehe wiederum Abbildung 4.13). Um den Bericht zu sehen, führen Sie die App »Leistungsverbrauchsanalyse« aus und geben Sie die Kostenstelle/Leistungsart ein, die für die Analyse verwendet wird. Wählen Sie das Werk, die Geschäftsperiode und die Sicht für den Bericht. In Abbildung 4.85 ist die Sicht PREISERMITTLUNGSSCHEMA ausgewählt. Hier wird der Verbrauch der Leistungsart durch jede einzelne Leistungsverrechnung, gruppiert nach Material, angezeigt. Die Werte der einzelnen Kostenelemente können ebenfalls angezeigt werden. Die Spalte PREISDIFF. zeigt die Differenz zwischen dem Ist- und dem Plantarif für die Leistungsart, die bei der Ermittlung der Isttarife für die Leistungsarten im Rahmen des Periodenabschlusses ermittelt wird.

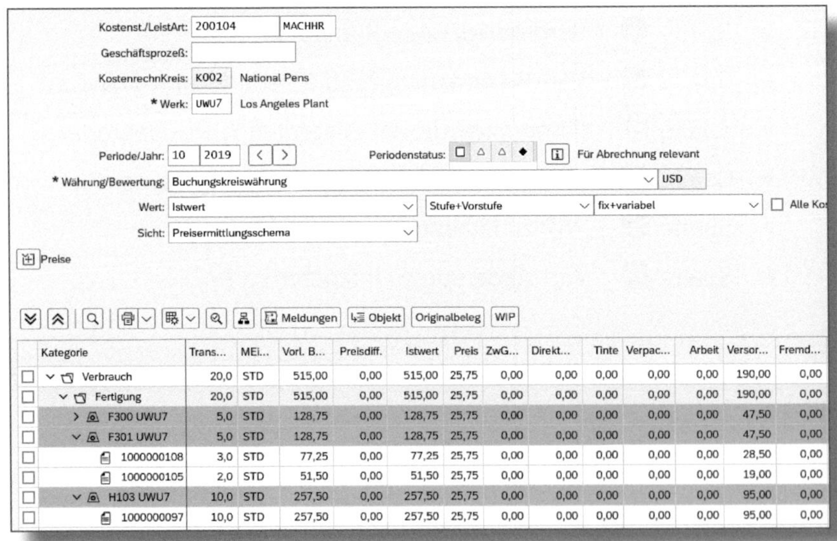

Kategorie	Trans...	MEi...	Vorl. B...	Preisdiff.	Istwert	Preis	ZwG...	Direkt...	Tinte	Verpac...	Arbeit	Versor...	Fremd...
Verbrauch	20,0	STD	515,00	0,00	515,00	25,75	0,00	0,00	0,00	0,00	0,00	190,00	0,00
Fertigung	20,0	STD	515,00	0,00	515,00	25,75	0,00	0,00	0,00	0,00	0,00	190,00	0,00
F300 UWU7	5,0	STD	128,75	0,00	128,75	25,75	0,00	0,00	0,00	0,00	0,00	47,50	0,00
F301 UWU7	5,0	STD	128,75	0,00	128,75	25,75	0,00	0,00	0,00	0,00	0,00	47,50	0,00
1000000108	3,0	STD	77,25	0,00	77,25	25,75	0,00	0,00	0,00	0,00	0,00	28,50	0,00
1000000105	2,0	STD	51,50	0,00	51,50	25,75	0,00	0,00	0,00	0,00	0,00	19,00	0,00
H103 UWU7	10,0	STD	257,50	0,00	257,50	25,75	0,00	0,00	0,00	0,00	0,00	95,00	0,00
1000000097	10,0	STD	257,50	0,00	257,50	25,75	0,00	0,00	0,00	0,00	0,00	95,00	0,00

Abbildung 4.85: Bericht zur Leistungsverbrauchsanalyse

Die Ansicht PREISENTWICKLUNG (hier nicht dargestellt) stellt die Zuordnungen nach Geschäftsvorfällen dar.

4.9 Weitere Funktionalität der Istkalkulation

4.9.1 Buchungskreisübergreifende Istkalkulation

Eine Materialumbuchung zwischen Werken in zwei verschiedenen Buchungskreisen wird aus rechtlicher Sicht wie ein Verkauf zwischen einem Lieferanten und einem Kunden behandelt. Differenzen, die für das Material im verkaufenden Werk entstehen, werden in diesem Fall nicht an das kaufende Werk weitergegeben. Dies ist vergleichbar mit dem, was passiert, wenn ein Unternehmen ein Material an einen Kunden verkauft. Der Kunde sieht nur den Verkaufspreis und kümmert sich nicht um Abweichungen, die beim Verkäufer entstanden sind. Nur wenn der buchungskreisübergreifende Verkaufspreis von dem im empfangenden Werk als Standard geladenen Transferpreis abweicht, werden Differenzen für das Material am Bestimmungsort gebucht.

Wenn eine der Währungen, die dem Material-Ledger zugeordnet sind, für die Konzernbewertung vorgesehen ist, dann wird die Materialumbuchung von einem Werk in einem Buchungskreis zu einem Werk im zweiten Buchungskreis wie eine buchungskreisinterne Umlagerung mit der legalen Bewertungssicht behandelt. Daher können Differenzen für das Material in der Konzernbewertungssicht vom verkaufenden Werk an das empfangende Werk weitergegeben werden. Dies ist nur verfügbar, wenn die Business Function LOG_MM_SIT für das System aktiviert ist. Vor S/4HANA war dies eine optionale Funktion. Jetzt ist LOG_MM_SIT für S/4HANA-Systeme werkseitig aktiviert, und diese Funktionalität ist zum Standard geworden. Beachten Sie den SAP-Hinweis 2240360[10].

[10] SAP-Hinweis 2240360: »SAP S/4HANA: Always-On Business Functions«

4.9.2 Wertefluss-Monitor

Der Wertefluss-Monitor ist ein Werkzeug, das dazu dient, Differenzen aufzuzeigen, die aus irgendeinem Grund bei der Abrechnungsstufe der Istkalkulation nicht berücksichtigt werden. Ab dem S/4HANA-Release 1909 gibt es davon sogar zwei Versionen im System. Die »klassische« Version ist die SAPGUI-Transaktion *CKMVFM*. Eine neuere Version wurde mit S/4HANA Release 1610 ausgeliefert. Dies ist die Fiori-App »Materialwertefluss-Monitor«, bzw. die SAPGUI-Transaktion *ML4HVFM*. Die neuere Version nutzt die Vorteile der vereinfachten Datenbankstruktur, die im S/4HANA-System verwendet wird, und bietet einen wesentlich schnelleren Zugriff auf die Daten. Weitere Informationen zur »klassischen« Transaktion *CKMVFM* finden Sie im SAP-Hinweis 744090[11] oder im Buch »Practical Guide to SAP Material-Ledger« von Rosana Fonseca[12], das die Material-Ledger-Funktionalität für SAP ERP ECC 6.0 behandelt.

Einer der Hauptgründe für die Verwendung des Wertefluss-Monitors ist das Auffinden von Differenzen, die im Istkalkulationslauf nicht verarbeitet wurden. Es gibt zwei Hauptkategorien von Differenzen. Zu der ersten gehören *nicht verteilte* Differenzen, die nicht zur Berechnung eines tatsächlichen Preises beitragen. Dies hat mit der Bestandsdeckungsprüfung zu tun. Abbildung 4.55 in Abschnitt 4.7.4 zeigt ein Beispiel für NICHT VERTEILTE Unterschiede. Es gab nicht genug kumulierten Bestand, um die Differenzen auszugleichen. Dies kann bei Produktionsaufträgen passieren, die nicht abgerechnet werden, während das Produkt noch im Lager vorhanden ist. Der Verbrauchsabweichungswert kann nicht auf das Material verteilt werden, da kein Bestand vorhanden ist.

Nicht zugeordnet ist ein Zustand, in dem Differenzen mit einem Material verbunden wurden; wenn dieses Material jedoch verbraucht ist, können diese Differenzen nicht auf die nächste Ebene verschoben werden. Das kann passieren, wenn Differenzen nicht dem Verbrauch

[11] SAP-Hinweis 744090: »Wertefluss-Monitor: Erläuterung und Empfehlungen«

[12] »Practical Guide to SAP Material Ledger« – 1. Auflage, erschienen 2016 bei Espresso Tutorials GmbH

zugeordnet werden oder wenn es sich um eine Komponente eines anderen Materials handelt, das nicht für die Istkalkulation eingerichtet ist (Preisermittlung auf 2 gesetzt).

Layout: 1SAP00

Buchungskreis K105 / Periode 010.2019 / Währung USD (#1)

Material	Bewe...	Pr...	Abr...	Abs...	PrRel....	N. vert...	PrBeg...	Nac...	N. v...	Ver...	En...	Wä...
					· 150,00	**· 150,00-**	**· 150,00**	**· 0,00**	**· 0,00**	**· 0,00**	**· 0,00**	USD
H104	UWU7	3	X	X	150,00	150,00-	150,00	0,00	0,00	0,00	0,00	USD

Abbildung 4.86: Wertefluss-Monitor für nicht verteilte Differenzen

Der Bericht in Abbildung 4.86 wurde so eingerichtet, dass er nach Differenzen mit Attribut NICHT VERTEILT filtert, die ungleich null sind. Es ist sinnvoll, diesen Bericht nach Abschluss des Schritts »Abrechnung« auszuführen, um auf Fehler zu prüfen, die dann vor der Buchung ins Hauptbuch behoben werden können.

4.9.3 Periodischer Verrechnungspreis mit mehreren Perioden

Der Istkalkulationslauf verarbeitet die Materialien periodenweise. Obwohl die Verwendung des kumulierten Bestands für die Periode dabei hilft, das Problem der Bestandsdeckung zu verringern, reichen die Daten einer einzelnen Periode möglicherweise nicht aus, um ein genaues Bild der tatsächlichen Kosten zu vermitteln. Ein separater AVR kann verwendet werden, um Bestandswerte und Differenzen über mehrere Perioden zu kumulieren, die zur Berechnung der tatsächlichen Kosten verwendet werden. Ein AVR berechnet die Istkosten für Materialien auf der Grundlage anderer Parameter als der reguläre Istkalkulationslauf. Er kann verwendet werden, um die Istwerte mit diesen neuen Parametern erneut zu aktualisieren, oder er kann einfach zusätzliche Analysedaten liefern, um Schwankungen in der Bestandsbewertung besser zu verstehen. Neben der Analyse von Daten für mehrere Perioden kann der AVR auch so eingestellt werden, dass er Tarife mit unterschiedlichen Bewertungsalternativen oder unterschiedlichen Leistungstarifen berechnet.

Alternativer Bewertungslauf

Vor der Einführung von S/4HANA wurde der alternative Bewertungslauf über eine separate Transaktion durchgeführt. Inzwischen wurde er in die Transaktion *CKMLCP* im SAPGUI und in die Fiori-App »Istkostenlauf bearbeiten« integriert. Wählen Sie beim Anlegen des Kalkulationslaufs aus, ob es sich um eine ISTKALKULATION oder eine ALTERNATIVE BEWERTUNG handelt. Derzeit kann die ältere Transaktion für alternative Bewertungsläufe *CKMLCPAVR* zusammen mit ihrem Fiori-Pendant »Alternative Bewertungsläufe bearbeiten« noch für die Behandlung von AVRs verwendet werden.

Ein AVR wird mit der gleichen Anwendung wie ein regulärer Istkalkulationslauf erstellt. Dies ist die Fiori-App »Istkalkulationsläufe bearbeiten« oder die Transaktion *CKMLCP*. Klicken Sie auf die Schaltfläche, um einen neuen Lauf zu erstellen. Das Auswahlfenster wird angezeigt, wie in Abbildung 4.87 dargestellt. Geben Sie die Kennung des Kalkulationslaufs, die Beschreibung sowie die Geschäftsperiode und das Jahr für den Lauf ein. Wählen Sie den Typ des Laufs aus der Liste aus. In diesem Fall wurde die Option KLASSISCHER AVR (KEINE PARALLELE HK) gewählt.

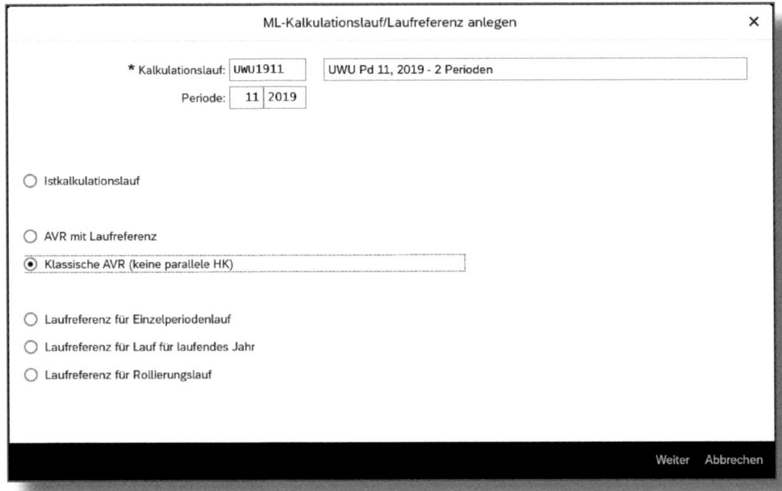

Abbildung 4.87: Alternativen Bewertungslauf anlegen

Nach der Auswahl der Kalkulationslaufidentifikation wird der Bereich ALLGEMEINE DATEN geöffnet, um die Kalkulationslaufmerkmale zuzuordnen. Die Registerkarte PERIODENDATEN wird angezeigt (siehe Abbildung 4.88). Da zuvor der KLASSISCHE AVR gewählt wurde, muss nur noch die Anfangsperiode für den AVR eingegeben werden. Dies ist die Periode, ab der die kumulierte Bestandsaufnahme bearbeitet wird.

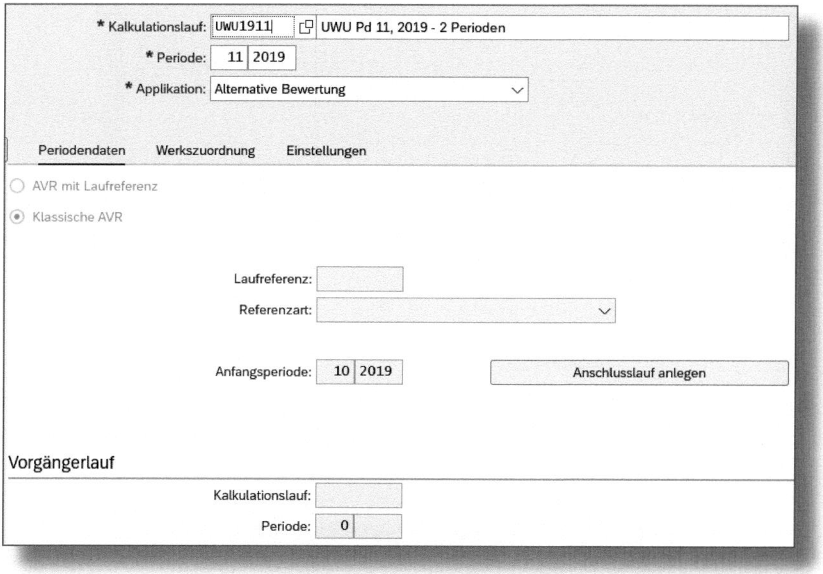

Abbildung 4.88: Periodendaten für den AVR

Klicken Sie als Nächstes auf die Registerkarte WERKSZUORDNUNG, um die Werke auszuwählen, die in den AVR aufgenommen werden sollen. Abbildung 4.89 zeigt die ausgewählten Werke an.

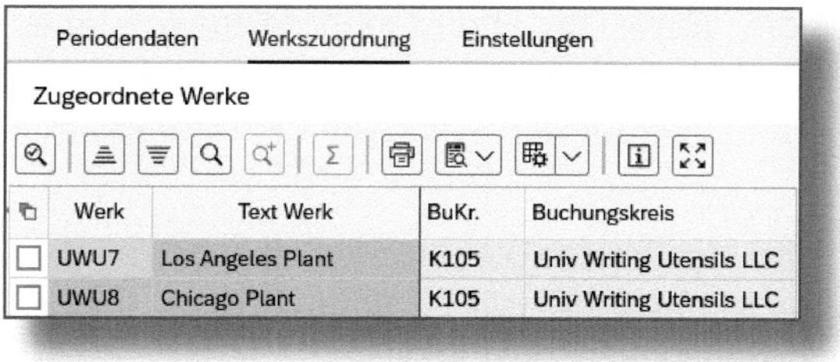

Abbildung 4.89: Werkszuordnung für den AVR

Vervollständigen Sie abschließend die Angaben auf der Registerkarte EINSTELLUNGEN (siehe Abbildung 4.90), die den Zweck des AVRs definieren.

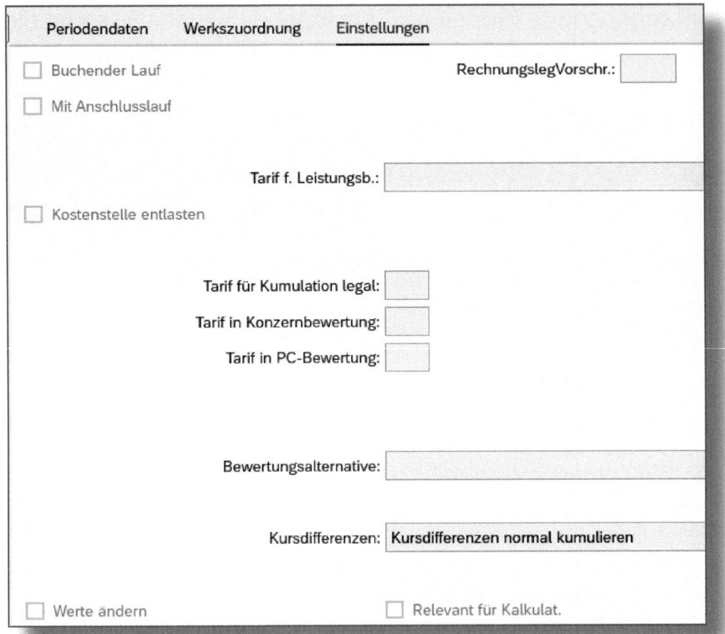

Abbildung 4.90: Zuweisungseinstellungen für den AVR

Mit jeder Einstellung wird festgelegt, wie die Istkosten für den Lauf verarbeitet werden:

- BUCHENDER LAUF: Aktivieren Sie dieses Kontrollkästchens, um die AVR-Ergebnisse in der Finanzbuchhaltung zu aktualisieren. Dadurch werden die Werte im Hauptbuch fortgeschrieben. Wählen Sie diese Option nicht aus, findet keine Buchung statt und der Schritt ABSCHLUSS BUCHEN erscheint nicht für den Kalkulationslauf.
- RLV: Geben Sie eine bestimmte Rechnungslegungsvorschrift ein bzw. wählen Sie sie aus, um die Ist-Buchungen einer Ledger-Gruppe zuzuordnen.

- MIT ANSCHLUSSLAUF: Wenn dieses Kontrollkästchen aktiviert ist, wird ein Anschlusslauf mit diesem AVR verknüpft. Anschlussläufe können nur für AVRs erstellt werden, bei denen die Option BUCHENDER LAUF ausgewählt wurde. Sobald ein AVR mit Anschlusslauf gespeichert wurde, ist die Schaltfläche ANSCHLUSSLAUF ANLEGEN auf der Registerkarte PERIODENDATEN aktiviert (siehe Abbildung 4.88). Klicken Sie auf diese Schaltfläche, um den Anschlusslauf für diesen AVR anzulegen.
- TARIF F. LEISTUNGSB.: Wenn der AVR Tarife für Leistungen verarbeitet, wählen Sie aus der Dropdown-Liste in diesem Feld aus, woher der Tarif der Leistungsart stammt, der für die Bewertung von Leistungen verwendet wird. Dies kann entweder der Planpreis oder der Istpreis sein. Lassen Sie dieses Feld leer, wenn für den Kalkulationslauf keine Tarife referenziert werden.
- KOSTENSTELLE ENTLASTEN: Wenn Tarife aktualisiert werden, aktivieren Sie dieses Kontrollkästchen, um sicherzustellen, dass die Produktionskostenstelle bei der Berechnung der Kosten entlastet wird.
- TARIF FÜR KUMULATION LEGAL: Geben Sie ein bzw. wählen Sie aus, welche CO-Version verwendet wird, um Tarife für Währungen mit legaler Bewertung zu erhalten.
- TARIF IN KONZERNBEWERTUNG: Geben Sie ein bzw. wählen Sie aus, welche CO-Version verwendet wird, um Leistungstarife für die Konzernbewertung zu erhalten. Diese Funktion ist deaktiviert, wenn eine Währung mit der Konzernbewertungssicht nicht zu den Material-Ledger-Währungen gehört.
- TARIF IN PC-BEWERTUNG: Geben Sie ein bzw. wählen Sie aus, welche CO-Version verwendet wird, um Tarife für die Fortschreibung der Profitcenter-Bewertung zu erhalten. Diese Funktion ist deaktiviert, wenn eine Währung mit der Profitcenter-Bewertungssicht nicht zu den Material-Ledger-Währungen gehört.
- BEWERTUNGSALTERNATIVE: Wählen Sie aus einer Dropdown-Liste von Bilanzbewertungsoptionen (dies wird in Kapitel 5 ausführlich behandelt).

- Kursdifferenzen: Wählen Sie aus einer Dropdown-Liste von Optionen aus, um festzulegen, wie Wechselkurse im AVR berücksichtigt werden sollen. Dabei gibt es folgende Auswahlmöglichkeiten: Kursdifferenzen normal kumulieren, nicht bestandsrelevante Kursdifferenzen einblenden und alle Kursdifferenzen ausblenden.
- Relevant für Kalkulat.: Aktivieren Sie dieses Kontrollkästchen, damit die Ergebnisse des AVR in der Plankalkulation verwendet werden können. Pro Periode kann nur ein AVR diese Einstellung haben.

Die unter Abbildung 4.90 gezeigten Einstellungen gelten für einen Lauf, bei dem das Hauptbuch nicht mit den Differenzen aktualisiert wird. Klicken Sie auf Sichern, um den AVR zu speichern.

Abbildung 4.91 zeigt die erstellten Verarbeitungsschritte. Beachten Sie, dass Applikation auf Alternative Bewertung anstelle von Istkalkulation eingestellt ist. Für beide Arten von Läufen kann die gleiche Kalkulationslauf-Kennung und Periode verwendet werden. Der Schritt »Abschluss buchen« ist für diesen Lauf nicht enthalten, da Buchender Lauf auf der Registerkarte Einstellungen im Abschnitt Allgemeine Daten nicht ausgewählt wurde. Die entsprechenden Material-Ledger-Belege werden im Abrechnungsschritt für das Reporting erstellt, aber die Ergebnisse werden nicht im Hauptbuch gebucht.

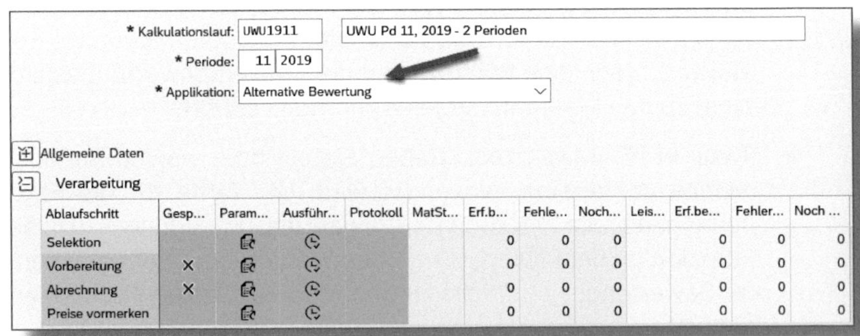

Abbildung 4.91: Bearbeitungsschritte für den AVR

Die Schritte werden in der gleichen Weise wie bei einem regulären Istkalkulationslauf bearbeitet. Definieren Sie vor der Ausführung die Parameter, die mit jedem Schritt verbunden sind. Der Schritt PREISE VORMERKEN ist optional. Weitere Informationen hierzu finden Sie in Abschnitt 4.7.6.

Die Ergebnisse dieses AVR für das Material F301 im Werk UWU7 sind in Abbildung 4.92 dargestellt. Beachten Sie, dass die berechneten tatsächlichen Kosten für diesen Lauf, wenn man die Transaktionen aus zwei Perioden betrachtet, 165,58 EUR pro 100 Einheiten betragen. Bei der Berechnung dieses Wertes werden Transaktionen aus den beiden Perioden 10 und 11 berücksichtigt.

Kategorie	Tran...	M...	Vorl. B...	Preis...	Ku...	Istwert	Preis	Periode
Anfangsbestand	0	ST	0,00	0,00	0,00	0,00	0,00	011.2019
> Nachbewertung	0	ST	4,77	4,77-	0,00	0,00	0,00	011.2019
˅ Zugänge	2.000	ST	2.456,11	855,43	0,00	3.311,54	165,58	011.2019
˅ Fertigung	2.000	ST	2.456,11	855,43	0,00	3.311,54	165,58	011.2019
H107/UWU7	0	ST	0,00	320,25	0,00	320,25	0,00	011.2019
H101/UWU7	0	ST	0,00	4,66	0,00	4,66	0,00	011.2019
H103/UWU7	0	ST	0,00	115,71-	0,00	115,71-	0,00	011.2019
1000000231 Auftragsabrechnung 1002877	0	ST	0,00	56,40	0,00	56,40	0,00	011.2019
1000000205 WE zum Auftrag 1002877/1	1.500	ST	1.853,25	0,00	0,00	1.853,25	123,55	011.2019
1000000133 Auftragsabrechnung 1002852	0	ST	0,00	340,99	0,00	340,99	0,00	010.2019
1000000132 Auftragsabrechnung 1002851	0	ST	0,00	248,84	0,00	248,84	0,00	010.2019
1000000110 WE zum Auftrag 1002852/1	250	ST	301,43	0,00	0,00	301,43	120,57	010.2019
1000000107 WE zum Auftrag 1002851/1	250	ST	301,43	0,00	0,00	301,43	120,57	010.2019
Σ Kumulierter Bestand	2.000	ST	2.460,88	850,66	0,00	3.311,5	165,58	011.2019
˅ Verbrauch	840	ST	1.027,70	363,15	0,00	1.390,85	165,58	011.2019
> Verbrauch	800	ST	979,47	345,15	0,00	1.324,62	165,58	011.2019
> Kostenstelle	40	ST	48,23	18,00	0,00	66,23	165,58	011.2019
˅ Endbestand	1.160	ST	1.433,18	487,51	0,00	1.920,69	165,58	011.2019
Endbestand	1.160	ST	1.433,18	0,00	0,00	1.433,18	123,55	
Abrechnung			0,00	487,51	0,00	487,51	0,00	011.2019

Abbildung 4.92: Resultierende Kosten aus alternativem Bewertungslauf

Vergleichen Sie dieses Ergebnis mit dem Wert für das Material F301 im Istkalkulationslauf für Periode 11 (siehe Abbildung 4.93). Hier beträgt der errechnete Istwert 149,41 EUR pro 100 Einheiten. Diese Berechnung basiert auf dem Anfangsbestand der Periode, mit den abgerechneten Differenzen aus Periode 10 und nur den Zugängen, die während der Periode aufgetreten sind. Der Wert aus dem AVR kann ein besseres Verständnis für die tatsächlichen Kosten geben, insbesondere wenn es sich um ständig schwankende Preise handelt.

Kategorie	Tran...	M...	Vorl. B...	Preis...	Ku...	Istwert	Preis	Periode
> Anfangsbestand	210	ST	253,20	346,43	0,00	599,63	285,54	011.2019
> Nachbewertung	0	ST	4,77	4,77-	0,00	0,00	0,00	011.2019
∨ Zugänge	1.500	ST	1.853,25	102,10	0,00	1.955,35	130,36	011.2019
∨ Fertigung	1.500	ST	1.853,25	102,10	0,00	1.955,35	130,36	011.2019
H107/UWU7	0	ST	0,00	132,73	0,00	132,73	0,00	011.2019
H101/UWU7	0	ST	0,00	5,17	0,00	5,17	0,00	011.2019
H103/UWU7	0	ST	0,00	92,20-	0,00	92,20-	0,00	011.2019
1000000231 Auftragsabrechnung 1002877	0	ST	0,00	56,40	0,00	56,40	0,00	011.2019
1000000205 WE zum Auftrag 1002877/1	1.500	ST	1.853,25	0,00	0,00	1.853,25	123,55	011.2019
Σ Kumulierter Bestand	1.710	ST	2.111,22	443,76	0,00	2.554,9[illegible]	149,41	011.2019
> Verbrauch	550	ST	678,04	143,74	0,00	821,78	149,41	011.2019
∨ Endbestand	1.160	ST	1.433,18	300,02	0,00	1.733,20	149,41	011.2019
Endbestand	1.160	ST	1.433,18	0,00	0,00	1.433,18	123,55	
Abrechnung	0	ST	0,00	300,02	0,00	300,02	0,00	011.2019

Abbildung 4.93: Ergebnis des Haupt-Istkalkulationslaufs für Periode 11

Um die Materialpreisanalyse für den AVR anzuzeigen, muss der spezifische AVR-Kalkulationslauf ausgewählt werden. Führen Sie die App »Materialpreisanalyse« (CKM3) aus und klicken Sie auf die Schaltfläche KALKULATIONSLAUF SETZEN (siehe Abbildung 4.94).

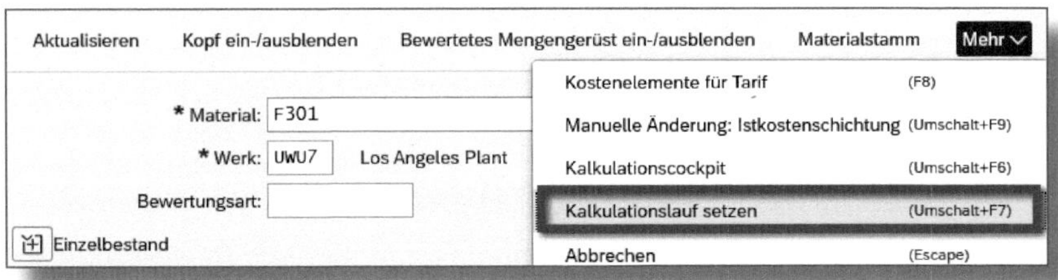

Abbildung 4.94: Materialpreisanalyse, Kalkulationslauf setzen

Wählen Sie im Pop-up den Kalkulationslauf aus, wie in Abbildung 4.95 dargestellt. Anschließend wird die Materialpreisanalyse für den AVR angezeigt.

Abbildung 4.95: Einen bestimmten Kalkulationslauf auswählen

4.9.4 Verwendung eines anderen Tarifs

Ein AVR kann so eingerichtet werden, dass er einen anderen als den für CO-Version 0 festgelegten Tarif verwendet. Die Controlling-Version 1 wurde als Prognoseversion mit erwarteten Preisen für die Periode für Universal Writing Utensils eingerichtet. Dieser Controlling-Version sind Leistungsartentarife zugeordnet, die von den Plantarifen der Version 0 abweichen. Die Preise der Version 1 können einem AVR zugewiesen werden und werden anstelle der Standardpreise verwendet. Beim Einrichten des AVR wird die Quelle des gewünschten Leistungstarifs auf der Registerkarte EINSTELLUNGEN unter ALLGEMEINE DATEN festgelegt (siehe Abbildung 4.96). Wählen Sie zunächst aus, ob Plan- oder Isttarife verwendet werden sollen. Wählen Sie dann die Controlling-Version aus, in der diese Preise gepflegt werden. Der resultierende AVR verwendet dann diese Preise, um die Leistungen zu bewerten.

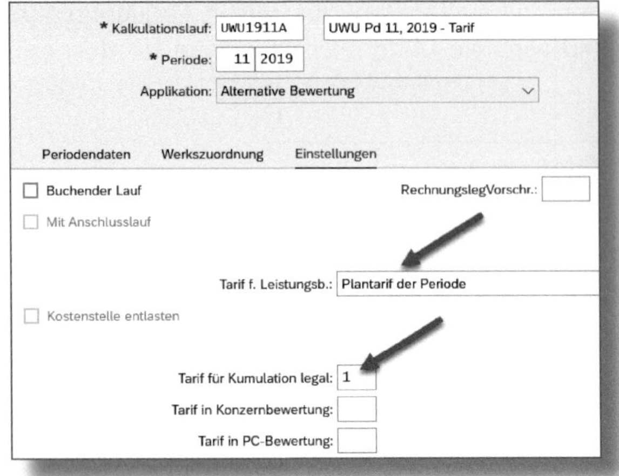

Abbildung 4.96: AVR mit alternativen Tarifen

4.9.5 Parallele Herstellkosten

Unternehmen mit Werken an mehreren internationalen Standorten stehen vor der Aufgabe, Bestandswerte nach den unterschiedlichen Rechnungslegungsvorschriften der einzelnen Länder ausweisen zu müssen. Für die Abschreibung von Vermögenswerten müssen je nach den verschiedenen Rechnungslegungsvorschriften unterschiedliche Ansätze verfolgt werden. So gibt es beispielsweise nach US-GAAP (Generally Accepted Accounting Principles) andere Regeln für die Abschreibung als nach IFRS (International Financial Reporting Standards). Die Abschreibung für Fertigungsanlagen wird in der Regel als Teil der Leistungsarten im Zusammenhang mit den Herstellungskosten gepflegt. Wenn das Unternehmen eine bestimmte Rechnungslegungsvorschrift für das interne Berichtswesen verwendet, aber auch die lokale Rechnungslegungsvorschrift für das externe Berichtswesen unterstützen muss, dann müssen mehrere Bewertungen für die Materialien gepflegt werden. Eine spezielle Business Function, FIN_CO_COGM, wird aktiviert, um Materialbewertungen unter Verwendung der verschiedenen Rechnungslegungsvorschriften zu ermöglichen. Eine Besonderheit ist die Aufnahme von drei zusätzlichen Bewertungssichten, mit denen die lokalen Rechnungslegungsvorschriften für die Abschreibung abgebildet werden können. Diese neuen Ansichten sind:

- 5 – Parallele Herstellkosten 1
- 6 – Parallele Herstellkosten 2
- 7 – Parallele Herstellkosten 3

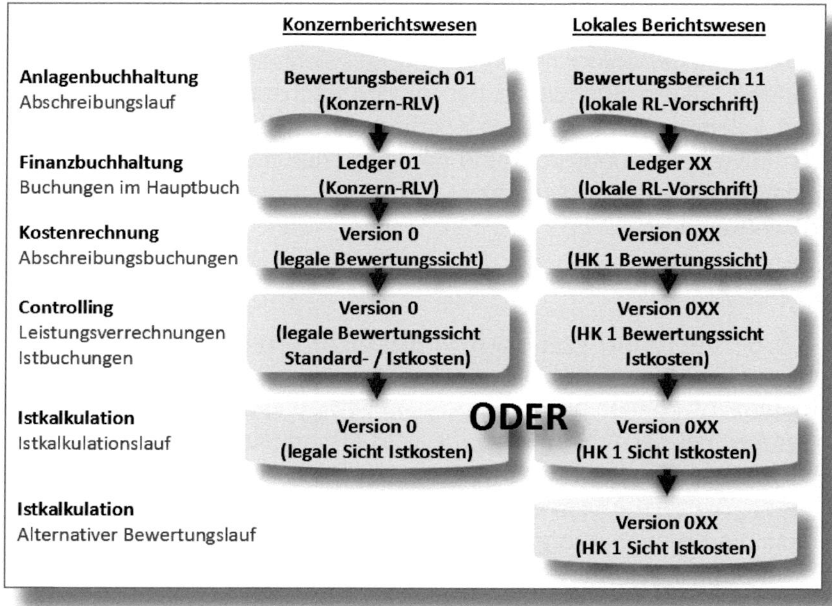

Abbildung 4.97: Überblick über die FIN_CO_COGM-Funktionalität

Abbildung 4.97 zeigt einen Überblick über die Funktionalität des parallelen Geschäftsprozesses der Warenherstellung. Parallele Werte für die Istkosten verschiedener Rechnungslegungsvorschriften können für Kostenstellen über Abschreibungen aus der Anlagenbuchhaltung oder über Direktbuchungen aus der Finanzbuchhaltung erfasst werden. Diese Parallelwerte können innerhalb der Kostenstellenrechnung über Umlagen, Verteilungen und Leistungsverrechnungen mit anschließender Isttarifermittlung und Nachbewertung am Periodenende verrechnet werden. Die Entlastung der Kostenstelle erfolgt im Zuge der AVR nach den Isttarifen mit der gewählten Rechnungslegungsvorschrift.

Bei der Bildung von Istkosten auf Basis der Konzernrechnungslegungsvorschrift werden im Rahmen der Istkalkulation die Herstellkosten nach der globalen Rechnungslegungsvorschrift ermittelt und gebucht. Der AVR bucht dies für die lokale Rechnungslegungsvorschrift.

Die Implementierung umfasst das Einrichten spezieller Bewertungsbereiche in der Anlagenbuchhaltung, das Definieren eines alternativen Ledgers für die Buchungen der lokalen Rechnungslegungsvorschrift, das Anlegen einer speziellen Kostenrechnungskreisversion für die alternative Bewertungssicht und das Zuordnen der neuen Bewertungssicht zum Kostenrechnungskreis mit einem speziellen Währungs- und Bewertungsprofil.

4.9.6 Verteilen von Verbrauchsdifferenzen

Materialien können auf zwei Arten an Fertigungsaufträge ausgegeben werden. Bei der ersten Methode wird die genaue Menge einer Komponente ausgegeben. Die Menge wird in den Warenbewegungen angegeben. Die zweite Methode ist die *retrograde Entnahme*. Das bedeutet, dass die Komponentenmenge auf Basis der für den Auftrag bestätigten Menge berechnet wird. Wenn eine Komponente retrograd entnommen wird, wird die berechnete Menge dieses Materials aus dem Lagerbestand ausgegeben. Da es sich hierbei nicht um einen exakten Betrag handelt, kann es bei einer Inventur zu Bestandsgewinnen oder -verlusten kommen. Diese Abweichungen gehen normalerweise nicht in die Berechnung der Differenzen während des Istkalkulationslaufs ein und werden daher auch nicht Bestandteil der Istkosten. Dies kann besonders bei der Verwendung von Produktkostensammlern und bei der Serienfertigung problematisch sein, bei der die retrograde Entnahme bei der Ausgabe an Produktkostensammler standardmäßig angewendet wird. Differenzen, die mit dem tatsächlichen Komponentenverbrauch im Vergleich zum Standardverbrauch zusammenhängen, werden ignoriert. Eine Verteilung der Inventurdifferenzen auf die Aufträge, die diese Materialien verbraucht haben, schafft hier Abhilfe.

Um diese Funktion einzurichten, legen Sie zusätzliche Bewegungsarten an, die zur Mengenanpassung aus der Inventur dienen, und buchen die ausgehenden Warenbewegungen für die ausgewählten Aufträge um. Dies gleicht die an die Aufträge ausgegebenen Mengen mit den bei der Inventur festgestellten Differenzen ab. Diese werden dann im Istkalkulationslauf berücksichtigt.

4.9.7 Manuelles Aktualisieren von Kostenelementen

Solange die Geschäftsperiode offen und der Istkalkulationslauf noch nicht abgeschlossen ist, kann die Istkostenschichtung für den kumulierten Bestand der Periode geändert werden. Dies kann dazu dienen, falsche Kostenschichtungen zu korrigieren oder die Kosten für die Vorgänge, bei denen die Kostenschichtung nicht bearbeitet wurde, neu zu verteilen. Es handelt sich dabei um einen manuellen Vorgang und wird sehr komplex, wenn die Änderung in mehreren Material-Ledger-Währungen erforderlich ist.

Das Material H100 im Werk UWU8 wird von einer Lohnbearbeitungsfirma hergestellt. Die Frachtkosten sind in den Fremdkosten enthalten und müssen vor dem eigentlichen Kalkulationslauf in die Kostenkomponente FRACHT aufgespalten werden.

Führen Sie zunächst die App »Istkostenschichtung ändern« (oder die Transaktion *CKMCCC*) aus. Der Pfeil in Abbildung 4.98 zeigt auf das Symbol ✎ neben dem ANFANGSBESTAND. Nur bei Artikeln mit diesem Bleistiftsymbol können Kostenelementänderungen vorgenommen werden. Wenn das Symbol 👓 angezeigt wird, sind Änderungen nicht zulässig.

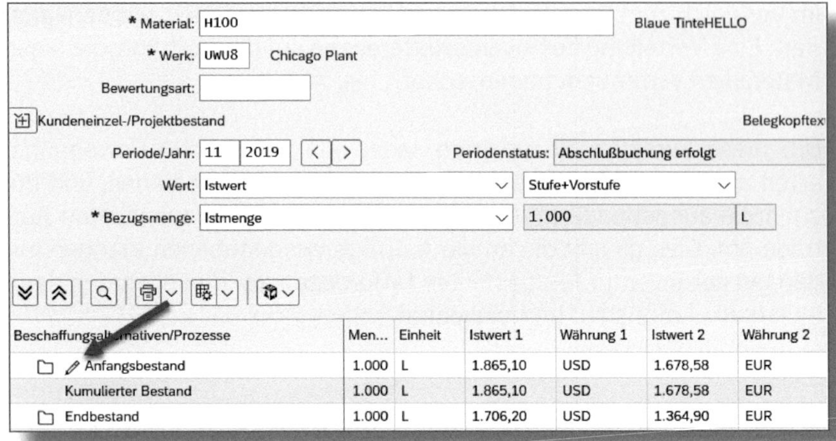

Abbildung 4.98: Istkostenelemente ändern

Doppelklicken Sie auf eine Position, um deren Kostenelementeliste anzuzeigen. Abbildung 4.99 zeigt die den einzelnen Kostenelementen zugewiesenen Werte an. Es gibt zwei Zahlensätze für jede der beiden Währungen, die für das Material-Ledger für dieses Werk definiert sind. Ein Satz ist schattiert, der andere nicht. Die Zahlen in den nicht schattierten Feldern können geändert werden.

Anfangsbestand (H100 UWU8/011.2019)

Übernehmen

Element	Bezeichnung Element	Gesamt 1	Fix 1	Variabel 1	Wä...	Gesamt 2	Fix 2	Variabel 2	Wä...
100	Direktmaterial	50,00	0,00	50,00	USD	45,00	0,00	45,00	EUR
101	Tinte	1.267,00	0,00	1.267,00	USD	1.140,30	0,00	1.140,30	EUR
105	Verpackung	0,00	0,00	0,00	USD	0,00	0,00	0,00	EUR
110	Arbeit	0,00	0,00	0,00	USD	0,00	0,00	0,00	EUR
120	Hilfsstoffe	0,00	0,00	0,00	USD	0,00	0,00	0,00	EUR
130	Ext Dienstleistungen	548,10	0,00	548,10	USD	493,29	0,00	493,29	EUR
140	Ersatzteile	0,00	0,00	0,00	USD	0,00	0,00	0,00	EUR
150	Abschreibung	0,00	0,00	0,00	USD	0,00	0,00	0,00	EUR
160	Fracht	0,00	0,00	0,00	USD	0,00	0,00	0,00	EUR
175	Zwischengewinn	0,00	0,00	0,00	USD	0,00	0,00	0,00	EUR
999	Andere	0,00	0,00	0,00	USD	0,00	0,00	0,00	EUR
		1.865,10	**0,00**	**1.865,10**	**USD**	**1.678,59**	**0,00**	**1.678,59**	**EUR**

Abbildung 4.99: Ausgangszustand der Istkostenelemente für H100

Es wurde beschlossen, 10 % der EXT DIENSTLEISTUNGEN (Kostenelement 130) in die FRACHT (Kostenelement 160) zu verschieben. Abbildung 4.100 zeigt, dass diese Änderungen an den variablen Kosten sowohl für die Buchungskreiswährung (VARIABEL 1) als auch für die Konzernwährung (VARIABEL 2) vorgenommen wurden. Die Änderung der Konzernwährung führte zu einer Differenz von 0,01 EUR. Die Gesamtsumme darf sich nicht ändern, daher fügt das System eine Zeile für die DIFFERENZ ein, in der die Abweichung berücksichtigt wird. Dies erscheint nur, wenn die Summe der Positionen nicht gleich der Gesamtzeile ist.

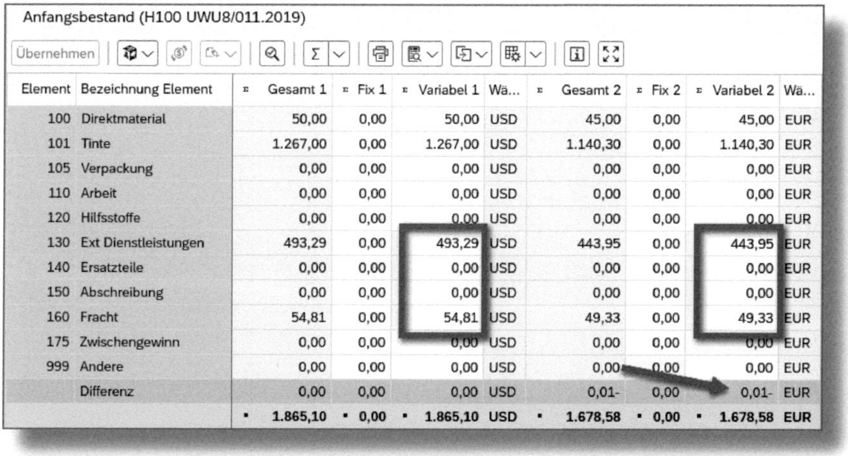

Anfangsbestand (H100 UWU8/011.2019)

Übernehmen

Element	Bezeichnung Element	Gesamt 1	Fix 1	Variabel 1	Wä...	Gesamt 2	Fix 2	Variabel 2	Wä...
100	Direktmaterial	50,00	0,00	50,00	USD	45,00	0,00	45,00	EUR
101	Tinte	1.267,00	0,00	1.267,00	USD	1.140,30	0,00	1.140,30	EUR
105	Verpackung	0,00	0,00	0,00	USD	0,00	0,00	0,00	EUR
110	Arbeit	0,00	0,00	0,00	USD	0,00	0,00	0,00	EUR
120	Hilfsstoffe	0,00	0,00	0,00	USD	0,00	0,00	0,00	EUR
130	Ext Dienstleistungen	493,29	0,00	493,29	USD	443,95	0,00	443,95	EUR
140	Ersatzteile	0,00	0,00	0,00	USD	0,00	0,00	0,00	EUR
150	Abschreibung	0,00	0,00	0,00	USD	0,00	0,00	0,00	EUR
160	Fracht	54,81	0,00	54,81	USD	49,33	0,00	49,33	EUR
175	Zwischengewinn	0,00	0,00	0,00	USD	0,00	0,00	0,00	EUR
999	Andere	0,00	0,00	0,00	USD	0,00	0,00	0,00	EUR
	Differenz	0,00	0,00	0,00	USD	0,01-	0,00	0,01-	EUR
		1.865,10	**0,00**	**1.865,10**	**USD**	**1.678,58**	**0,00**	**1.678,58**	**EUR**

Abbildung 4.100: Geänderte Kostenelemente

Klicken Sie auf Sichern, um die Sitzung zu speichern. Da es eine Differenzzeile gibt, wird der Betrag in dieser Zeile über den Vorgangsschlüssel UMB für die Bestandsumbewertung gebucht. Der Buchhaltungsbeleg ist unter Abbildung 4.101 zu sehen. Die Gegenbuchung verwendet den Vorgangsschlüssel PRD mit dem Modifikator MAC. Um diese Funktionalität zu nutzen, muss sie in der Konfiguration (Transaktion *OBYC*) definiert sein.

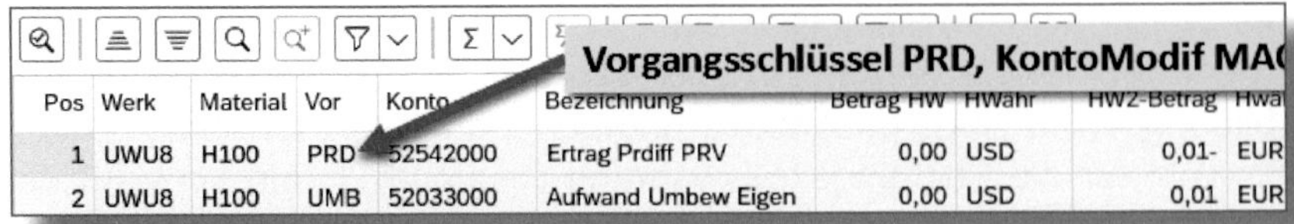

Pos	Werk	Material	Vor	Konto	Bezeichnung	Betrag HW	HWähr	HW2-Betrag	HWä
1	UWU8	H100	PRD	52542000	Ertrag Prdiff PRV	0,00	USD	0,01-	EUR
2	UWU8	H100	UMB	52033000	Aufwand Umbew Eigen	0,00	USD	0,01	EUR

Abbildung 4.101: Buchhaltungsbeleg mit Differenzen

Bei der Anzeige des Berichts »Materialpreisanalyse« wird jetzt eine zusätzliche Zeile unter ANFANGSBESTAND zugewiesen. Abbildung 4.102 zeigt diesen Zusatz, wobei die KONZERNWÄHRUNG ausgewählt ist. Beachten Sie die zusätzlichen Preisunterschiede für die Spalte PREISDIFF. und die beiden Kostenelemente (EXT. DIENSTLEISTUNGEN und FRACHT).

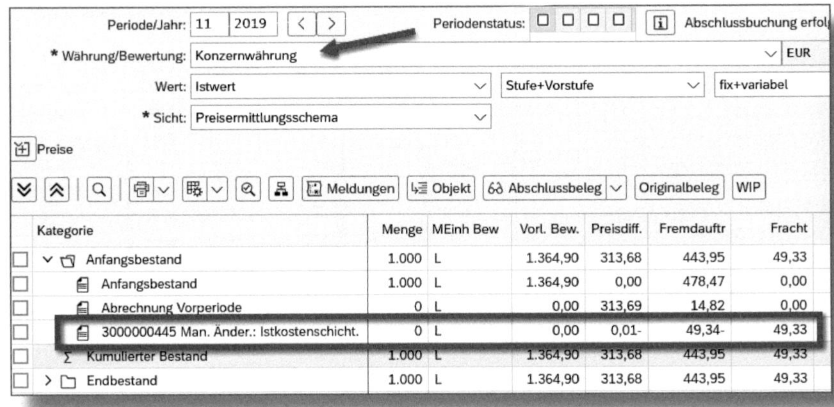

Kategorie	Menge	MEinh Bew	Vorl. Bew.	Preisdiff.	Fremdauftr	Fracht
Anfangsbestand	1.000	L	1.364,90	313,68	443,95	49,33
Anfangsbestand	1.000	L	1.364,90	0,00	478,47	0,00
Abrechnung Vorperiode	0	L	0,00	313,69	14,82	0,00
3000000445 Man. Änder.: Istkostenschicht.	0	L	0,00	0,01-	49,34-	49,33
Kumulierter Bestand	1.000	L	1.364,90	313,68	443,95	49,33
Endbestand	1.000	L	1.364,90	313,68	443,95	49,33

Abbildung 4.102: Preisanalyse mit manueller Kostenelementänderung

5 Bilanzbewertung

Bilanzbewertungsmethoden können auch zur Bewertung von Beständen am Periodenende verwendet werden. Diese Methoden wurden bereits in Abschnitt 1.4.6 vorgestellt. Es stehen drei verschiedene Strategien zur Verfügung: LIFO (last in, first out), FIFO (first in, first out) und Niederstwertermittlung. Diese Methoden müssen korrekt konfiguriert werden, damit sie richtig angewendet werden können. Universal Writing Utensils recherchiert die Methode LIFO, die im Zentrum dieses Kapitels steht.

5.1 Bilanzbewertungsszenario

Für Berichtszwecke verwendet Universal Writing Utensils die LIFO-Bewertung für einige Materialien im Werk UWU8. Das Unternehmen möchte die LIFO-Preise mit den tatsächlichen Kosten vergleichen, um festzustellen, ob es sich lohnt, die Bestandswerte mit dieser Strategie zu erhalten. LIFO ist eine der Möglichkeiten, die im Rahmen der Bilanzbewertung zur Verfügung stehen.

5.2 Konfiguration der Bilanzbewertung

Die Konfiguration umfasst sowohl das Einrichten der Bewertungsstrategien als auch die Definition dieser Strategien für das Material-Ledger.

5.2.1 LIFO- und FIFO-Einstellungen

Allgemeine Konfiguration

Die Bewertungsstrategien LIFO und FIFO haben viele der gleichen Konfigurationsaufgaben. Die erste Aufgabe ermöglicht ihre Verwendung im System. Sie wird über den Konfigurationsmenüpfad MATERIALWIRTSCHAFT • BEWERTUNG UND KONTIERUNG • BILANZBEWERTUNGSVERFAHREN • LIFO/FIFO-VERFAHREN EINRICHTEN • ALLGEMEINES • LIFO/FIFO-BEWERTUNG AKTIVIEREN/DEAKTIVIEREN oder über die Transaktion *OMWE* ausgeführt. Abbildung 5.1 zeigt beide Strategien aktiviert. Dies ist die empfohlene Einstellung, wenn eine der beiden Strategien verwendet wird.

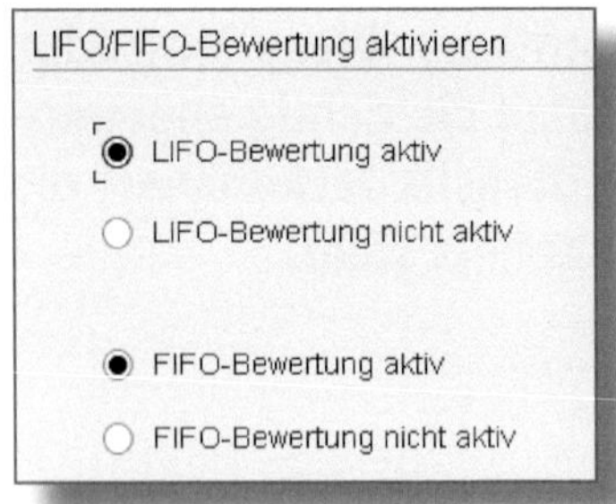

Abbildung 5.1: Aktivierung der LIFO- und FIFO-Bewertung

Die LIFO/FIFO-Bewertung kann entweder auf Buchungskreis- oder auf Bewertungskreisebene (Werksebene) erfolgen. Die Konfiguration erfolgt über den Menüpfad MATERIALWIRTSCHAFT • BEWERTUNG UND KONTIERUNG • BILANZBEWERTUNGSVERFAHREN • LIFO/FIFO-VERFAHREN EINRICHTEN • ALLGEMEINES• LIFO/FIFO-BEWERTUNGSEBENE FESTLEGEN oder über die Transaktion *OMWL*. Es stehen drei verschiedene Einstellungen zur Auswahl, wie in Abbildung 5.2 gezeigt. Sowohl LIFO- als auch FIFO-Bewertungen werden auf der Ebene des Bewertungskreises verarbeitet. Wenn diese Einstellungen einmal vorgenommen wurden, können sie später nicht mehr geändert werden. Die Einstellungen für den mittleren Zugangspreis definieren den Umfang der Zugangspreise, die für die Berechnung der Bewertung verwendet werden sollen. Für diese Konfiguration wurde ein MITTLERER ZUGANGSPREIS AUF BEWERTUNGSKREISEBENE gewählt, der angibt, dass nur die Zugänge eines bestimmten Bewertungskreises in die Wertberechnungen einbezogen werden sollen.

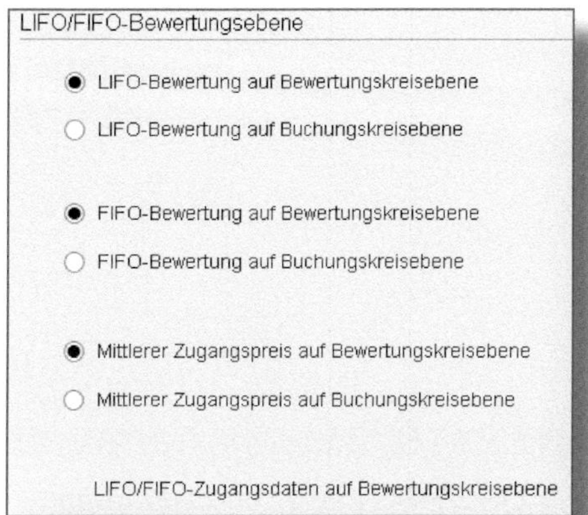

Abbildung 5.2: Bewertungsebene für LIFO und FIFO zuordnen

Nur der Wert bestimmter Warenbewegungen sollte in die LIFO/FIFO-Berechnungen einfließen dürfen. Diese Zuordnungen werden über den Menüpfad MATERIALWIRTSCHAFT • BEWERTUNG UND KONTIERUNG • BILANZBEWERTUNGSVERFAHREN • LIFO/FIFO-VERFAHREN EINRICHTEN • ALLGEMEINES • LIFO/FIFO-RELEVANTE BEWEGUNGSARTEN FESTLEGEN oder über die Transaktion *OMW4* vorgenommen. Das Kontrollkästchen in der LIFO-Spalte (siehe Abbildung 5.3) ist aktiviert, wodurch diese Bewegungsart in die Berechnungen entweder für die LIFO- oder für die FIFO-Bewertung einbezogen wird. Die Definition ist abhängig von der Verwendung der Warenbewegung. Die Bewegungsart 101 (Wareneingang) wird je nach den Umständen ihrer Verwendung unterschiedlich verarbeitet. In diesem Fall werden sowohl ein Wareneingang zu einer Bestellung (BEWKZ = B) als auch ein Wareneingang zu einem Fertigungsauftrag (BEWKZ = F) ausgewählt. Der Wert der Wareneingänge, die mit anderen Kategorien verbunden sind, wie z. B. Werke (VERKZ = A), Kontierung (VERKZ = V) und Transitbestandsbuchungen (ZUGKZ = X), werden jedoch nicht in die Berechnungen einbezogen.

FIFO/LIFO-BEWEGUNGSARTEN

	BewegArt	Bewegungsartentext	Wert	Menge	SoBKz	BewKz	ZugKz	VerKz	LIFO
☐	101	WE Wareneingang	✓	✓		B			☑
☐	101	WE zur Anlage	✓	✓		B		A	☐
☐	101	WE zur Kontierung	✓	✓		B		V	☐
☐	101	WE Transitbestand	✓	✓		B	X		☐
☐	101	WE Trans zur Anlage	✓	✓		B	X	A	☐
☐	101	WE Trans zur Kont	✓	✓		B	X	V	☐
☐	101	WE zum Auftrag	✓	✓		F			☑

Abbildung 5.3: Bewegungsarten für LIFO/FIFO-Bewertung zuordnen

Die Art der zu verwendenden Berechnung ist als LIFO/FIFO-Methode definiert. Die Konfiguration erfolgt über den Menüpfad MATERIALWIRTSCHAFT • BEWERTUNG UND KONTIERUNG • BILANZBEWERTUNGSVERFAHREN • LIFO/FIFO-VERFAHREN EINRICHTEN • ALLGEMEINES• LIFO/FIFO-METHODEN DEFINIEREN oder über die Transaktion *OMWP*. In Abbildung 5.4 sind zwei Methoden definiert. Die FIFO-Methode ist für FIFO-Berechnungen eingerichtet, und LIFOIM ist für eine bestimmte Art der LIFO-Berechnung eingerichtet. LIFOIM wird für die LIFO-Berechnungen für das Szenario verwendet. Der unter MUSTER zugewiesene Wert steuert, wie diese verarbeitet werden.

LIFO/FIFO-Methode

	Methode	Muster	Einzelzugänge	Mengenvergleich
☐	FIFO	01	☑	CUR
☐	LIFOIM	03	☑	VOM

Abbildung 5.4: FIFO/LIFO-Berechnungsmethoden

Es stehen sechs MUSTERARTEN zur Auswahl:

- *01* – FIFO-Bewertung der einzelnen Materialien auf Basis der letzten Eingänge
- *02* – LIFO-Bewertung einzelner Materialien mit jährlichen Layern auf Basis von Menge und Wert

- *03* – LIFO-Bewertung der einzelnen Materialien mit monatlichen Layern auf Basis von Menge und Wert
- *04* – LIFO-Bewertung von mengenbasierten Pools mit jährlichen Layern
- *05* – LIFO-Bewertung von mengenbasierten Pools mit monatlichen Layern
- *06* – LIFO-Bewertung von Pools, die der Indexbewertung unterliegen, mit ausschließlich wertbasierten jährlichen Layern

Das aktuelle Szenario erfordert individuelle Materialien mit monatlichen Layern. Der Methode LIFOIM ist die Option 03 zugeordnet, die angibt, dass monatliche LIFO-Layer auf Einzelmaterialbasis verwendet werden sollen. Das Kontrollkästchen EINZELZUGÄNGE legt fest, ob die Wareneingänge in Summe oder einzeln behandelt werden. LIFOIM verwendet Einzelbelege. Die Spalte MENGENVERGLEICH definiert den Bezug zu Bestandssummen im Materialstamm; die Optionen sind:

- *CUR* – Vergleich der Layersumme mit dem aktuellen Bestand (LIFO), Verwendung des aktuellen Bestands (FIFO)
- *GJE* – Vergleich der Layersumme mit dem Vorjahresendbestand (LIFO), Verwendung des Vorjahresbestandes (FIFO)
- *VOM* – Vergleich der Layersumme mit dem Bestand der Vorperiode (LIFO), Verwendung des Bestands der Vorperiode (FIFO)
- *VVM* – Vergleich der Layersumme mit dem Bestand aus der vorletzten Periode (LIFO), Bestand aus der vorletzten Periode verwenden (FIFO)

Für die Methode LIFOIM wird VOM ausgewählt.

FIFO-spezifische Konfiguration

Die einzige FIFO-spezifische Konfiguration, die erforderlich ist, ist die Zuordnung eines Basisjahres zu Bewertungskreisen. Verwenden Sie den IMG-Menüpfad MATERIALWIRTSCHAFT • BEWERTUNG UND KONTIERUNG • BILANZBEWERTUNGSVERFAHREN • LIFO/FIFO-VERFAHREN EINRICHTEN •

FIFO • FIFO-BEWERTUNGSKREISE EINRICHTEN oder die Transaktion *OMWT* (siehe Abbildung 5.5). Die Einträge in der Spalte FIFO-BEWERTUNGSEBENE hängen von der Konfiguration der Bewertungsebene für FIFO-Berechnungen ab, wie oben beschrieben. Da er für Bewertungskreis statt Buchungskreis eingestellt wurde, werden für die Bewertungsebene Bewertungskreise oder Werke eingetragen. Das BASISJAHR ist das erste Jahr, in dem die FIFO-Bewertung für den Bewertungskreis begonnen hat.

	FIFO-Bewertungsebene	Basisjahr
☐	UWU5	2019
☐	UWU7	2019
☐	UWU8	2019

Abbildung 5.5: FIFO-Bewertungsebene

LIFO-spezifische Konfiguration

Bewertungskreise werden für LIFO-Berechnungen über den Menüpfad MATERIALWIRTSCHAFT • BEWERTUNG UND KONTIERUNG • BILANZBEWERTUNGSVERFAHREN • LIFO/FIFO-VERFAHREN EINRICHTEN • LIFO • LIFO-BEWERTUNGSKREISE EINRICHTEN oder über die Transaktion *OMW3* definiert. Abbildung 5.6 zeigt die Bewertungskreise und Basisjahre, die für LIFO-Berechnungen zugeordnet sind.

	LIFO-Bewertungsebene	Basisjahr
☐	UWU5	2019
☐	UWU7	2019
☐	UWU8	2019

Abbildung 5.6: LIFO-Bewertungsebene

Spezielle Testlayer-Versionen können erstellt werden, um LIFO-Ergebnisse zu berechnen, ohne bestehende Layer neu zu verarbeiten oder neue Layer zu erstellen, die in der Bilanzbewertung verwendet würden.

Diese werden über den Menüpfad Materialwirtschaft • Bewertung und Kontierung • Bilanzbewertungsverfahren • LIFO/FIFO-Verfahren einrichten • LIFO • Layerversionen definieren oder über die Transaktion *OMWR* definiert. Abbildung 5.7 zeigt eine Liste der Versionen nach Bewertungsebene. Jeder Layerversion sind Bewertungsmethode und Bewertungsprinzip zugeordnet.

Layerversion

	LBwE	V.	Version	Methode	Kopie	SicherhV.	BewPrinzip
☐	UWU5	0	LIFO Ver. 0	LIFOIM		☐	SMP Preis nach LIFO innerhalb der Abrechnungsperiode
☐	UWU7	0	LIFO Ver. 0	LIFOIM		☐	SMP Preis nach LIFO innerhalb der Abrechnungsperiode
☐	UWU8	0	LIFO Ver. 0	LIFOIM		☐	SMP Preis nach LIFO innerhalb der Abrechnungsperiode

Abbildung 5.7: LIFO-Layerversionen

5.2.2 Ermittlung von Niederstwerteinstellungen

Wenn die Niederstwertermittlung als Methode für die Bilanzbewertung gewählt wird, muss das System wissen, welche Materialbelegarten und welche Bewegungsarten für die Berechnungen zu verwenden sind. Die Definition der Belegart erfolgt über den Menüpfad Materialwirtschaft • Bewertung und Kontierung • Bilanzbewertungsverfahren • Niederstwertverfahren einrichten • Marktpreise • Belegarten festlegen oder über die Transaktion *OMWJ*. Die Belegtypen, die von dieser Methode referenziert werden, sind in Abbildung 5.8 aufgeführt.

	Belegart	Bezeichnung
☐	RE	Rechnung brutto
☐	RN	Rechnung - netto
☐	WA	Warenausgang
☐	WE	Wareneingang
☐	WL	Warenausg./Lief.

Abbildung 5.8: Belegart für Niederstwertermittlung zuordnen

Die Niederstwertermittlung basiert auf den Wareneingängen für Materialien von einer externen Quelle. Die dazugehörigen Bewegungsarten werden über den Menüpfad Materialwirtschaft • Bewertung und Kontierung • Bilanzbewertungsverfahren • Niederstwertverfahren einrichten • Marktpreise • Bewegungsarten festlegen oder über die Transaktion *OMWI* eingerichtet. Abbildung 5.9 zeigt die definierten Bewegungsarten. Alle speziellen Wareneingangs-Bewegungsarten, die mit Einkäufen verbunden sind, müssen in die Konfiguration aufgenommen werden. Aktivieren Sie die entsprechenden Kontrollkästchen, um jede Bewegungsart entweder als Zugang oder als Zugangsstorno zu kennzeichnen.

	Bewegungsart	Bewegungsartentext	Zugang	Zugangsstorno
☐	101	WE zur Anlage	☑	☐
☐	102	WE zur Anlage Storno	☐	☑

Abbildung 5.9: Bewegungsart für Niederstwertermittlung

5.2.3 Spezifische Einstellungen für das Material-Ledger

Bilanzbewertungsstrategien können in der Istkalkulation nur verwendet werden, wenn sie richtig zugeordnet sind. Zunächst werden ein oder mehrere Kennzahlschemata definiert, die dann bestimmten Bewertungsalternativen zugeordnet werden. Das Kennzahlschema legt fest, welche Arten von Belegen berücksichtigt werden, und verwendet eine ähnliche Logik wie die in Abschnitt 4.5.1 definierte Konfiguration des Materialfortschreibungsschemas. Verwenden Sie den IMG-Menüpfad Controlling • Produktkosten-Controlling • Istkalkulation/Material-Ledger • Bilanzbewertungsverfahren mit Material-Ledger • Rechenschema definieren. Abbildung 5.10 zeigt, dass BS (Bilanz) für Schema ML erstellt worden ist. Kategorien werden nach Auswahl des Ordners Kategorien festlegen zugewiesen. Die Kategorie (Kateg.) kann entweder auf ZU Zugänge oder VP Sonstige Zugänge/Verbräuche eingestellt werden. Wählen Sie unter Ptyp eine Bewegungsartenkategorie aus. Verwenden Sie »*«, wenn alle Arten von Belegen berücksichtigt werden sollen. Wählen Sie bestimmte Kategorien aus, z. B. BB für externe Beschaffung oder BF für Produktion, wenn nur bestimmte Arten von Bewegungen berücksichtigt werden sollen.

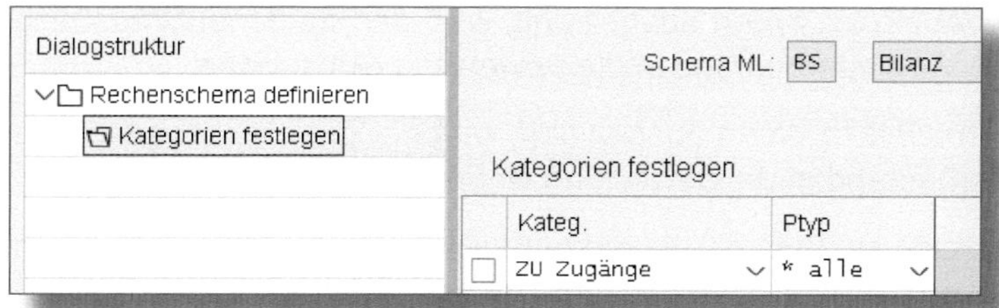

Abbildung 5.10: Kennzahlschema

Das Kennzahlschema ist einer FIFO-Variante zugeordnet. Diese bestimmt, wie die FIFO-Berechnungen durchgeführt werden. Dabei erfolgt die Konfiguration über den IMG-Menüpfad CONTROLLING • PRODUKTKOSTEN-CONTROLLING • ISTKALKULATION/MATERIAL-LEDGER • BILANZBEWERTUNGSVERFAHREN MIT MATERIAL-LEDGER • FIFO-VARIANTE DEFINIEREN. Abbildung 5.11 zeigt die FIFO-Variante FIF1, die dem Kennzahlschema BS zugeordnet ist. Andere Einstellungen steuern, was in die Berechnung einbezogen werden soll und wo alternative Preise abgeleitet werden.

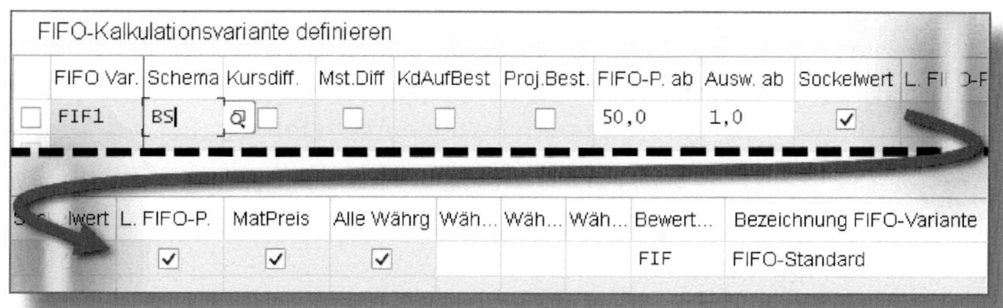

Abbildung 5.11: Definition der FIFO-Variante

Die Parameter für die FIFO-Variante sind wie folgt:

- SCHEMA: Kennzahlschema.
- KURSDIFF.: Wenn ausgewählt, werden die Wechselkursdifferenzen der Istkalkulation in die Bewertung einbezogen.
- MST.DIFF: Wenn ausgewählt, werden Differenzen auf mehreren Ebenen in die Bewertung einbezogen.

- KDAUFBEST: Wenn ausgewählt, wird der kundenauftragsbezogene Sonderbestand in die Bewertung einbezogen.
- PROJ.BEST.: Wenn ausgewählt, wird der projektbezogene Sonderbestand in die Bewertung einbezogen.
- FIFO-P. AB: Dies ist ein prozentualer Wert der Eingänge gegenüber dem Lagerbestand, um zu bestimmen, ob der berechnete Wert für die gesamte Menge im Lager gilt.
- AUSW. AB: Dies ist ein zweiter Prozentsatz, der die Quelle für die Bewertung des Bestands bestimmt, wenn der erste Prozentsatz fehlschlägt.
- SOCKELWERT: Wenn ausgewählt, stammt der alternative Wert aus dem Sockeleingangswert.
- L. FIFO.-P.: Wenn ausgewählt, stammt der Alternativwert aus dem letzten FIFO-Preis für das Material.
- MATPREIS: Wenn ausgewählt, stammt der alternative Wert aus dem aktuellen Materialpreis.
- ALLE WÄHRG.: Wenn ausgewählt, wird die Bewertung für alle Material-Ledger-Währungen berechnet. Wenn nicht ausgewählt, müssen die Währungstypen in den nächsten drei Feldern WÄH... explizit definiert werden.
- BEWERT...: Das ist die Bilanzbewertungsalternative, für die diese Variante gilt.
- BEZEICHNUNG FIFO-VARIANTE: Dies ist die Bezeichnung für die Variante.

Die von der Istkalkulation verwendeten Bilanzbewertungsalternativen werden über den Menüpfad CONTROLLING • PRODUKTKOSTEN-CONTROLLING • ISTKALKULATION/MATERIAL-LEDGER • BILANZBEWERTUNGSVERFAHREN MIT MATERIAL-LEDGER • BEWERTUNGSALTERNATIVEN EINRICHTEN definiert. Die Bewertungsalternativen in Abbildung 5.12 legen fest, welche Berechnungsverfahren verwendet werden, wenn eine Alternative für den Istkalkulationslauf oder den alternativen Bewertungslauf ausgewählt wird.

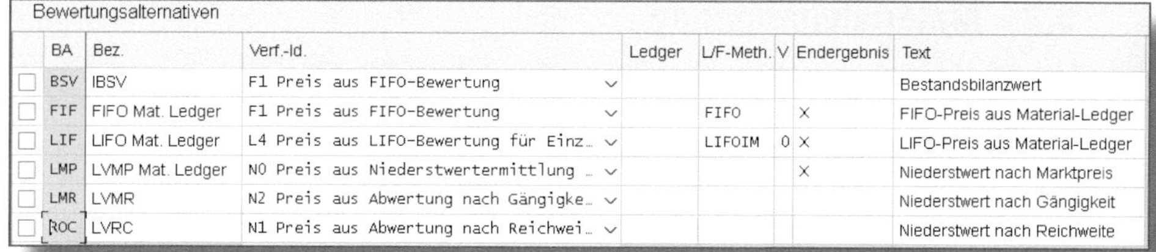
Bewertungsalternativen

BA	Bez.	Verf.-Id.	Ledger	L/F-Meth.	V	Endergebnis	Text
BSV	IBSV	F1 Preis aus FIFO-Bewertung					Bestandsbilanzwert
FIF	FIFO Mat. Ledger	F1 Preis aus FIFO-Bewertung		FIFO		X	FIFO-Preis aus Material-Ledger
LIF	LIFO Mat. Ledger	L4 Preis aus LIFO-Bewertung für Einz...		LIFOIM	0	X	LIFO-Preis aus Material-Ledger
LMP	LVMP Mat. Ledger	N0 Preis aus Niederstwertermittlung ...				X	Niederstwert nach Marktpreis
LMR	LVMR	N2 Preis aus Abwertung nach Gängigke...					Niederstwert nach Gängigkeit
ROC	LVRC	N1 Preis aus Abwertung nach Reichwei...					Niederstwert nach Reichweite

Abbildung 5.12: Alternativen zur Material-Ledger-Bewertung

Die im Fenster BEWERTUNGSALTERNATIVEN enthaltenen Informationen sind wie folgt:

- BEZ. – Bezeichnung
- VERF.ID. – das verwendete Berechnungsverfahren
- LEDGER – das spezifische Ledger, das diese Bewertungsalternative nutzt
- L/F-METH – die Verknüpfung mit der LIFO/FIFO-Methode, die bei der Berechnung verwendet wird
- V – die Schichtversion
- ENDERGEBNIS – Indikator für die Einbeziehung des endgültigen Bewertungsergebnisses in Material-Ledger-Berechnungen. Die Indikatoren in dieser Spalte sind:
  - Leer (keine Auswahl) – nicht relevant im Material-Ledger
  - X – relevant für externe Endbestandsbewertung im Material-Ledger
  - B – relevant für Business Add-In zur Endbestandsbewertung im Material-Ledger
  - M – relevant für mehrstufige FIFO-Bewertung im Material-Ledger
  - C – relevant für externe kumulierte Bewertung im Material-Ledger
  - 0 bis 9 – Sondercodes, die für kundenspezifische Anforderungen verwendet werden
- TEXT – Beschreibung der Alternative

5.3 Materialeinrichtung

5.3.1 LIFO-Materialien

Materialien müssen als relevant für LIFO definiert sein, bevor diese Methode zu ihrer Bewertung herangezogen werden kann. Auf der Registerkarte BUCHHALTUNG 2 des Materialstamms befindet sich ein Kontrollkästchen LIFO/FIFO-RELEVANT. Dies wird durch Ausführen der Transaktion *MRL6* gesetzt. Damit werden die für die LIFO-Bewertung notwendigen Daten für die ausgewählten Materialien initialisiert. Wählen Sie die zu konvertierenden Materialien aus (siehe Abbildung 5.13). Wählen Sie im Abschnitt LIFO/FIFO-KENNZEICHEN die Option SETZEN. Um eine Aktualisierung durchzuführen, klicken Sie auf das Kontrollkästchen MATERIALSTAMM UND LIFO-INDEXTABELLE unter FORTSCHREIBEN. Klicken Sie auf Ausführen, um die Materialien zu bearbeiten.

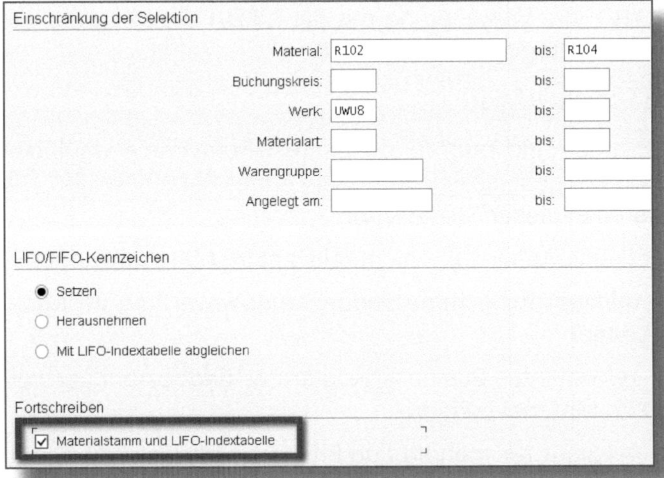

Abbildung 5.13: Transaktion MRL6 zum Einrichten von LIFO-Materialien

Wenn die Aktualisierung abgeschlossen ist, wird ein Protokoll mit den aktivierten Materialien angezeigt (siehe Abbildung 5.14).

Material	BwtK	Einheit	MArt	LIFO	Neu LIFO	Pool	Neu Pool	LIFO Index Tab
R102	UWU8	KG	ROH		X			Satz angelegt
R103	UWU8	KG	ROH		X			Satz angelegt
R104	UWU8	KG	ROH		X			Satz angelegt

3 Materialstämme verarbeitet
3 Materialstammsegmente fortgeschrieben
3 LIFO-Indexeinträge angelegt
0 LIFO-Indexeinträge fortgeschrieben
0 LIFO-Indexeinträge gelöscht

Abbildung 5.14: Protokoll für LIFO-Materialeinrichtung

Die Markierung LIFO/FIFO-RELEVANT wird jetzt für jedes Material in der Registerkarte BUCHHALTUNG 2 des Materialstamms gesetzt (siehe Abbildung 5.15). Das Material ist nun bereit für die Verarbeitung der LIFO-Bewertung.

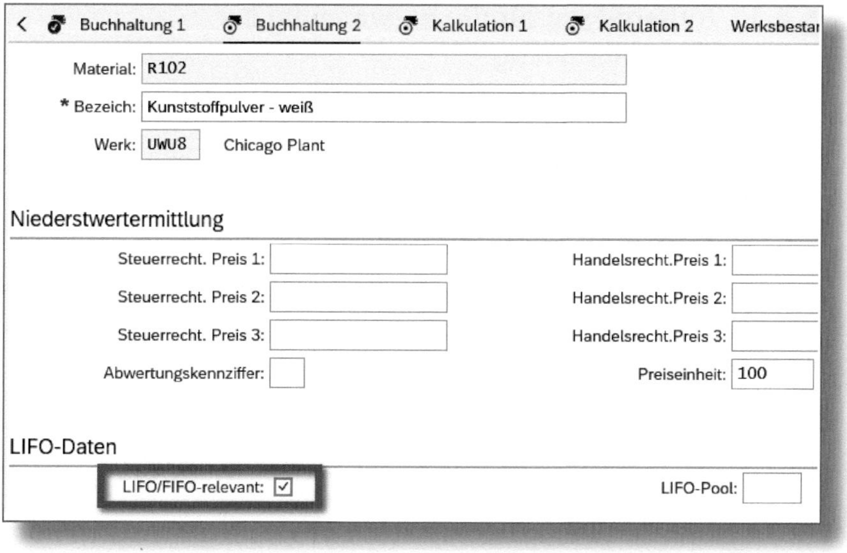

< Buchhaltung 1 | Buchhaltung 2 | Kalkulation 1 | Kalkulation 2 | Werksbestai

Material: R102

* Bezeich: Kunststoffpulver - weiß

Werk: UWU8 Chicago Plant

Niederstwertermittlung

Steuerrecht. Preis 1: Handelsrecht.Preis 1:

Steuerrecht. Preis 2: Handelsrecht.Preis 2:

Steuerrecht. Preis 3: Handelsrecht.Preis 3:

Abwertungskennziffer: Preiseinheit: 100

LIFO-Daten

LIFO/FIFO-relevant: ☑ LIFO-Pool:

Abbildung 5.15: Materialstamm nach Freigabe der LIFO-Bewertung

5.3.2 FIFO-Materialien

Die Materialien werden für die FIFO-Bewertung auf die gleiche Weise aktiviert wie für die LIFO-Bewertung. In diesem Fall wird die Transaktion *MRF4* verwendet. Ansonsten ist der Ablauf bei der FIFO-Aktivierung jedoch derselbe. Folgen Sie dem in Abschnitt 5.3.1 beschriebenen Prozess und ersetzen Sie die Transaktion *MRL6* durch *MRF4*.

5.3.3 Niederstwertermittlung

Bei Verwendung der Niederstwertermittlung ist keine besondere Einrichtung für Materialien erforderlich.

5.4 Istkosten mit Bilanzbewertung

5.4.1 Vorbereitung für die Verwendung der Bilanzbewertung

Vor der Durchführung eines Kalkulationslaufs müssen die Bewertungsdaten der Bilanz vorbereitet werden. Das Verfahren dafür hängt von der Art der Bewertung ab.

LIFO-Bewertung

Bevor ein AVR- oder Kalkulationslauf mit LIFO-Bewertung bearbeitet werden kann, müssen zunächst die LIFO-Werte berechnet und gespeichert werden. Neue Werte werden auf der Grundlage der Zugänge aus der Periode berechnet. Die Konfiguration in Abbildung 5.4 zeigt, dass die Bewertung auf Einzelzugängen basiert. Aus diesem Grund müssen die Belege zunächst mit der Transaktion *MRL9* extrahiert werden. Wählen Sie EINZELZUGÄNGE, wie in Abbildung 5.16 gezeigt. MONATLICHE ZUGÄNGE können ebenfalls verwendet werden, werden aber normalerweise automatisch vom System nach dem Start der LIFO-Bewertung erzeugt. Wählen Sie im Bereich FORTSCHREIBUNG die Option ZUGANGSDATEN, damit die Informationen in die Datenbank geschrieben werden.

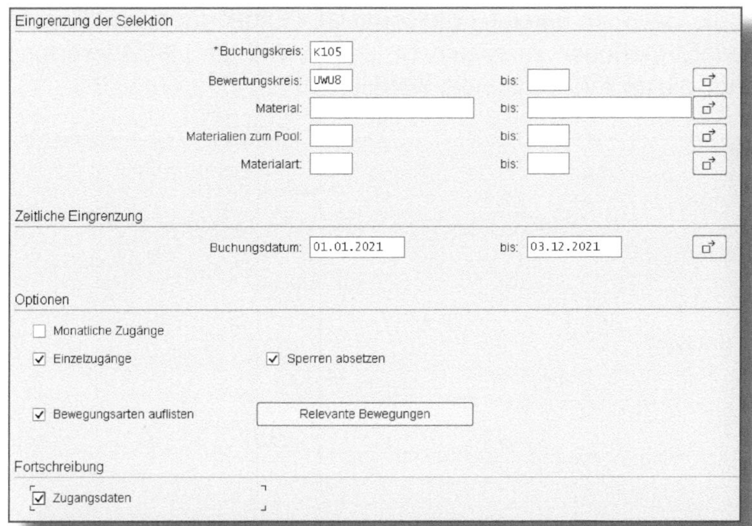

Abbildung 5.16: Erstellen eines Belegauszugs für LIFO

Nach der Ausführung wird ein Bericht erstellt, der alle zutreffenden Warenbewegungen anzeigt (siehe Abbildung 5.17).

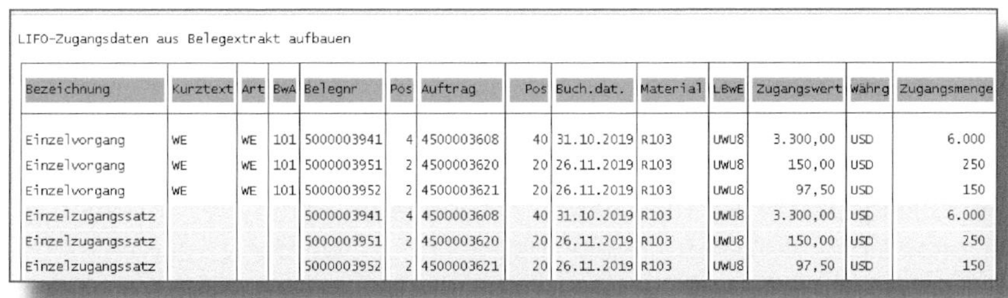

LIFO-Zugangsdaten aus Belegextrakt aufbauen

Bezeichnung	Kurztext	Art	BwA	Belegnr	Pos	Auftrag	Pos	Buch.dat.	Material	LBwE	Zugangswert	Währg	Zugangsmenge
Einzelvorgang	WE	WE	101	5000003941	4	4500003608	40	31.10.2019	R103	UWU8	3.300,00	USD	6.000
Einzelvorgang	WE	WE	101	5000003951	2	4500003620	20	26.11.2019	R103	UWU8	150,00	USD	250
Einzelvorgang	WE	WE	101	5000003952	2	4500003621	20	26.11.2019	R103	UWU8	97,50	USD	150
Einzelzugangssatz				5000003941	4	4500003608	40	31.10.2019	R103	UWU8	3.300,00	USD	6.000
Einzelzugangssatz				5000003951	2	4500003620	20	26.11.2019	R103	UWU8	150,00	USD	250
Einzelzugangssatz				5000003952	2	4500003621	20	26.11.2019	R103	UWU8	97,50	USD	150

Abbildung 5.17: Auflistung der Belegauszüge

Als Nächstes wird der neueste LIFO-Layer mit der Transaktion *MRL1* erstellt. Die Transaktion *MRL2* wird verwendet, wenn die LIFO-Implementierung so definiert ist, dass Pools anstelle von einzelnen Materialien eingesetzt werden. Abbildung 5.18 zeigt die erforderlichen Parameter. Im Bereich WERTERMITTLUNG FÜR NEUE LAYER ist die Option AUFFÜLLEND ausgewählt, da die Layer aus Einzelzugängen bestehen. Wählen Sie LAYER im Bereich FORTSCHREIBEN ERGEBNISSE, um die neuen Layerinformationen zu speichern. Damit wird die LIFO-Bewertung berechnet, die im AVR verwendet werden soll.

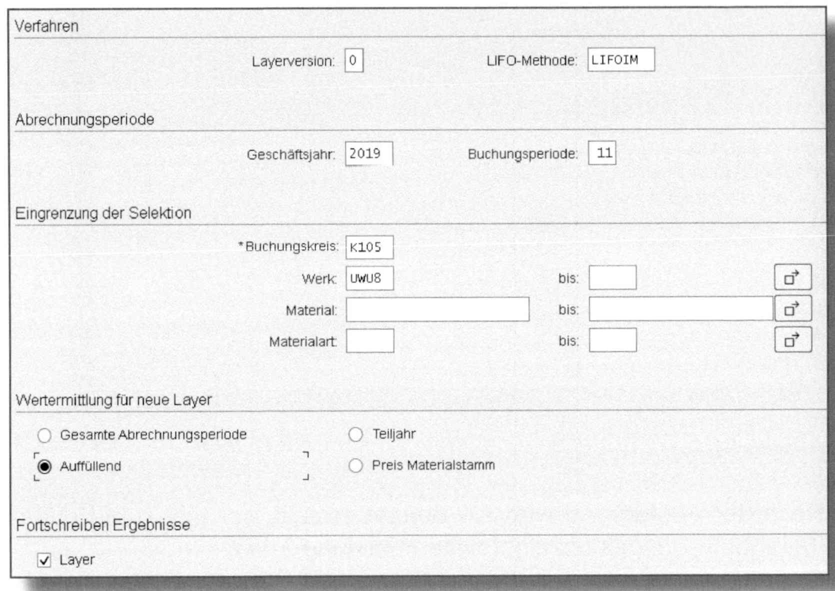

Abbildung 5.18: Prüfung auf Einzelmaterialebene durchführen

Speichern Sie abschließend die LIFO-Bewertung, indem Sie die Transaktion *MRL4* (*MRL5* bei Verwendung von Pools) ausführen. Abbildung 5.19 zeigt die für die Transaktion verwendeten Parameter an. Wenn die Option PREIS MATERIALSTAMM ausgewählt ist, werden zwei weitere Optionsfelder angezeigt. Diese steuern, wie der Materialstamm mit dem LIFO-Preis aktualisiert wird.

Klicken Sie auf MATERIALPREISE ÄNDERN, um zu steuern, ob der LIFO-Preis zum Materialbewertungspreis wird. Abbildung 5.20 zeigt die Op-

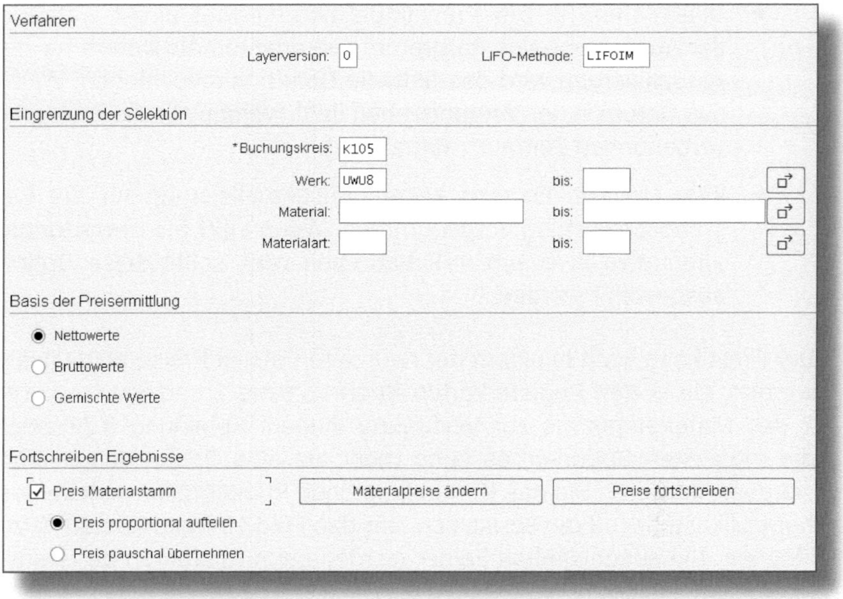

Verfahren
Layerversion: 0 LIFO-Methode: LIFOIM
Eingrenzung der Selektion
*Buchungskreis: K105
Werk: UWU8 bis:
Material: bis:
Materialart: bis:
Basis der Preisermittlung
Nettowerte
Bruttowerte
Gemischte Werte
Fortschreiben Ergebnisse
Preis Materialstamm
Materialpreise ändern
Preise fortschreiben
Preis proportional aufteilen
Preis pauschal übernehmen

Abbildung 5.19: LIFO-Bewertungspreis aktualisieren

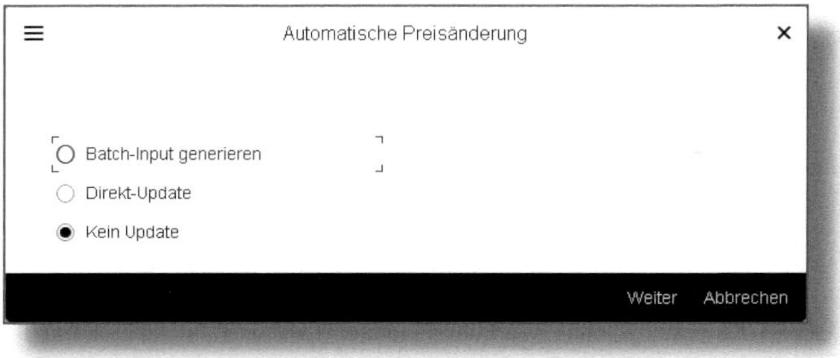

Automatische Preisänderung
Batch-Input generieren
Direkt-Update
Kein Update
Weiter Abbrechen

Abbildung 5.20: Optionen zur Preisänderung

tionen, um festzulegen, wann und ob der Bestandspreis aktualisiert wird. Wählen Sie eine der folgenden Optionen:

- BATCH-INPUT GENERIEREN: Ein Batch-Job wird so eingerichtet, dass er zum gewünschten Datum und zur gewünschten Uhrzeit ausgeführt wird. Es wird ein Datum zum Buchen der Änderung vorgeschlagen. Normalerweise ist dies das Datum, an dem der Batch-Job ausgeführt werden soll.

- DIREKT-UPDATE: Die Preisaktualisierung wird direkt während der Ausführung des Programms verarbeitet. Als Datum für die Aktualisierung wird das aktuelle Datum vorgeschlagen. Wenn das Datum in der Vergangenheit liegt, werden nur die Preise im vergangenen Zeitraum aktualisiert.
- KEIN UPDATE: Es wird keine Preisaktualisierung für die Bestandsbewertung vorgenommen. Wenn LIFO als Bewertungsalternative in einem AVR betrieben wird, sollte diese Option ausgewählt werden.

Der Preis kann auch in einem der neun alternativen Preise aktualisiert werden, die in den Registerkarten BUCHHALTUNG 2 und KALKULATION 2 des Materialstamms zur Verfügung stehen. Abbildung 5.21 zeigt die möglichen Optionen; es kann mehr als eine Option ausgewählt werden. Aktivieren Sie das Kontrollkästchen RÜCKSETZEN anstelle des Kontrollkästchens FORTSCHREIBEN, um das Feld im Materialstamm zu löschen. Die ausgewählten Felder werden beim Ausführen der Transaktion aktualisiert.

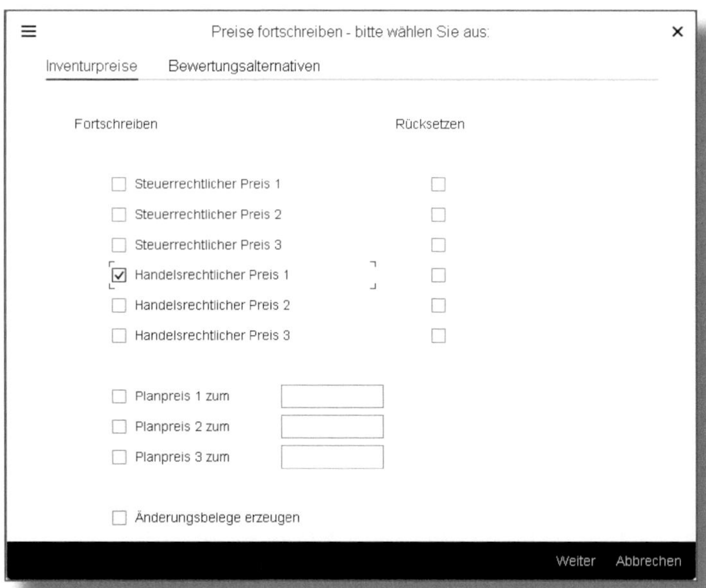

Abbildung 5.21: Alternative Felder im Materialstamm fortschreiben

FIFO-Bewertung

Die Ermittlung der FIFO-Preise ist ein zweistufiger Prozess. Zunächst müssen die Materialzugänge mit der Transaktion *CKMLBB_AGGREGATE* bearbeitet werden. Abbildung 5.22 zeigt die erforderlichen Informationen. Wählen Sie eine FIFO-Variante und geben Sie dann den Periodenbereich für die Zugangsmengen und -werte ein.

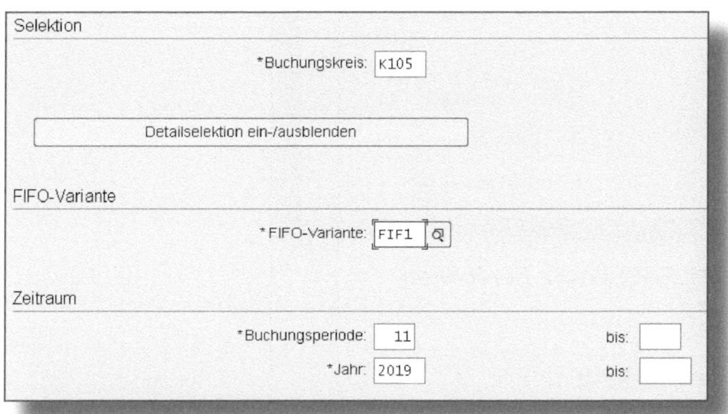

Abbildung 5.22: Aggregierte FIFO-Eingänge

Nachdem die Belege verarbeitet wurden, können sie mit der Transaktion *CKMLBB_PERIODS_LIST* vor der Berechnung der FIFO-Werte eingesehen werden. Verwenden Sie die Transaktion *CKMLBB_FIFO_CALCULAT*, um die Berechnungen durchzuführen. Abbildung 5.23 zeigt die erforderlichen Parameter. Dazu gehören die FIFO-VARIANTE und die Geschäftsperiode. Bevor Sie die resultierenden Preise in der weiteren Verarbeitung verwenden, stellen Sie sicher, dass das Kontrollkästchen DATENBANK-UPDATE aktiviert ist. Der Bericht *CKMLBB_PRICES_LIST* kann verwendet werden, um die Ergebnisse anzuzeigen.

Sobald die Preise erzeugt wurden, können sie in AVRs oder Kalkulationsläufen eingesetzt werden. FIFO-Preise können mit der Transaktion *CKMLBB_PRICES_CHANGE* auch direkt im Materialstamm aktualisiert werden. Dadurch wird der PVP für den Zeitraum aktualisiert.

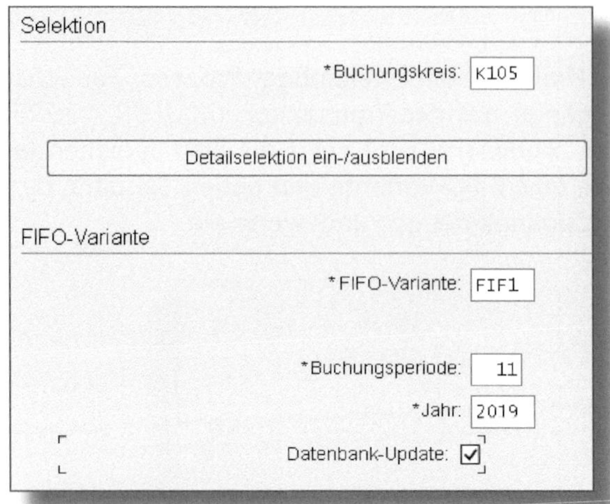

Abbildung 5.23: FIFO-Werte berechnen

Niederstwertermittlung

Das System ermittelt die Rohstoffwerte, indem es eine der Transaktionen ausführt, die die erforderliche Methodik zur Bestimmung des zu verwendenden Wertes unterstützen. Diese Transaktionen sind:

- *MRN0* – Marktpreise verwenden
- *MRN1* – Reichweite verwenden
- *MRN2* – Gängigkeit verwenden
- *MRN3* – Verlustfreie Bewertung verwenden

Das Beispiel in Abbildung 5.24 verwendet die Marktpreistransaktion *MRN0*. Geben Sie den Bereich der zu verarbeitenden Materialien ein.

Die Schaltflächen MATERIALPREISE ÄNDERN und PREISE FORTSCHREIBEN können auf die gleiche Weise wie bei der LIFO-Bewertung verwendet werden, wie zuvor unter Abbildung 5.20 und Abbildung 5.21 dargestellt.

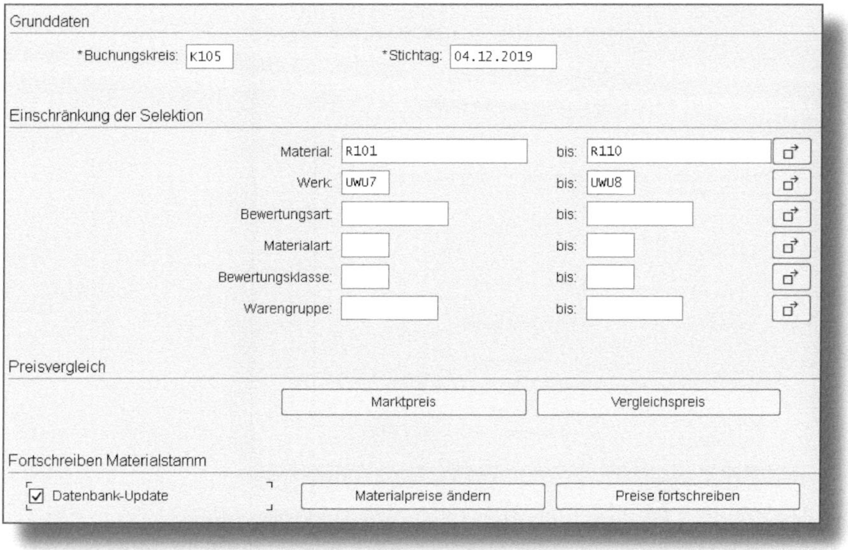

Grunddaten

*Buchungskreis: K105 *Stichtag: 04.12.2019

Einschränkung der Selektion

Material:	R101	bis:	R110
Werk:	UWU7	bis:	UWU8
Bewertungsart:		bis:	
Materialart:		bis:	
Bewertungsklasse:		bis:	
Warengruppe:		bis:	

Preisvergleich

Marktpreis Vergleichspreis

Fortschreiben Materialstamm

☑ Datenbank-Update Materialpreise ändern Preise fortschreiben

Abbildung 5.24: Niederstwertermittlung anhand von Marktpreisen

5.4.2 Alternativer Bewertungslauf

Ein gängiger Ansatz, um die Auswirkungen verschiedener Bilanzbewertungsmethoden zu untersuchen, ist die Verwendung des alternativen Bewertungslaufs oder AVR. Dieser wurde in Abschnitt 4.9.3 als Mittel zur Bestimmung der tatsächlichen Kosten unter Verwendung von Daten aus mehreren Perioden statt nur aus einer eingeführt. Die Ergebnisse könnten dann verwendet werden, um die tatsächlichen Kosten für Bestand und Verbrauch im Hauptbuch zu aktualisieren oder einfach nur, um zusätzliche Informationen über die Istkosten für Analysezwecke zu erhalten. Ein AVR mit LIFO-Bewertung sehen Sie in Abbildung 5.25. Dieser Lauf verwendet nur die Daten, die mit Periode 11.2019 verbunden sind.

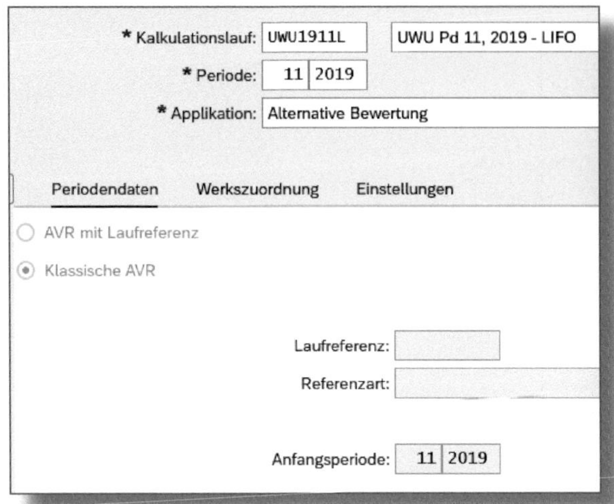

Abbildung 5.25: Einstellungen LIFO AVR-Periodendaten

Die LIFO-Bewertungsalternative wird in der Registerkarte EINSTELLUNGEN des AVR definiert (siehe Abbildung 5.26). Das System verwendet diese Alternative, um den Endbestand für die ausgewählten Materialien zu bewerten. Da dies nicht als Buchungslauf eingerichtet ist, werden die Werte nicht zur Aktualisierung von Hauptbuchkonten verwendet.

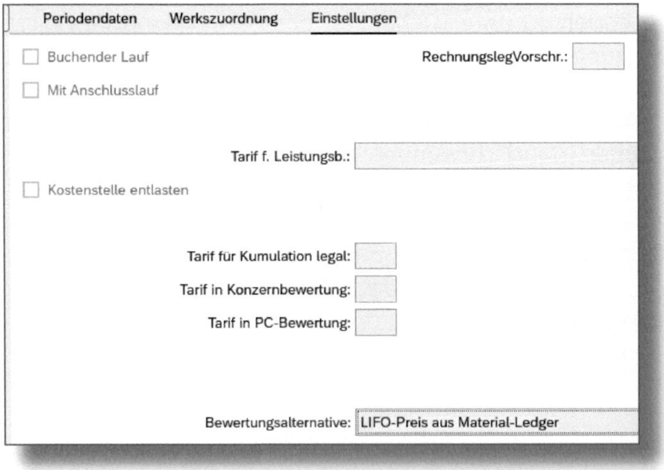

Periodendaten | Werkszuordnung | Einstellungen

☐ Buchender Lauf
RechnungslegVorschr.:
☐ Mit Anschlusslauf
Tarif f. Leistungsb.:
☐ Kostenstelle entlasten
Tarif für Kumulation legal:
Tarif in Konzernbewertung:
Tarif in PC-Bewertung:
Bewertungsalternative: LIFO-Preis aus Material-Ledger

Abbildung 5.26: Einstellungen LIFO-AVR-Bewertungsalternative

Die AVR-Schritte sind in Abbildung 5.27 dargestellt. Es sind nur die Schritte SELEKTION, VORBEREITUNG und ABRECHNUNG erforderlich.

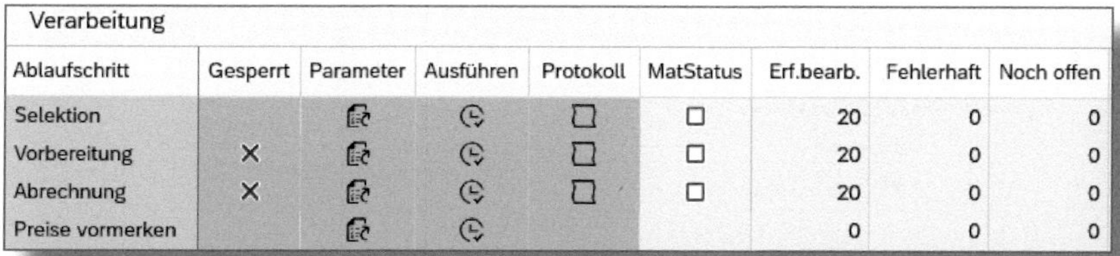

Verarbeitung								
Ablaufschritt	Gesperrt	Parameter	Ausführen	Protokoll	MatStatus	Erf.bearb.	Fehlerhaft	Noch offen
Selektion						20	0	0
Vorbereitung	X					20	0	0
Abrechnung	X					20	0	0
Preise vormerken						0	0	0

Abbildung 5.27: LIFO AVR-Verarbeitungsschritte

Abbildung 5.28 zeigt die Ergebnisse aus dem AVR unter Verwendung der LIFO-Bewertung. Beachten Sie, dass der Verbrauchswert in der Box hoch ist und die Bewertung der letzten Wareneingänge widerspiegelt. 400 kg der Zugänge während der Periode werden mit 61,88 EUR pro 100 kg (247,50 EUR) bewertet. Diese wären zuerst ausgegeben worden. Damit verbleiben 5.520 kg, die mit ihrem Einkaufspreis von 55 EUR pro 100 kg (3.036 EUR) bewertet werden. Der Wert der gesamten verbrauchten Menge beträgt 247,50 EUR plus 3.036 EUR, also 3.283,50 EUR. Dividiert man dies durch die gesamte verbrauchte Menge von 5.920 kg, ergibt sich ein Preis von 55,46 EUR pro 100 kg, der dem Verbrauchspreis zugeordnet wurde. Der Pfeil zeigt auf den Endbestandswert, der den LIFO-Preis verwendet, welcher durch die in Abschnitt 5.4.1 beschriebenen Bewertungsverfahren ermittelt wurde. Er beträgt 55,00 EUR pro 100 kg, was dem Wert der frühesten Wareneingänge entspricht. Der Wert für die Zeile ABRECHNUNG wird aus diesem Wert berechnet.

Vergleichen Sie dies mit dem Bericht zur Materialpreisanalyse für den Istkalkulationslauf, der unter Abbildung 5.29 angezeigt wird. Der Preis, der hier zur Neubewertung von VERBRAUCH und ENDBESTAND verwendet wird, ist der Wert, der ausschließlich auf der Grundlage der mit dem KUMULIERTEN BESTAND verbundenen Differenzen berechnet wird.

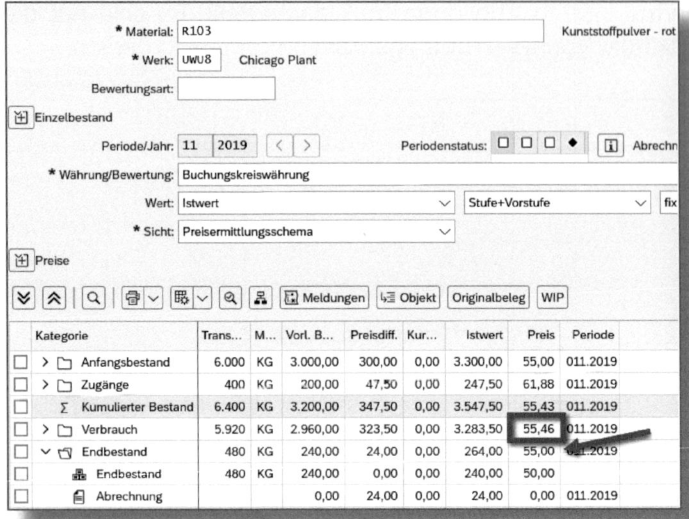

Abbildung 5.28: Materialpreisanalyse mit LIFO-Bewertung

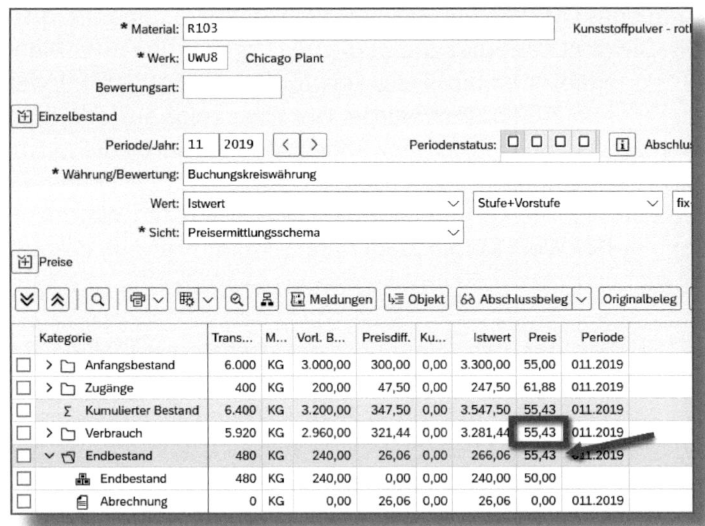

Abbildung 5.29: Preisanalyse aus dem Istkalkulationslauf

5.4.3 Laufreferenz

Eine Laufreferenz ist eigentlich gar kein Kalkulationslauf. Es handelt sich um ein Mittel zum Speichern von Kalkulationslaufparametern, die in mehreren AVRs verwendet werden können. Dadurch wird sichergestellt, dass die von den einzelnen AVRs verwendeten Bedingungen konsistent sind. Zusätzlich wird so der Prozess zur Ausführung von AVRs automatisiert.

Verwenden Sie die App »Istkalkulationsläufe bearbeiten« (Transaktion *CKMLCP*) oder die App »Alternative Bewertungsläufe bearbeiten« (Transaktion *CKMLCPAVR*). Es stehen drei Optionen zur Verfügung, um die Parameter für eine Laufreferenz festzulegen (siehe Abbildung 5.30):

- LAUFREFERENZ FÜR EINZELPERIODENLAUF: Definiert Parameter für einen AVR mit einer einzigen Periode. Die Periode und das Jahr des AVR werden zur Startperiode. Das kann im AVR, der diese Art der Laufreferenz verwendet, nicht geändert werden.
- LAUFREFERENZ FÜR LAUF FÜR LAUFENDES JAHR: Die »von«-Periode ist bei einem AVR, der diese Art von Laufreferenz verwendet, immer auf 1 gesetzt und kann nicht geändert werden.
- LAUFREFERENZ FÜR ROLLIERUNGSLAUF: Diese Art von Laufreferenz wird verwendet, um vierteljährliche Läufe zu definieren. Die Anfangsperiode des Laufs ist der Beginn des Quartals und kann nicht geändert werden. Siehe auch SAP-Hinweis 2779567[13].

Die Anwendung ist auf LAUFREFERENZ eingestellt. Laufreferenzen erfordern keine Zuweisung einer Periode und eines Jahres, da sie nur Parameter enthalten, die in AVRs verwendet werden sollen.

[13] SAP-Hinweis 2779567: »CKMLCP/CKMLCPAVR Laufreferenz für Rollierungslauf – Konzept«

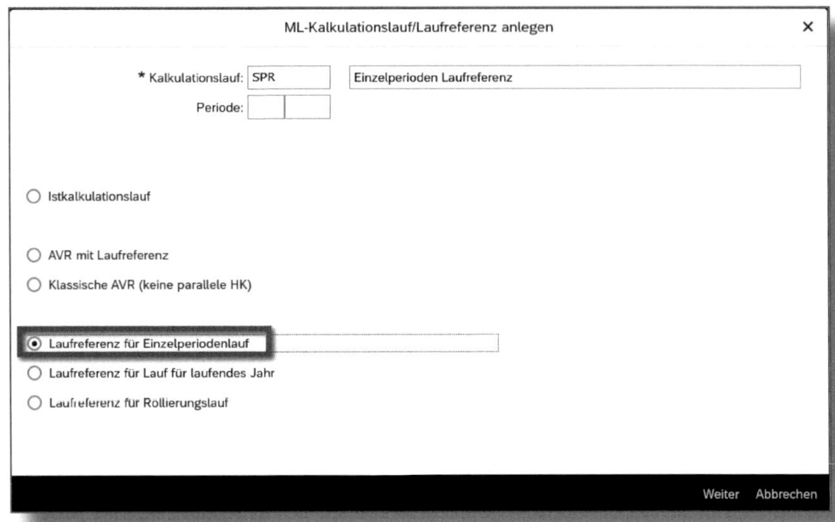

Abbildung 5.30: Erstellen einer Laufreferenz

Parallele Herstellkosten

Wenn die Business Function FIN_CO_COGM (Parallele Herstellkosten) im System aktiviert ist, wird eine vierte Option angezeigt: LAUFREFERENZ FÜR PARALLELE HK. Wenn Sie einen AVR für parallele Herstellkosten erstellen, ist die spezifische Rechnungslegungsvorschrift, die verwendet werden soll, ein Pflichtfeld und muss als einer der Parameter zugewiesen werden.

Die Parametrierung einer Laufreferenz beschränkt sich auf zwei Registerkarten. Die Registerkarte EINSTELLUNGEN, dargestellt in Abbildung 5.31, enthält die spezifischen Bewertungsinformationen, die vom AVR verwendet werden.

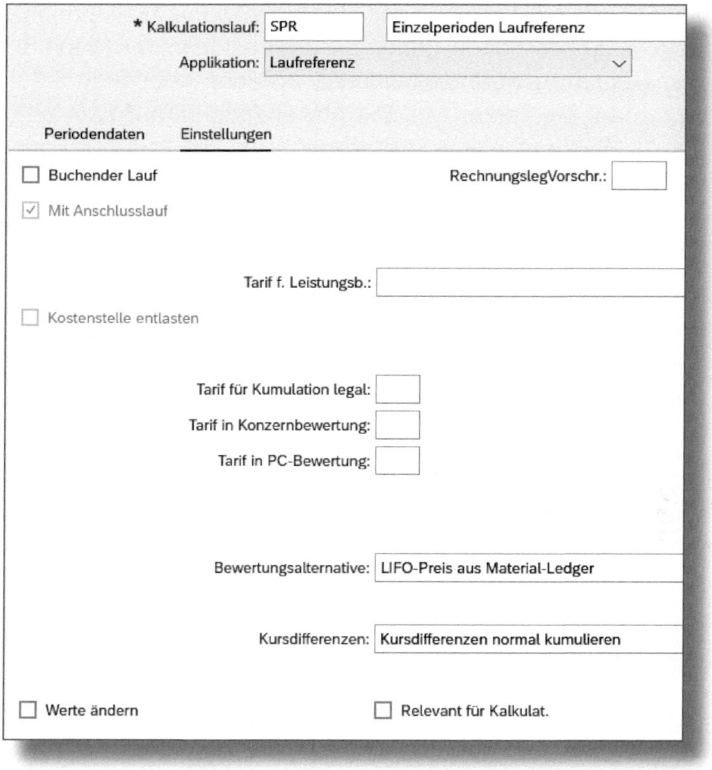

Abbildung 5.31: Registerkarte »Einstellungen« für eine Laufreferenz

Die Registerkarte PERIODENDATEN, die in Abbildung 5.32 dargestellt wird, zeigt lediglich an, welche Art von Laufreferenz erstellt wird. Die Optionsfelder können nicht geändert werden. Diese Einstellung bestimmt den Wert der Startperiode in der Registerkarte PERIODENDATEN des AVR, die dieser Laufreferenz zugewiesen ist.

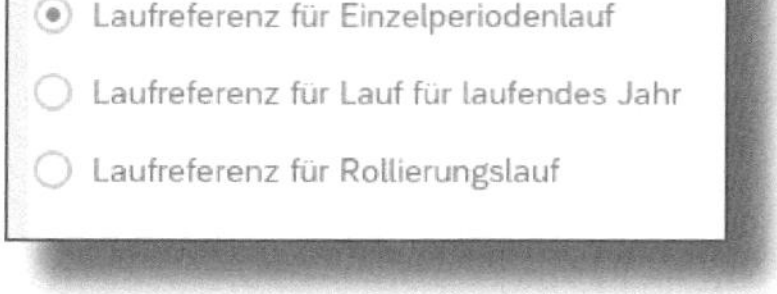

Abbildung 5.32: Registerkarte »Periodendaten« für eine Laufreferenz

Um eine bestehende Laufreferenz mit der Fiori-App »Istkalkulationsläufe bearbeiten« zu bearbeiten, gehen Sie am besten in das Menü BEARBEITEN und wählen ANWENDUNG WECHSELN (siehe Abbildung 5.33), oder Sie klicken auf die Taste F6. Die Anwendung ist auf LAUFREFERENZ eingestellt. Wählen Sie eine Laufreferenz aus, die angezeigt oder aktualisiert werden soll.

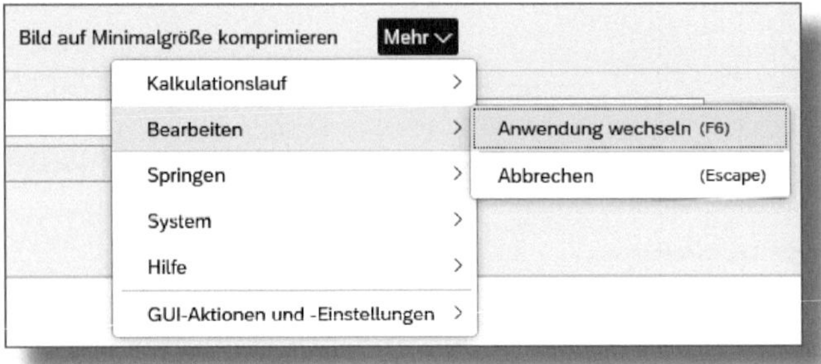

Abbildung 5.33: Anwendung auf Laufreferenz wechseln

Eine Laufreferenz kann einem AVR nur zugewiesen werden, indem beim Erstellen des Laufs das Optionsfeld AVR MIT LAUFREFERENZ ausgewählt wird, wie in Abbildung 5.34 gezeigt.

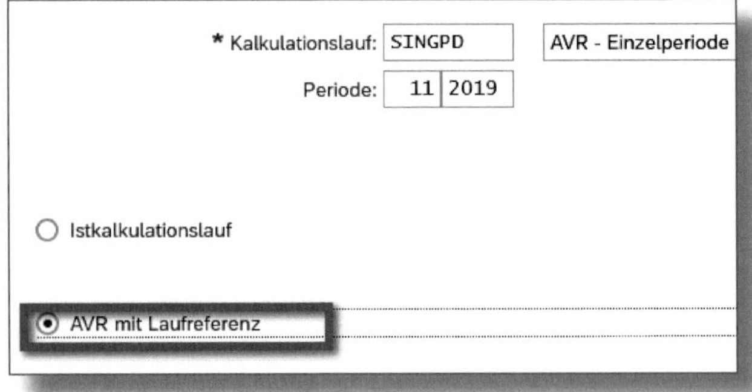

Abbildung 5.34: Erstellen eines AVRs mit Laufreferenz

Die Laufreferenz-Kennung wird dann auf der Registerkarte PERIODENDATEN des AVR zugewiesen (siehe Abbildung 5.35). Felder auf der Registerkarte EINSTELLUNGEN können nicht geändert werden. Anlagen müssen wie beim klassischen AVR auf der Registerkarte WERKSZUORDNUNG zugewiesen werden. Der gespeicherte AVR wird normal ausgeführt.

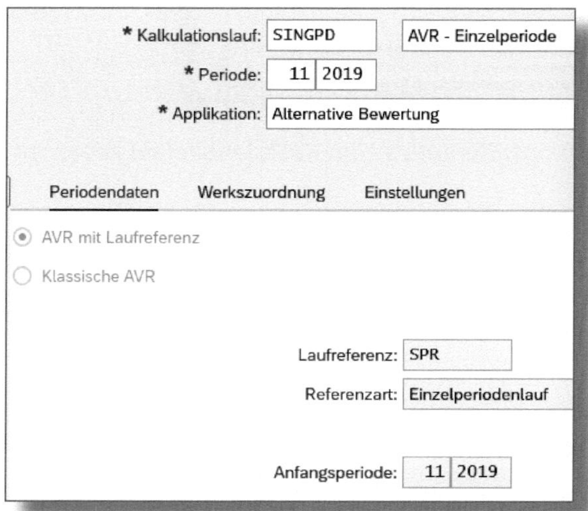

Abbildung 5.35: Zuweisung der Laufreferenz zum AVR

5.4.4 Istkalkulationslauf

Die Bilanzbewertung kann auch mit einem Istkalkulationslauf verwendet werden, um die tatsächlichen Bestandswerte mit einer der Bilanzbewertungsalternativen fortzuschreiben. Wählen Sie beim Erstellen eines Kalkulationslaufs aus einer Dropdown-Liste eine BEWERTUNGSALTERNATIVE aus (siehe Abbildung 5.36). Wenn Sie einen Standard-Istkalkulationslauf durchführen, lassen Sie dieses Feld leer. Die Selektion für den Istkalkulationslauf UWU1911L ist die LIFO-Alternative, die in Abbildung 5.12 konfiguriert wurde.

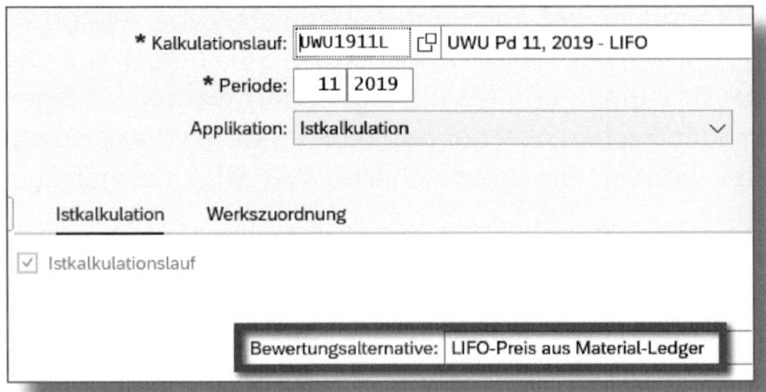

Abbildung 5.36: Bewertungsalternative zum Kalkulationslauf zuordnen

Vor der Verarbeitung des Kalkulationslaufs müssen die spezifischen Verfahren zur Ermittlung der Bilanzbewertung durchgeführt werden, um die Werte zu liefern, die bei der Berechnung der Istkosten verwendet werden.

5.5 Ergebnisanalyse

Die in den vorangegangenen Kapiteln beschriebenen Standard-Analysewerkzeuge können auch verwendet werden, um die Bilanzbewertung mit dem Material-Ledger zu betrachten. Für eine detaillierte Analyse eignet sich die App »Materialpreisanalyse« (Transaktion *CKM3*). Abbildung 5.28 und Abbildung 5.29 bieten weitere Informationen. Im Rahmen der Datenerzeugung für alle drei Bewertungsstrategien kann der errechnete Preis in einem der speziellen Materialbewertungsfelder in den Registern BUCHHALTUNG 2 und KALKULATION 2 des Materialstamms fortgeschrieben werden. Diese Felder können zum Vergleich mit den Standard- und Ist-Preisen verwendet werden.

Sie haben das Buch gelesen und sind mit unserem Werk zufrieden? Bitte schreiben Sie uns eine Rezension!

A Der Autor

Tom King ist Absolvent der Northwestern University und war bis vor kurzem als Senior Business Analyst mit den Schwerpunkten Controlling und Erzeugniskalkulation tätig. Er hat über 10 Jahre Erfahrung mit den SAP-FI-CO-Modulen, meist als interner Berater. Davor war er an der Modellierung und dem Design eines Prozesskostenrechnungssystems mit einem anderen ERP-System für die europäischen Aktivitäten seines Unternehmens beteiligt.

Er trat bei Konferenzen zu verschiedenen Themen im Zusammenhang mit dem CO-Modul als Sprecher auf und ist außerdem Autor von drei weiteren bei Espresso Tutorials veröffentlichten Büchern: »Practical Guide to SAP® CO Templates«, »SAP S/4HANA® Product Cost Planning Configuration and Master Data« und »SAP S/4 HANA® Product Cost Planning—Costing with Quantity Structure«.

B Index

U

V

C Disclaimer

Die in diesem Werk wiedergegebenen Gebrauchsnamen, Handelsnamen, Warenbezeichnungen usw. können auch ohne besondere Kennzeichnung Marken sein und als solche den gesetzlichen Bestimmungen unterliegen. Sämtliche in diesem Werk abgedruckten Bildschirmabzüge unterliegen dem Urheberrecht der SAP SE, Dietmar-Hopp-Allee 16, 69190 Walldorf.

In dieser Publikation wird auf Produkte der SAP SE Bezug genommen. SAP, R/3, SAP NetWeaver, Duet, PartnerEdge, ByDesign, SAP BusinessObjects Explorer, StreamWork und weitere im Text erwähnte SAP-Produkte und -Dienstleistungen sowie die entsprechenden Logos sind Marken oder eingetragene Marken der SAP SE in Deutschland und anderen Ländern. Business Objects und das Business-Objects-Logo, BusinessObjects, Crystal Reports, Crystal Decisions, Web Intelligence, Xcelsius und andere im Text erwähnte Business-Objects-Produkte und Dienstleistungen sowie die entsprechenden Logos sind Marken oder eingetragene Marken der Business Objects Software Ltd. Business Objects ist ein Unternehmen der SAP SE. Sybase und Adaptive Server, iAnywhere, Sybase 365, SQL Anywhere und weitere im Text erwähnte Sybase-Produkte und -Dienstleistungen sowie die entsprechenden Logos sind Marken oder eingetragene Marken der Sybase Inc. Sybase ist ein Unternehmen der SAP SE. Alle anderen Namen von Produkten und Dienstleistungen sind Marken der jeweiligen Firmen. Die Angaben im Text sind unverbindlich und dienen lediglich zu Informationszwecken. Produkte können länderspezifische Unterschiede aufweisen.

Der SAP-Konzern übernimmt keinerlei Haftung oder Garantie für Fehler oder Unvollständigkeiten in dieser Publikation. Der SAP-Konzern steht lediglich für SAP-Produkte und -Dienstleistungen nach der Maßgabe ein, die in der Vereinbarung über die jeweiligen Produkte und Dienstleistungen ausdrücklich geregelt ist. Aus den in dieser Publikation enthaltenen Informationen ergibt sich keine weiterführende Haftung.

Weitere Bücher von Espresso Tutorials

Andreas Jansen:

Schnelleinstieg in das SAP®-Produktkostencontrolling (CO-PC)

- ▶ SAP ERP-Produktkostenrechnung Schritt für Schritt erklärt
- ▶ Stammdaten, Kalkulationsvarianten und Erzeugniskalkulation kompakt dargestellt
- ▶ Details zum integrativen CO-Wertefluss
- ▶ Durchgängig illustriertes Fallbeispiel

http://5099.espresso-tutorials.de

Martin Munzel, Renata Munzel:

Projektcontrolling mit SAP® PS

- ▶ Strukturieren – PSP, Netzplan, Meilenstein
- ▶ Planen – Easy Cost Planning, Hierarchie, Netzplan
- ▶ Pflegen – Anlegen, Ändern und Löschen mittels Project Builder
- ▶ Integrieren – Übergang zu anderen SAP-Modulen

http://5156.espresso-tutorials.de

Sebastian Brunner, Philipp Reichardt, Martin Munzel:

Schnelleinstieg in SAP S/4HANA®

- Modulübergreifende Darstellung der Geschäftsprozesse
- SAP-Grundbegriffe einfach und verständlich erklärt
- Einführung in die neue Benutzeroberfläche SAP® Fiori
- Inklusive 4 Stunden Videomaterial

http://5341.espresso-tutorials.de

Nora Vogt:

Praxishandbuch SAP S/4HANA® Controlling

- Neuerungen im Controlling mit SAP S/4HANA
- Funktionen aller Teilkomponenten im Überblick
- Auswirkungen von S/4HANA auf Ihre Geschäftsprozesse
- Praktisch erklärt anhand eines durchgängigen Beispiels

http://5365.espresso-tutorials.de